U0959024

资源环境遥感

朱秀芳　赵　祥　孙　林　编著

科学出版社

北　京

内 容 简 介

本书包括资源环境遥感的理论基础、数据获取、数据处理、专题应用四个部分12个章节。第一部分介绍资源环境遥感的定义、资源环境遥感的发展现状和资源环境遥感探测的基本原理(第1和第2章)；第二部分介绍资源环境遥感数据获取的平台、传感器与遥感数字图像的特征、存储和显示(第3～5章)；第三部分介绍遥感数字图像的基本处理方法，包括校正处理、增强处理和信息提取(第6～8章)；第四部分从水(水土遥感)、土(土地遥感)、气(大气遥感)、生(植被遥感)四个方面系统介绍遥感在资源环境调查、监测和评价中的应用(第9～12章)。

本书可以作为高等院校地理、遥感、生态、资源、环境、农林等相关专业的本科生教材，也可作为相关专业科技工作者的参考书。

图书在版编目（CIP）数据

资源环境遥感 / 朱秀芳，赵祥，孙林编著. -- 北京 : 科学出版社，2024. 11. -- ISBN 978-7-03-080373-3

Ⅰ. X87

中国国家版本馆CIP数据核字第20242BX750号

责任编辑：杨 红 郑欣虹/责任校对：杨 赛

责任印制：赵 博/封面设计：有道设计

科学出版社 出版

北京东黄城根北街16号

邮政编码：100717

http://www.sciencep.com

保定市中画美凯印刷有限公司印刷

科学出版社发行 各地新华书店经销

*

2024年11月第 一 版 开本：787×1092 1/16

2025年 3 月第二次印刷 印张：15

字数：400 000

定价：59.00元

(如有印装质量问题，我社负责调换)

前　言

新时代对资源与环境科学研究提出了更高的要求，研究和解决资源环境问题需要多学科的理论和方法。遥感科学与技术是支撑资源与环境宏观监测、评估与预警的现代化技术手段，提供了对整个地球表层系统进行长期、立体和实时监测的能力。与此同时，资源与环境科学的发展，拓宽了遥感的应用领域和应用深度，反过来促进了遥感观测理论、方法和技术的进一步发展和创新，使得遥感加速走向定量化、自动化、智能化。资源环境遥感是资源与环境科学与遥感科学与技术交叉融合的产物，是遥感科学与技术在资源与环境科学研究中的具体应用，和遥感科学与技术以及资源与环境科学紧密联系。

资源环境遥感课程旨在教会学生应用遥感的理论、方法和技术去解决资源环境相关的科学问题和应用问题，该课程具有明显的应用技术学科特点，是资源环境类各专业的基础技术方法课。目前市面上还没有与“资源环境遥感”课程配套的教材。现有的遥感科学与技术相关专业教材，都重在介绍遥感的基本原理和遥感数据处理的基本方法，对于遥感应用的介绍篇幅很少也很概括。本书作者拟通过《资源环境遥感》和《资源环境遥感实践教程》两本教材，系统介绍遥感在资源环境调查、监测和评价中的应用原理、方法和技术，达到理论、实践和应用紧密结合，在“学中练”、在“练中学”的目的。

本书为资源环境遥感的理论与应用篇。大纲由朱秀芳筹划并提出初稿，经编写团队讨论最终确定。全书分为理论基础、数据获取、数据处理、专题应用四个部分共 12 章。第一部分包括第 1 和第 2 章，介绍资源环境遥感的定义、发展现状和探测的基本原理，由北京师范大学朱秀芳教授撰写。第二部分包括第 3～5 章，分别介绍遥感平台、传感器和遥感数字图像处理，其中第 3 和第 4 章由北京师范大学朱秀芳教授撰写，第 5 章由北京师范大学赵祥教授撰写。第三部分包括第 6～8 章，分别介绍遥感数字图像的校正处理、增强处理和自动分类，其中第 6 章由北京师范大学赵祥教授撰写，第 7 和第 8 章由北京师范大学朱秀芳教授撰写。第四部分包括第 9～12 章，分别介绍了遥感在水资源、土地资源、大气、植被资源调查、监测和评价中的应用，其中第 9 和第 11 章由山东科技大学孙林教授撰写，第 10 章由北京师范大学赵祥教授撰写，第 12 章由北京师范大学朱秀芳教授撰写。本书最后由朱秀芳修订并统稿。

本书出版得到了北京师范大学地理科学学部定量遥感本科教学团队的经费支持，特此致谢！

本书经过多次修改，但受限于学识水平，可能存在不足之处，恳请读者批评指正。

朱秀芳

2023 年 12 月 18 日

目　　录

第1章　绪　论

1.1　遥感的定义

遥感(remote sensing)作为空间信息技术的组成部分，是20世纪60年代兴起并迅速发展的一门综合性的科学与技术。广义遥感是指一切非直接接触的远距离目标探测技术，包括对电磁波、机械波(声波、地震波)、力场等的探测。狭义遥感指的是应用探测仪器，在不与目标对象直接接触的情况下，从远处获取目标对象的电磁波信息，然后对所获取的电磁波信息进行提取、判定、加工处理，最后揭示目标对象特征性质及其变化的一门科学和技术。

根据遥感平台(搭载传感器的工具)不同，遥感可以分为地面遥感、航空遥感和航天遥感。地面遥感指的是平台处于地面或近地面的遥感，如三脚架、车、高塔、舰艇等。地面遥感一般只作为航空遥感和航天遥感的辅助手段，为它们提供地面试验的参考数据。航空遥感是指利用搭载在飞机或无人机、飞艇或气球上的传感器，从空中对地面目标进行探测的遥感。航空平台一般处于海拔低于12km的空中。航天遥感又称星载遥感，是指将传感器搭载在人造地球卫星、航天飞机、宇宙飞船、航天空间站上，从外层空间对目标进行探测的遥感。航天遥感平台一般位于距地面约150km的空中。目前航天遥感和航空遥感一起构成遥感技术的主体。

根据传感器的探测波段，遥感可以分为紫外遥感(探测波段在0.05～0.38μm)、可见光遥感(探测波段在0.38～0.76μm)、红外遥感(探测波段在0.76～1000μm)、微波遥感(探测波段在1mm～1m)和多波段遥感。多波段遥感指探测波段在可见光波段和红外波段范围内，再分成若干窄波段来探测目标，同时得到一个目标对象不同波段的多幅图像。

根据传感器的工作方式遥感可分为主动遥感和被动遥感。主动遥感又称有源遥感，是指传感器从遥感平台上主动发射一定波长的电磁波，同时接收目标物反射或散射回来的电磁波，以此所进行的探测。常用传感器有侧视雷达、激光雷达等。被动遥感又称无源遥感，是指传感器不向目标发射电磁波，仅接收目标自身辐射或反射太阳辐射的电磁波信息而进行的探测。

根据数据的显示形式遥感可分为成像遥感和非成像遥感：成像遥感是指传感器接收的目标电磁波信息可以转换为图像；非成像遥感是指传感器接收的目标电磁波信息不能转换为图像。按成像波段宽度和波谱连续性分为常规遥感(或宽波段遥感)和高光谱遥感：宽波段遥感的传感器波段宽度一般大于100nm，且在波谱上不连续；高光谱遥感把光谱分成几十个甚至数百个很窄的连续的波段来接收信息，每个波段宽度可小于10nm。按遥感应用的空间尺度分类，有全球遥感、区域遥感、局地遥感(如城市遥感)。按地表类型分类，可分为海洋遥感、陆地遥感、大气遥感。按行业应用，可分为地貌遥感、草原遥感、测绘遥感、灾害遥感、土地利用遥感、环保遥感、农业遥感、林业遥感、水文遥感、地质遥感、军事遥感等。

1.2　资源环境遥感的定义

资源环境遥感定义没有统一定论，本书将相关学者给出的定义介绍如下：①资源遥感是指利用遥感技术进行地球资源的调查、开发、利用、规划、管理和保护为主要内容的综合技术。它旨在了解和调查地球资源的分布、质量和规模，以及其赋存的条件和形成的原因，并研究和探讨资源开发和利用的合理布局，进而提出和制定规划，以及进行科学管理和保护的措施(田淑芳和詹骞，2013)。②资源遥感是以地球资源的探测、开发、利用、规划、管理和保护为主要内容的遥感技术及其应用过程，环境遥感是利用各种遥感技术，对自然与社会环境的动态变化进行监测或做出评价与预报的统称(张安定，2016)。③环境遥感广义地讲是指以探测地球表层系统及其动态变化为目的的遥感技术，可理解为涉及大气、水(包括海洋)、生态环境等所有遥感活动的代名词，它是现代遥感技术应用于地球表层系统研究，为地理科学和环境科学研究提供技术支持，同时明显区别于其他遥感分支学科的一门技术工具学科(王桥等，2005)。狭义地讲是指利用遥感技术探测和研究环境污染的空间分布、时间尺度、性质、发展动态、影响和危害程度，以便采取环境保护措施或制定生态环境规划的遥感活动，此时它只是遥感技术在环境科学研究中的应用(王桥等，2005)。④资源环境遥感探测利用遥感技术研究元素，特别是元素的原子、离子、分子和粒子等，在地球各圈的迁移、富集和演化，以及它们在生命起源、成矿环境变化及全球变化中所起的作用，并开展自然资源探测和环境及全球变化等方面的应用(徐瑞松等，2012)。

结合上述定义，笔者给出资源环境遥感的定义如下：资源环境遥感是利用各种遥感技术对地球陆地表层资源和环境进行监测、评价、预警、预报的统称，为人类利用自然资源、保护环境、开展生态建设、实现可持续发展提供观测数据和技术方法支撑。它是遥感科学与技术在资源与环境科学研究中的具体应用。

1.3　资源环境遥感的发展

资源环境遥感是资源与环境科学、遥感科学与技术交叉融合的产物，是遥感科学与技术在资源与环境科学研究中的具体应用，因此和遥感科学与技术以及资源与环境科学紧密联系。遥感科学与技术是支撑资源与环境宏观监测、评估与预警的现代化技术手段，提供了对整个地球表层系统长期、立体和实时监测的能力。与此同时，资源与环境科学的发展，拓宽了遥感的应用领域和应用深度，反过来促进了遥感观测理论、方法和技术的进一步发展和创新，使得遥感加速走向定量化、自动化、智能化。资源环境遥感的发展伴随着遥感的发展。下面从资源环境遥感数据获取、资源环境遥感数据处理与信息提取，以及资源环境遥感应用与服务三个方面来介绍资源环境遥感的现状与发展。

1.3.1　资源环境遥感数据获取的发展

1960 年，美国海军研究局的普鲁伊特首次提出了“遥感”这一科学术语，1962 年，在美国密歇根大学召开的国际环境科学遥感讨论会上，这一名词被正式通过，标志着遥感这门新学科的形成。遥感科学与技术的发展伴随着遥感数据获取方式的进步，大体上经历了地面遥感、航天遥感和航空遥感三个阶段，目前正经历着“空-天-地”一体化的数据采集方式。

1. 地面遥感阶段(1839～1857 年)

遥感起源于摄影技术的发明和发展。1839 年，达盖尔发表了他和尼普斯拍摄的照片，第一次成功地把拍摄到的事物形象地记录在胶片上，这是遥感成果的首次展示。1849 年，法国人劳塞达特制定了摄影测量计划，成为有目的有记录的地面遥感发展阶段的标志。这个阶段的遥感主要表现为地面摄影。

2. 空中遥感阶段（1858～1956 年）

1858 年，法国人陶纳乔用系留气球拍摄了巴黎的鸟瞰像片。1860 年，布莱克和塞缪尔•金乘气球在空中拍摄了美国波士顿市的像片。1903 年，钮布朗特设计了一种捆绑在鸽子身上的微型相机。1909 年，劳伦斯利用风筝成功地拍摄到了旧金山大地震后的像片。这段时期所用的平台主要为气球、风筝、鸽子等，构成了空中遥感技术系统的雏形。虽然影像质量较差，但空中像片得到更多人的首肯和赞许。

1903 年，莱特兄弟发明了飞机，为航空遥感创造了条件。1909 年莱特第一次从飞机上拍摄意大利西恩多西利地区空中像片，被认为是人类从飞机上获取的最早的航空像片，奠定了航空遥感的发展基础。

第一次世界大战期间，形成了独立的航空摄影测量学的学科体系。战争结束后，许多战争中拍摄的航空像片开始转向民用，其应用扩大到森林、土地利用调查及地质勘探等方面。这一时期成为航空遥感发展的重要阶段。

随着航空摄影测量学的发展及其应用领域的扩展，特别是第二次世界大战中军事上的需要，以及科学技术的不断发展，彩色摄影、红外摄影、雷达技术及多光谱摄影和扫描技术相继问世，传感器的种类不断增多，遥感探测手段取得了显著的进步，从而使遥感超越了航空摄影测量只记录可见光波段的局限，向紫外、红外和微波扩展。同时，运载工具及解译成图设备等也都得到相应的完善，遥感进入了全新的发展时期。

3. 航天遥感阶段（1957 年至今）

1957 年 10 月 4 日，苏联第一颗人造卫星的升空标志着人类进入了太空时代，从此，遥感平台从飞机时代发展到了卫星、航天飞机和宇宙飞船时代。

20 世纪 60 年代，美国和苏联发射了多颗各种用途的遥感卫星，包括气象、资源及登月项目。1972 年，美国陆地资源卫星 Landsat-1 成功发射，专门用于收集地表资源信息，标志着遥感技术新时代的开始。Landsat-1 首次实现了对地球表面的系统性和重复性观测。目前已发射了 9 颗 Landsat 卫星，最新的 Landsat-9 于 2021 年发射，其中 Landsat-7、Landsat-8 和 Landsat-9 仍在轨运行。微波遥感技术也伴随着光学遥感而迅速发展，1978 年，美国 Seasat 卫星发射成功，揭开了星载合成孔径雷达时代的序幕。在此时期，遥感技术的最大成就之一是高光谱遥感技术的兴起。1983 年，美国国家航空航天局（National Aeronautics and Space Administion，NASA）喷气推进实验室（Jet Propulsion Laboratory，JPL）研制成功世界第一台成像光谱仪（AIS-1），光谱分辨率为 9.3nm，标志着高光谱遥感时代的来临；1987 年，JPL 研制成功航空可见光/红外成像光谱仪（airborne visible infrared imaging spectrometer，AVIRIS），标志着高光谱遥感成像技术真正成熟。AVIRIS 包括 224 个光谱波段，光谱覆盖范围为 0.4～2.5μm，光谱分辨率为 10nm。

20 世纪 90 年代，卫星系统已经成为采集整个地球表面信息的主要手段。欧洲空间局、日本相继发射了 ERS 和 JERS 系列卫星，印度、俄罗斯也相继发射了 IRS 和 RESURS 系列卫星。1995 年，加拿大发射了 Radarsat-1 雷达卫星，成为首颗商业化获得巨大成功的合成孔径雷达卫星。1999 年，IKONOS 卫星发射成功，它可以提供 1m 分辨率的全色影像和 4m 分辨率的多光谱影像，成为世界上第一颗提供高分辨率影像的商业遥感卫星。2000 年，美国“奋进号”航天飞机利用雷达测绘了精确的地球三维地形图。

21世纪以来，遥感卫星进入全面发展时期，主要表现在以下几个方面。

(1)商业卫星的分辨率不断提升。美国数字地球(DigitalGlobe)公司的QuickBird卫星(2001年)全色分辨率0.61m、多光谱分辨率2.44m；WorldView-1卫星(2007年)全色分辨率0.5m；WorldView-2卫星(2009年)全色分辨率0.46m、多光谱分辨率1.84m；WorldView-3卫星(2014年)和WorldView-4卫星(2016年)全色分辨率0.31m、多光谱分辨率1.24m。2008年，美国GeoEye公司成功发射了全色分辨率0.41m、多光谱分辨率1.65m的GeoEye-1卫星。法国2011年成功发射了全色分辨率0.5m、多光谱分辨率2m的Pleiades-1卫星。

(2)发展中国家卫星遥感事业蓬勃发展。1999年，中国和巴西联合研制的中巴地球资源卫星即资源一号(ZY-1)发射成功，这是我国第一颗高速传输式对地资源遥感卫星。2008年，泰国THEOS(Thailand earth observation satellite)卫星在俄罗斯YASNY发射基地成功发射，该卫星搭载全色分辨率2m与多光谱分辨率15m的两组传感器，具有成像周期短、机动性能好等特点。印度在2003年和2011年相继成功发射了资源卫星-1、资源卫星-2；2005年成功发射制图卫星-1，它是印度第一颗有能力在轨提供立体图像的遥感卫星，2007年、2008年和2010年相继成功发射制图卫星-2、制图卫星-2A、制图卫星-2B；1999年和2009年分别成功发射海洋卫星-1和海洋卫星-2；2001年成功发射首颗试验型侦察卫星——“技术实验卫星”；2009年成功发射的雷达成像卫星-2是印度第一颗合成孔径雷达卫星，2012年成功发射的雷达成像卫星-1是迄今印度发射的质量最大的对地观测卫星。

(3)小卫星技术迅速发展。小卫星是指体积小、重量轻、功能单一的卫星，使用小火箭发射，研制周期短，卫星成本低。小卫星质量一般小于500kg，在近地轨道运行。在对地观测领域，小卫星的对地观测功能较强，向大众化和商业化迈进了一大步。美国在20世纪80年代初期开始进行小卫星技术项目的研究，先后发射了多颗试验卫星。例如，2001年成功发射的TIMED(thermosphere ionosphere mesosphere energetics and dynamics)大气观测卫星是美国国家航空航天局研制的第一颗太阳能地球探测卫星，是迄今为止第一次对地球中间层和低热层/电离层，以及人类缺乏了解的高层大气区域进行深入、全面研究的航天任务；星球实验室(Planet Labs)公司在2013～2017年共发射了13颗SkySat卫星，主要用于获取时序图像，制作视频产品，并服务于高分辨率遥感大数据应用，SkySat-1卫星和SkySat-2卫星光学系统可提供全色分辨率0.86m和多光谱分辨率1m的图像，同时还可以向地面传送90s长的30fps(每秒帧数)、分辨率为1.1m的视频。SkySat-3～SkySat-13可以提供全色分辨率0.72m和多光谱分辨率1m的图像。星球实验室(Planet Labs)公司在2016～2021年共发射了176颗Dove卫星(鸽群卫星)，每颗卫星都配备了高倍率望远镜和相机，可以实现对地3～5m分辨率的光学成像。鸽群卫星每天不断对地扫描，每当卫星过境地面站，便将数据下行传输给地面站。鸽群星座可以实现每天更新一次全球遥感影像，实现真正的实时对地观测，目前的应用领域包括物流、区域开发、农作物监测、城市化、自然资源管理、资产管理等。Spire Global公司在2014～2021年发射了138颗Lemur卫星，该系列卫星能提供全球船舶跟踪和天气监测。日本发射了多颗小卫星用于空中探测和地面监测，例如，ASNARO(advanced satellite with new system architecture for observation)卫星用于地球观测任务。2014年发射的ASNARO-1卫星配有高分辨率光学成像仪器，全色波段的分辨率为0.5m，多光谱波段的分辨率为2m。2018年成功发射的ASNARO-2卫星配备X波段雷达有效载荷。2013年发射的WNISAT-1(weathernews inc. satellite-1)卫星和2017年发射的WNISAT-1R卫星都可用于监测北极地区的海冰。WNISAT-1

配备了蓝色、绿色、红色和近红外光谱带的摄像机，同时还携带激光来研究温室气体的密度变化。WNISAT-1R 是 WNISAT-1 的改进型。英国在商业化小卫星研制和应用开发方面处于领先地位的是英国萨瑞大学空间技术中心，已经先后发射了数十颗遥感小卫星。例如，2009 年成功发射的 UK-DMC-2 卫星作为灾害监测星座的一部分，用于保持快速重访，以监测火灾、洪水和作物等快速变化的现象；2015 年成功发射的商业小卫星 DMC(disaster monitoring constellation) 3-1、DMC 3-2、DMC 3-3 卫星和 2018 年成功发射的 SSTL-S1-4 卫星的空间分辨率为全色 1m、多光谱 4m，主要用于城市规划、农业监测、土地分类、自然资源管理和灾害监测；2018 年发射的 NovaSAR-1 卫星提供中等分辨率(6～30m)图像，适合于洪水监测、农作物估产、森林监测、海事应用等方面。我国在 2000 年成功发射了首颗小卫星“清华 1 号”，2005 年成功发射了“北京一号”小卫星，2010 年成功发射了完全自主研发的首颗立体测绘小卫星“天绘一号”。

(4) 星载高光谱遥感迅速发展。1999 年，搭载中分辨率成像光谱仪(moderate resolution imaging spectroradiometer, MODIS)的 Terra 卫星发射升空，成为首台搭载成像光谱仪的遥感卫星。2000 年发射的 Aqua 卫星上也搭载了 Hyperion 成像光谱仪，可在可见光到近红外范围内获取 220 个波段。目前，许多国家都有自己的星载成像光谱仪，例如，日本的高光谱相机(HSC-3)、欧洲空间局的中分辨率成像光谱仪(MERIS)、南非的多传感器小卫星成像仪(MSMI)、美国的高光谱红外成像仪(HyspIRI)。2002 年，“神舟三号”搭载了我国第一台航天成像光谱仪，此后我国发射的“嫦娥-1”探月卫星、环境与减灾小卫星(HJ-1)星座、风云气象卫星、GF-5 卫星等也都搭载了航天成像光谱仪。

对地观测技术的不断进步使得人类对地球的综合观测能力达到了空前的水平。遥感数据逐渐向高光谱、高空间分辨率、高时间分辨率、高辐射分辨率迈进。高光谱图像具有图谱合一的特点，所获取的地图图像包含丰富的空间、辐射和光谱信息，更有利于精确诊断地物光谱的细微差异。雷达遥感具有全天候全天时获取影像的能力，并对云雾、小雨、植被及干燥地物有一定的穿透性，对地观测逐渐形成了全谱段、全天候、全时域和全空间的能力。

1.3.2 资源环境遥感数据处理与信息提取技术的发展

遥感数据的内容非常丰富，大致可以分为数据预处理和深加工两个部分。预处理可以看作是遥感产品生产制造中的“原材料粗加工”环节，是遥感影像数据应用的基础，包括遥感图像校正与恢复(如辐射纠正、几何纠正、噪声处理、缺失值插补等)、图像增强(如空间增强、辐射增强、光谱增强等)、数据复合(如遥感数据和非遥感数据的复合)等。深加工是在遥感数据初加工的基础上针对专题应用所开展的各类遥感数据处理，包括图像分类(如耕地面积和分布)、变化检测(如城市扩张)、参数反演(如生物量、叶绿素含量、叶面积指数、土壤湿度)，以及针对各类专题应用(如水质监测、作物估产、碳储量估算等)的建模分析等。目前，遥感数据处理与信息提取技术主要表现出如下特点。

1. 定性向定量过渡

如果简单把遥感理解为给地球拍照，定性遥感就是类似于看图识物，通过将遥感影像当作特殊的“图片”，利用如计算机图像识别、分类的方法进行分析和处理从而得到所需的知识。如简单的土地利用分类、面向对象的分割与分类或者监测变化等，就是定性遥感所做的工作。定量遥感的核心是要充分利用电磁波物理现象，不仅将电磁波谱映射成普通图像去做解译、分类，更希望通过建立具有物理意义的方程以及模型，将电磁波信息转化为对人类更有用的知识。如果遥感仅仅停留在定性遥感阶段，应用不会太广泛和深入，因此定量遥感是必然的发展方向。

2. 人工手动处理向自动化和智能化发展

遥感作为一门技术服务型学科，从发展历程来看，依靠人工来提取挖掘信息已经不能满足此要求，要生存发展下去，就必须能快速和有效地提供有价值的信息。而从数据到信息只能朝着智能化方向发展下去，用模型、算法等人工智能技术去高效挖掘信息。特别是不同平台、不同成像方式、不同波段和分辨率的数据并存，形成海量的不同类型的遥感大数据，通过自动化和智能化技术手段从海量数据中挖掘出各种知识，解决“大数据、小知识”的瓶颈是遥感落地应用、服务于社会经济发展、生态环境保护、国防安全的必然方向。

3. 滞后处理向实时在轨处理发展

传统卫星遥感应用模式的基本步骤是“地面任务规划—在轨数据获取—数据接收与分发—专业应用与服务”，应用链路长，处理过程复杂，用户得到数据往往存在滞后性，加之后处理还需要时间，无法满足应急条件和高时效用户的需求(王密和杨芳，2019)。随着卫星数据传输系统的码速率的提高，高性能存储设备的普及、星上数据处理能力的提高，在轨数据处理算法的飞跃发展，使得在轨实时处理数据、及时发布用户关心的产品(如灾害预报产品)成为可能，并将逐渐成为热点(李德仁和沈欣，2005；李德仁等，2017；王桥，2022)。

1.3.3 资源环境遥感应用与服务现状的发展

遥感具有宏观性、综合性、经济性、调查周期短、受自然条件限制较少等特点，是进行资源调查和环境监测的重要高科技手段之一，在地球资源环境的监测与研究中发挥着重要作用。经过半个多世纪的发展，遥感技术的应用已经进入到了新的阶段，与国民经济发展、生态保护、人类福祉、可持续发展、国防安全等都密切相关。目前，遥感技术应用表现出如下特点。

1. 遥感应用广度不断扩展

资源环境遥感应用的方向众多(方臣等，2019；曹飞等，2020)，对应形成了不同的遥感应用分支。例如，水体遥感包括水资源调查、流域规划、河流湖泊动态监测，冰雪覆盖、地下水监测、水质监测、废水污染监测、土壤水分监测，河口海岸带及浅海地形调查、海洋环境监测(水深、水温、洋流、波浪、潮汐、赤潮)等(周艺等，2004；蒋兴伟等，2019；林明森等，2019；李丹等，2020)。土地遥感包括识别土地资源类型，掌握不同类型土地资源的数量、分布、构成和变化，评估土地质量和利用潜力等(高志强和刘纪远，2000；封志明和刘玉杰，2004；张增祥等，2016)。大气遥感包括大气成分(水分、臭氧、二氧化硫、二氧化氮、氨、硫化氢、一氧化碳)特性和浓度监测、气压、风及大气密度等廓线的时空变化、云识别、气溶胶和温度反演、降水监测等(吕达仁等，2003；邱金桓等，2005)。生态遥感包括生态参数遥感监测(土地覆被类型、植被覆盖度、叶面积指数、植被生长期、光合有效辐射吸收比率、地表温度、蒸散发和植被地上生物量)、陆地生态系统(森林、草原、荒漠、湿地以及农田)监测和生物多样性监测等。农业遥感包括农业用地类型识别、农田参数反演、作物长势监测、面积测量和产量估算、农业病虫害监测等。地质遥感包括地质调查、矿产地质勘查、工程地质勘查、地质环境评价，以及地质灾害监测和预警等(赵春江，2014；史舟等，2015；陈仲新等，

2016）。灾害遥感包括致灾因子、孕灾环境和承灾体监测，灾害风险评估，灾害预警预报，灾情监测与评估，恢复重建规划与评估等(范一大等，2016)。

2. 遥感应用深度不断加强

伴随遥感数据质量的提高以及遥感数据处理技术的进一步提升，遥感技术在资源环境调查和监测中的应用，已从早期的遥感数据分析转向多种数据(遥感和非遥感数据)综合分析，从静态分析向动态监测以及预测预报发展，从定性判读走向定量反演，从表面特征到内在规律研究渗透，从宏观到微观(城市地面沉降、矿山沉降、火山形变、地震形变等地面形变)深化，从局部地区的单一要素的专题研究与应用向地球系统科学的综合应用方向发展。例如，土地利用覆盖现状调查和变化监测是遥感技术最基础的应用方向，也是全球变化研究的重要组成部分。我们不仅基于遥感技术进行土地利用覆盖现状调查和变化监测，还综合使用多种数据源和多种技术手段，分析引起土地利用变化的原因，评价土地资源质量、承载力、可续性，评估土地利用覆盖变化对土壤环境、水环境、大气环境、能量和物质循环、近地表气候、生物多样性的影响，预测气候变化和人类活动双重作用下土地利用覆盖的变化趋势等。

3. 遥感应用向业务化和商业化方向发展

随着信息时代的来临，对地观测技术日新月异发展，遥感逐渐从实验室走向实际应用。目前很多院校都设有遥感科学与技术专业，也有不少非遥感专业设有遥感相关课程，为遥感应用落地提供了人才储备。另外，我国有上百个遥感应用机构，这些机构广泛开展着国土调查、森林资源调查、灾害监测、地质找矿、环境保护、灾害监测等各类遥感业务。此外，近年来国家出台各种政策也大大推动了遥感技术的多元化投资和产业化应用。自 2012 年起，国家各部委陆续出台的相关文件中都提及商业遥感的发展思路，如《关于 2013 年组织实施卫星及应用产业发展专项的补充通知》(2012 年)、《关于促进地理信息产业发展的意见》和《国务院关于创新重点领域投融资机制鼓励社会投资的指导意见》(2014 年)、《国家民用空间基础设施中长期发展规划(2015—2025 年)》(2015 年)、《“十三五”国家战略性新兴产业发展规划》(2016 年)、《国家民用卫星遥感数据管理暂行办法》(2019 年)、《中华人民共和国国民经济和社会发展第十四个五年规划和 2035 年远景目标纲要》(2021 年)。各省市也做出了相应规划，出台了众多新的政策指导遥感行业更好更快的发展。大量的遥感公司如雨后春笋般出现，提供从数据采集、分发、预处理、信息提取到专题应用各个环节的服务。

思　考　题

1. 什么是遥感？
2. 遥感的类型有哪些？
3. 简述资源环境遥感的发展现状和趋势。

第 2 章　资源环境遥感探测的基本原理

2.1　电磁波遥感过程与遥感技术系统

2.1.1　电磁波遥感过程

遥感是通过遥感器这类对电磁波敏感的仪器，在远离目标和非接触目标物体条件下探测目标地物。需要指出，广义的遥感包涵地球物理、无线电等许多领域。本书讨论的是狭义遥感，仅指根据目标物电磁波特征信息的收集、传输、处理、分析来探测和识别地物的性质。

一个完整的遥感过程主要包括以下步骤，首先由地面自身辐射或者反射太阳光进入空中，穿过大气，经过一系列的折射、反射、吸收、透射最终达到传感器；传感器接收到能量后根据传感器类型进行不同的处理，如果是光学转换器则直接将影像通过卫星传回地面，若是光电转换类型的传感器则首先进行模拟信号到数字信号的转换(A/D 转换)，对转换结果进行信息编码，然后通过卫星数据传输系统传回地面；地面数据处理系统根据传感器的各种参数对传回的数据进行解码，然后通过专业软件进行几何纠正、辐射纠正、大气纠正，再进行遥感参数反演或者信息提取等为各个应用领域提供有效的信息。简单来说，电磁波遥感过程包括信息采集、接收存储、数据处理、信息提取和遥感应用这几个过程。

1. 信息采集

传感器接收地物反射或发射的电磁波并转化为电信号。现在的传感器本身带有大小不定的存储器，在无法给地面站传送的时候会临时存储。传感器是信息采集的主要设备，搭载传感器的平台可以是卫星(航天遥感)、飞机(航空遥感)或者是地面平台(地面遥感)。

2. 接收存储

卫星影像的接收储存是在遥感卫星地面站中完成的，地面站包括接收站、数据处理中心和光学处理中心。我国在 1986 年与美国合作建立了中国卫星地面接收站。收集的数据通过数模转换变成数字数据。目前的影像数据都是以数字形式保存，而在以前，由于计算机技术的限制，采用磁带或者胶片形式储存。随着计算机技术的发展，数据存储格式也趋于标准化。tif 和 geotif 是目前常用的数据存储格式。

3. 数据处理

目前，遥感影像的处理都是基于数字的，由此产生了一门新的学科——遥感数字图像处理。遥感数字图像处理随计算机硬件技术的发展以及遥感图像处理软件的发展而兴起。详细内容将在第 5～7 章介绍。

4. 信息提取

遥感的主要目的就是从影像上提取有用的信息，这个过程在前面几个步骤的基础上进行。详细内容将在第 8 章介绍。

5. 遥感应用

不同行业的遥感应用需求不同，例如，农业部门利用遥感技术进行作物面积和种类等信息的提取；林业部门利用遥感技术进行不同林地空间分布和蓄积量等信息提取。

2.1.2　遥感技术系统

遥感技术系统是一从地面到空中直至空间，从信息收集、存储、传输处理到分析判读、应用的完整技术系统，包括遥感信息源、信息获取、信息接收、信息处理和信息应用 5 个部分(梅安新等，2001)。遥感信息源包括任何地物，因为任何地物都可以发射、反射和吸收电磁波信号。遥感信息获取依靠搭载在遥感平台上的传感器。遥感平台是装载传感器并能使其正常工作的工具，主要包括地面平台、空中平台、空间平台。传感器是接收、记录地物电磁波特征的仪器，包括扫描仪、雷达、摄影机、摄像机、光谱辐射计等。遥感信息接收是指传感器把接收到目标地物的电磁波信息记录在胶片或磁带上，所记录的电磁波信息经过光电转换，通过无线电波将数据传送到卫星地面接收站。遥感信息处理是运用光学仪器和计算机设备对所获取的遥感信息进行校正、增强、融合和解译等处理的技术过程。遥感信息应用是专业人员根据不同的目的将遥感信息应用于不同业务领域的过程。

2.2　电磁波谱与电磁辐射

2.2.1　电磁波及其性质

电磁波是电磁振源发出的电磁振荡在空气中的传播。电磁辐射是电磁波传递能量的过程，是能量的一种动态形式，只有当它与物质相互作用(如发射、吸收、反射、透射)时才表现出来。根据麦克斯韦电磁场理论，变化的电场能够在它周围引起变化的磁场，这一变化的磁场又在较远的区域内引起新的变化的电场，这种变化的磁场和电场交替产生，以有限的速度由近及远在空间传播就形成了电磁波。电磁波不需要依靠介质传播，在真空中的传播速度等于光速。电磁波的电场和磁场的振动方向是垂直的，且垂直于波的传播方向(图 2-1)，因此电磁波是一种横波。此外，电磁波具有波粒二象性。

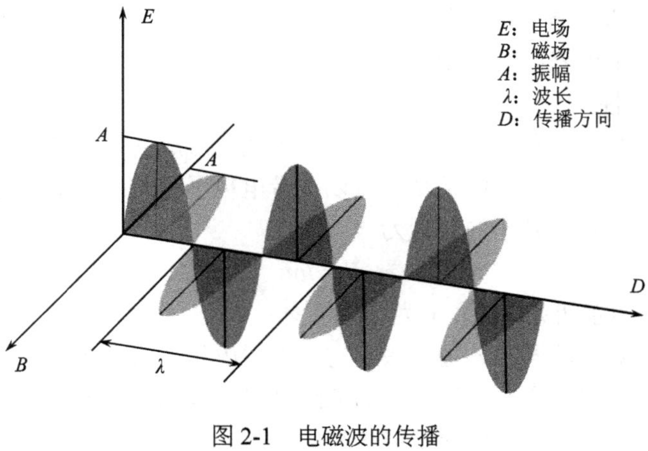

图 2-1　电磁波的传播

电磁波可以表示为

$$\frac{\mu}{c}\frac{\partial H}{\partial t}=-\frac{\partial E}{\partial x} \tag{2-1}$$

$$\frac{\varepsilon}{c}\frac{\partial E}{\partial t}=-\frac{\partial H}{\partial x} \tag{2-2}$$

式中：ε为介质的相对介电常数；μ为相对导磁率；c为光速；E为电场；H为磁场；x表示空间上的某一点；t表示某一时刻。

1. 电磁波的波动性

单色波的波动性可以用波函数来描述，具体如下：

$$E(r,t) = E_0 \sin\left[(\omega t - kr) + \varphi\right] \tag{2-3}$$

式中：r为位置矢量；t为时间；ω为角频率；φ为初相位；E_0为振幅。它是一个时空的周期性函数，由振幅和相位组成，一般成像原理只记录振幅，而全息成像和雷达成像时，既记录振幅又记录相位。

电磁波具有波动性，因而形成了干涉、衍射和偏振等现象。两个或两个以上频率、振动方向相同、相位相同或相位差恒定的电磁波(即相干波)在空间叠加后，合成波振幅为各个波振幅的矢量和，从而使得交叠区域的有些位置振动加强而有些区域振动减弱或完全抵消，这种现象被称为电磁波的干涉。一般情况下，单色波都是相干波。取得时间和空间相干波对于利用干涉进行距离测量是相当重要的。激光就是相干波，它是光波测距仪的理想光源。微波遥感中的雷达也是应用干涉原理成像的，其影像上会出现颗粒状或斑点状的特征，这是一般非相干可见光影像所没有的，对微波遥感的判读意义重大。

衍射是指光通过有限大小的障碍物时偏离直线传播路径的现象。在入射光垂直于单缝平面时的单缝衍射实验图样中，中间有特别明亮的亮纹，两侧对称地排列着一些强度逐渐减弱的亮纹。一个物体通过物镜成像，实际上是物体各点发出的光线在屏幕上形成的亮斑组合而成。研究电磁波的衍射现象对设计遥感仪器和提高遥感影像几何分辨率有着重要意义。同时，在数字影像处理中，也要考虑电磁波的衍射现象。

电磁波振动方向对于传播方向的不对称性称为偏振，它是横波区别于纵波的一个最明显标志，只有横波才有偏振现象。电磁波包括了偏振波、部分偏振波和非偏振波。许多散射光、反射光、透射光都是部分偏振光。偏振在微波技术中被称为“极化”。遥感技术中的偏振摄影和雷达成像就利用了电磁波的偏振特性。

2. 电磁波的粒子性

电磁波具有粒子性。电磁辐射是由离散能量的波包形成的，波包又称为量子或光子，其能量与电磁辐射的频率成正比。由于光子可以被带电粒子吸收或发射，因此光子是能量的传输者。根据普朗克关系式，光子的能量为

$$E = h\nu \tag{2-4}$$

式中：E为能量；h为普朗克常数；ν为频率。

一个光子被原子吸收的同时，也会激发它的束缚电子，将电子的能级提高。假若光子给出的能量足够大，电子可能会逃离原子核的束缚吸引，成为自由电子。反过来，一个跃迁至较低能级的电子，会发射一个能量等于能极差的光子。由于原子内的电子能级是离散的，每一种原子只能发射和吸收它的特征频率的光子。这些效应综合在一起解释了物质对电磁波的吸收光谱和发射光谱。

2.2.2 电磁波谱

若将电磁波按照频率分类，从低频到高频分别为无线电波、微波、红外线、可见光、紫外线、X 射线和 γ 射线。不同频的电磁波是由不同的波源产生的，电磁波是电磁场的传播，

而电磁场具有能量，因而电磁波的传播过程也是电磁能量的传播过程。若将电磁波按照在真空中传播的波长或频率递增或递减的顺序排列，就能得到电磁波谱，如图 2-2 所示。

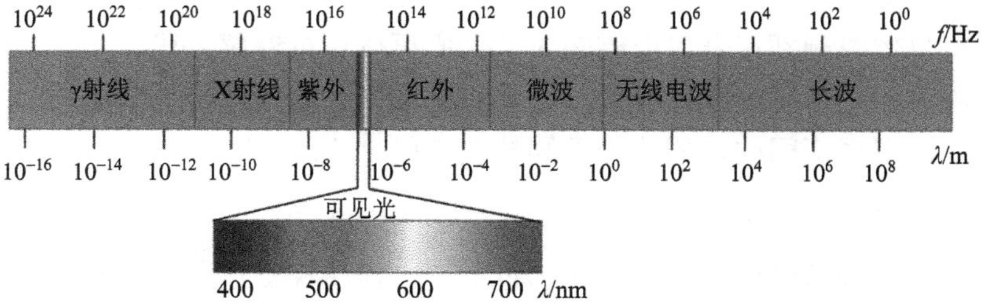

图 2-2　电磁波谱

电磁波谱区段的界限是渐变的，一般按产生电磁波的方法或测量电磁波的方法来划分。习惯上人们划分电磁波区段的方式如表 2-1 所示。

表 2-1　各电磁波谱段的产生及其遥感应用

<table>
<tr><th>波长</th><th colspan="2">谱段</th><th>产生方式</th><th>遥感应用特征</th></tr>
<tr><td><0.03nm</td><td colspan="2">γ 射线</td><td>原子核内部相互作用</td><td>来自太阳的辐射完全被上层大气吸收，不能为遥感利用，来自放射性矿物的 γ 射线可被低空飞机探测到</td></tr>
<tr><td>0.03～3nm</td><td colspan="2">X 射线</td><td>层内电子离子化</td><td>辐射完全被大气所吸收</td></tr>
<tr><td>3nm～0.38μm</td><td colspan="2">紫外</td><td rowspan="2">外层电子离子化</td><td>波长小于 3μm 来自太阳的紫外辐射完全被上层大气中的臭氧所吸收</td></tr>
<tr><td>0.3～0.38μm</td><td colspan="2">摄影紫外</td><td>穿过大气层，可用胶片和光电探测器感应，但大气散射严重</td></tr>
<tr><td>0.38～0.43μm</td><td rowspan="7">可见光</td><td>紫</td><td rowspan="7">外层电子激励</td><td rowspan="7">用照相机、电视摄影机和广电扫描仪等均可检测，包括 0.5μm 附近的地球反射比峰值</td></tr>
<tr><td>0.43～0.47μm</td><td>蓝</td></tr>
<tr><td>0.47～0.50μm</td><td>青</td></tr>
<tr><td>0.50～0.56μm</td><td>绿</td></tr>
<tr><td>0.56～0.59μm</td><td>黄</td></tr>
<tr><td>0.59～0.62μm</td><td>橙</td></tr>
<tr><td>0.62～0.76μm</td><td>红</td></tr>
<tr><td>0.76～3μm</td><td rowspan="4">红外线</td><td>近红外（反射红外）</td><td rowspan="4">分子振动晶格振动</td><td>与物质的相互作用随波长而变，各大气传输窗口被吸收谱段隔开</td></tr>
<tr><td>3～6μm</td><td>中红外（热红外）</td><td>初次反射的太阳辐射，0.7～1.4μm 的辐射可用红外胶片检测，称为摄影红外辐射</td></tr>
<tr><td>6～15μm</td><td>远红外（热红外）</td><td rowspan="2">热区中的主要大气窗口，是一个宽谱段内的总辐射，用这些波长成像需要使用光学-机械扫描器（红外辐射计）</td></tr>
<tr><td>15～1000μm</td><td>超远红外</td></tr>
<tr><td>0.1～100cm</td><td colspan="2">微波</td><td>分子旋转和反转，电子自转与磁场的相互作用</td><td>这些较长的波长可穿透云和雾，可用于全天候成像，其下可分为毫米波、厘米波和分米波</td></tr>
<tr><td>>100cm</td><td colspan="2">无线电波</td><td>核自转与磁场的相互作用</td><td>可用于无线电通信，分为超短波、短波、中波、长波</td></tr>
</table>

从电磁波谱可见，电磁波的波长范围非常广，从波长最短的 γ 射线到最长的无线电波，波长之比高达 10^{22}。人眼可感受的电磁辐射波长范围为 380～780nm，称为可见光。只要是自身温度大于绝对零度的物体，都可以发射电磁波，而自然界不存在温度小于等于绝对零度的物体，因此所有物体时刻都在发射电磁辐射。人们可以通过遥感手段探测和接收从紫外线到微波波段的电磁波，利用不同物体反射、发射不同波段、不同能级的电磁波而成像。在实际的遥感工作中，需根据不同的目的选择不同的波谱段。

2.2.3　电磁辐射的度量

电磁波的传播过程是电磁波能量的传递过程。在遥感探测过程中，需要测量从目标地物反射或辐射的电磁波能量。为了定量描述电磁辐射，一般需要了解电磁辐射度量的基本术语及其含义。

1. 辐射能量

电磁辐射能量的度量，记作 W，单位为 J。

2. 辐射通量

单位时间内通过的辐射能量，记作 $\Phi = \mathrm{d}W/\mathrm{d}t$，单位为 W。辐射通量也称为辐射功率，强调单位时间内的能量大小，它是一个关于波长 λ 的函数，即不同波长的电磁波有不同的辐射通量。对应某一波长的辐射通量记作 $\Phi(\lambda)$。总辐射通量是所有波长电磁波的辐射通量之和或者辐射通量积分。

3. 辐射通量密度

单位时间内通过单位面积的辐射能量，或描述为通过某单位面积的辐射通量，记作 $E = \mathrm{d}\Phi/\mathrm{d}S$，单位为 $\mathrm{W/m^2}$，S 为面积。

4. 辐照度

被辐射物体表面的辐射通量密度，即被辐射物体表面单位面积上的辐射通量，记作 $I = \mathrm{d}\Phi/\mathrm{d}S$，单位为 $\mathrm{W/m^2}$，S 为面积。

5. 辐射出射度

辐射源物体表面向外发出的辐射通量密度，记作 $M = \mathrm{d}\Phi/\mathrm{d}S$，单位为 $\mathrm{W/m^2}$，S 为面积。辐照度与辐射出射度均表达为辐射通量密度，其中，辐照度描述物体接收到的辐射，辐射出射度描述物体向外发出的辐射，它们都与波长 λ 有关。

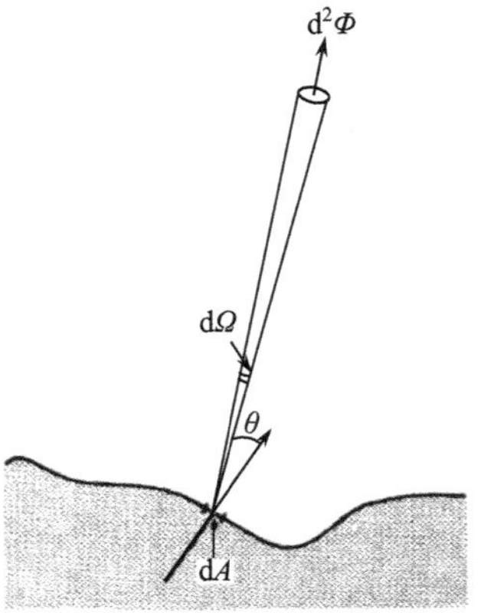

图 2-3　辐射亮度示意图

6. 辐射亮度

对于某一向外发出辐射的辐射源物体，向外辐射的强度随方向存在不同。辐射亮度（图 2-3）定义为点辐射源在某一特定方向 θ，单位投影面积、单位立体角内的辐射通量密度，记作 L，单位为 $\mathrm{W/(sr\cdot m^2)}$。其表达式为

$$L = \frac{\mathrm{d}^2\Phi}{\mathrm{d}A\cdot \mathrm{d}\Omega\cdot\cos\theta} \approx \frac{\Phi}{\Omega\cdot A\cdot\cos\theta} \tag{2-5}$$

式中：Ω 为立体角；θ 为方向角。

辐射源向外辐射电磁波时，辐射亮度 L 往往随着角 θ 的变化而变化，而与距离无关。辐射亮度 L 与角 θ 无关的辐射源称为朗伯源。

2.2.4　电磁辐射源

1. 太阳辐射

太阳是被动遥感中最重要的辐射源，也是遥感中最重要的辐射源之一。太阳是维持地球表面温度、促进地球上水、大气及生物活动的能源基础。

地球表面不同区域接收到的太阳辐射大小是不相等的，不受地球大气的影响，在垂直于太阳辐射的方向，单位时间内单位面积的黑体接收到的太阳辐射辐照度总量大小为

$$I_{\theta}=1.36\times10^{3}\,\mathrm{W/m^{2}} \tag{2-6}$$

这个数值被称为太阳常数，是地球大气层顶端接收到的辐射能量大小，不受地球大气的影响。因为太阳表面黑子活动等的影响，太阳常数并不是固定不变的。假设太阳向外辐射是均匀的，以太阳为中心，用以日地距离为半径的球的表面积乘以太阳常数就可以算出太阳的总辐射通量约为 3.826×10^{26}W。

太阳常数对太阳辐射研究十分重要，对遥感探测和进一步应用于气象、农业、环境等领域也有重要作用。

太阳辐射中各波段所占能量比例如表 2-2 所示。可以看出，在近紫外到中红外的范围内，太阳辐射能量相对集中，而且相对稳定，变化幅度较小。在其他波段，如 γ 射线、X 射线、远紫外和微波等，虽然其在太阳辐射中能量占比不足 1%，但存在很大变化，在太阳活动剧烈时期，如太阳黑子或耀斑爆发，其强度会剧烈增长，进而影响地球的磁场，中断或干扰地球的无线电波的传播，也会对空间飞行造成较大影响。在遥感中，被动遥感主要利用的波段为可见光和近红外，处于太阳辐射能量集中且相对稳定的区间，因此太阳活动对被动遥感的影响一般可以忽略不计。

表 2-2　太阳辐射能量中各波段所占比例

波段	波长	波段能量比例/%
长波	>3000m	0.41
无线电波	1～3000m	
微波	1mm～1m	
远红外	6～15μm	
中红外	3～6μm	12.00
近红外	0.76～3μm	36.80
可见光	0.38～0.76μm	43.50
近紫外	0.31～0.38μm	5.32
中紫外	0.20～0.31μm	1.95
远紫外	0.01～0.20μm	0.02
X 射线	0.01～10nm	
γ 射线	<0.01nm	

2. 地球辐射

地球辐射一般指地球自身的热辐射，是热红外遥感的主要辐射源。地球辐射的能量分布在近红外到微波的范围内，主要集中在 6～30μm。各波段所占能量的比例为：0～3μm 波段

占 0.2%，3～5μm 波段占 0.6%，5～8μm 波段占 10%，8～14μm 波段占 50%，14～30μm 波段占 30%，30～1000μm 波段占 9%，1mm 以上波段占 0.2%。地球辐射和地球表面的热状态密切相关，因此也称为热红外遥感，被广泛应用于地表热异常的探测、城市热岛效应以及水体热污染研究等。

3. 太阳辐射与地球辐射的关系

地球除了接收太阳辐射之外，自身也同时向外不断发出辐射。太阳辐射近似于温度为 6000K 的黑体辐射，而地球辐射是接近 300K 的黑体辐射；太阳辐射出射曲线最大值对应的波长为 0.47μm，地球辐射出射曲线最大值对应的波长为 9.66μm(图 2-4)。

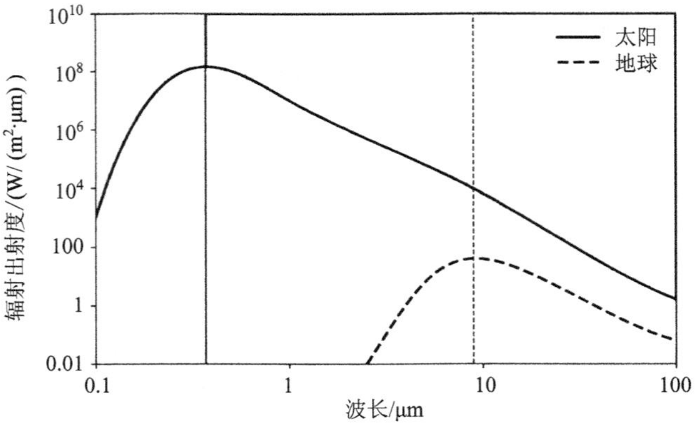

图 2-4　太阳与地球辐射出射曲线

地表物体反射的太阳辐射和自身向外发出的辐射共同被遥感传感器接收，在实际应用中需要将太阳辐射和地球自身辐射加以区分，其分段特性如表 2-3 所示。

表 2-3　地球辐射的分段特性

波长/μm	0.3～2.5	2.5～6	>6
波段	可见光与近红外	中红外	远红外
辐射特性	反射太阳辐射为主	反射太阳辐射和地球热辐射	以地表热辐射为主

太阳辐射能量主要集中于 0.3～2.5μm，属于紫外线、可见光与近红外的范围。遥感传感器在这些波段接收到的辐射能量主要是地表物体反射太阳辐射，此时来自地球自身的辐射可忽略不计。

在 2.5～6μm 的中红外波段，遥感传感器接收到的辐射能量同时包含太阳辐射以及地球自身的热辐射，两者均不能忽略。在该波段的应用中，一般采用夜间成像，以排除太阳辐射的影响。

地球自身发出的辐射集中在大于 6μm 的远红外波段，此时太阳辐射的能量几乎可以忽略不计，遥感传感器接收到的辐射能量全部为地球自身的辐射，被广泛用于地表的地热状态探测。

4. 人工辐射源

人工辐射源是指人为发射的具有一定波长(或频率)的波束。主动式遥感采用人工辐射源。工作时根据接收地物散射该光束返回的后向反射信号强弱来探测地物或测距，称为雷达探测。雷达可分为微波雷达和激光雷达。在微波遥感中，侧视雷达是目前常用的微波遥感方式。

微波辐射源在微波遥感中常用的波段为 0.8～30cm。由于微波波长比可见光、红外光波长长，受大气散射影响小，使得微波遥感具有全天候、全天时的探测能力，在海洋遥感及多云雨地区得到广泛应用。

激光辐射源在遥感技术中逐渐得到应用，其中应用较为广泛的为激光雷达。激光雷达使用脉冲激光器，可精确测量卫星的位置、高度、速度等，也可测量地形、绘制地图、记录地物高度信息，还可利用物体的散射及荧光、吸收等性能进行污染监测和资源勘查等。

2.3　物体的发射辐射特征

2.3.1　黑体辐射

温度高于绝对零度(–273.15℃)的所有物体都会不断吸收、反射和辐射电磁波。而黑体是一种理论上的模型体，它在吸收外来辐射的同时不发生反射或透射。因此，黑体在任何波长的辐射上都是“完美”的吸收器和发射器。

普朗克于 1900 年提出了黑体辐射定律，表征了黑体辐射出射度 M(W/m^2)，波长 λ(m) 和黑体热力学温度 T(K) 之间的关系

$$M(\lambda,T)=\frac{2\pi hc^2}{\lambda^5}\frac{1}{\mathrm{e}^{hc/kT\lambda}-1} \tag{2-7}$$

式中：h 为普朗克常数(6.626×10^{-34}J·s)；k 为玻耳兹曼常数(1.3806×10^{-23}J/K)；c 为光速(2.998×10^{8}m/s)。该定律表明，黑体辐射仅由其温度及波长决定，不受发射角、内部结构等因素的影响。图 2-5 为黑体在不同温度下的波谱辐射曲线，从中可以看出不同温度下黑体的辐射曲线随波长增大表现出类似的变化，且峰值随温度升高向短波方向移动。

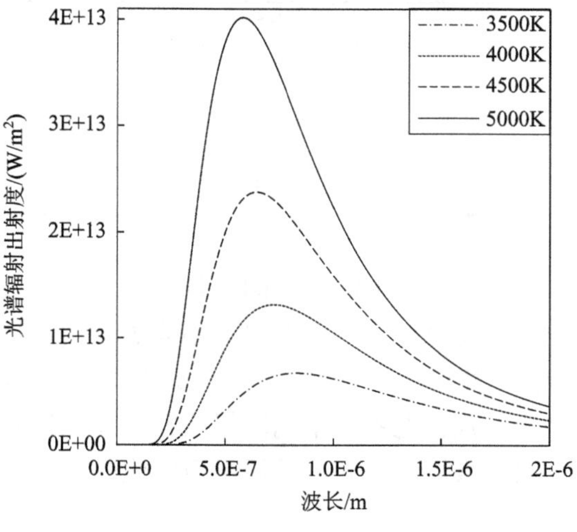

图 2-5　黑体在不同温度下的波谱辐射曲线

维恩(Wien)位移定律定量地表达了黑体辐射峰值与温度之间的关系，即

$$\lambda_{\max}=\frac{A}{T} \tag{2-8}$$

式中：$\lambda_{\max}$(m)为辐射峰值所对应的波长；A=2.898×10^{-3}(m·K)为常数。根据此定律，较热的物体会以较短的波长发出大部分辐射，因此它们看起来会更蓝；而较冷的物体会以更长的波长发出大部分辐射，因此它们看起来会更红。太阳是温度为近似 6000K 的黑体，该温度对应于波长为 0.47μm(可见光区域)的峰值发射，故我们可以在日光下对地物进行观测。

通过对黑体辐射出射度 M 从波长为零到正无穷进行积分，可以得到斯蒂芬-玻耳兹曼(Stefan-Boltzmann)定律：

$$W=\int_0^\infty\frac{2\pi hc^2}{\lambda^5}\frac{1}{\mathrm{e}^{hc/kT\lambda}-1}\mathrm{d}\lambda=\frac{2\pi^5k^4}{15c^2h^3}T^4=\sigma T^4 \tag{2-9}$$

式中：$\sigma = 5.6697\times10^{-8}\text{W}/(\text{m}^2\cdot\text{K}^4)$为斯蒂芬-玻耳兹曼常数。该定律指出黑体的总辐射量与其绝对温度的四次方成正比。通过对比图 2-5 中每条曲线与 x 轴所围成的面积，我们也可以得到同样的结论，即黑体总辐射量随着其绝对温度的上升而急剧增加。

2.3.2　实际物体的发射辐射

由于黑体是理想的完全吸收体和发射体，真实地物的辐射出射度总要低于黑体。基尔霍夫(Kirchhoff)定律指出，物体的出射度 $M(\lambda,T)$ 与吸收率 $\alpha(\lambda,T)$ 或发射率 $\varepsilon(\lambda,T)$ 之比等于在波长λ和绝对温度 T 下的黑体辐射出射度 $M_{\text{b}}(\lambda,T)$，即

$$\frac{M(\lambda,T)}{M_{\text{b}}(\lambda,T)} = \alpha = \varepsilon \tag{2-10}$$

发射率 ε，又被称为比辐射率，刻画了地物在波长λ和绝对温度 T 下相比于黑体辐射出射度的能量占比，即地物与黑体辐射出射度的比值[式(2-10)]。该比值是一个介于 0～1 的常数。根据此定律，白天沙漠的太阳辐射温度激增而夜晚又急剧下降，正是因为沙子是强吸热体的同时也是强散热体。

根据地物不同的发射特性，可以将其分为四类(表2-4)，即黑体、灰体、选择性辐射体和白体(理想反射体)。

表 2-4　不同类型地物的发射率

地物类型	发射率
黑体	发射率为常数，且等于 1，即 $\varepsilon = \varepsilon_\lambda = 1$
灰体	发射率为常数，且小于 1，即 $0 < \varepsilon = \varepsilon_\lambda < 1$
选择性辐射体	发射率小于 1，且随波长而变化，即 $0 < \varepsilon = f(\lambda) < 1$
白体	发射率为常数且等于 0，即 $\varepsilon = \varepsilon_\lambda = 0$

发射率是地物本身的一种物理属性，表征地物发射能力的大小。表 2-5 列出了一些常见地物的发射率。可以看出，不同类型的地物之间发射率存在很大差异。但除了受到自身材料特性的影响，发射率还会随着地物表面物理状态、含水量、温度等状况的不同而改变。图 2-6 描述了几种地物在不同的组成材料和物理状态下发射率的变化，可以看到土壤的发射率随着含水率增加而上升，不同颜色纸张的发射率也截然不同。

表 2-5　常见地物的发射率

地物名称	发射率	地物名称	发射率
沥青	0.90～0.95	冰	0.96～0.98
玄武岩	0.72～0.72	氧化铁	0.73～0.75
石棉板	0.90～0.96	水银	0.04～0.10
砖	0.75～0.95	纸	0.70～0.90
抛光青铜	0.08～0.10	石英	0.93～0.94
混凝土	0.54～0.70	水体	0.95～0.98
玻璃	0.88～0.92	绿色植被	0.88～0.98

研究表明，地物发射率还会受到观测角度的影响(Labed and Stoll，1991; Maturilli et al.，2016)。地物发射率是热红外遥感反演中的关键参数之一。Jiménez-Muñoz 等(2014)通过敏感性分析指出，0.01 的发射率估算误差即可引起约 1.4K 的地表温度反演误差。真实地物的发射率受到众多上述因素的影响，发射率的准确测量以及可靠的地表发射率产品在热红外定量遥感领域具有重要的意义。

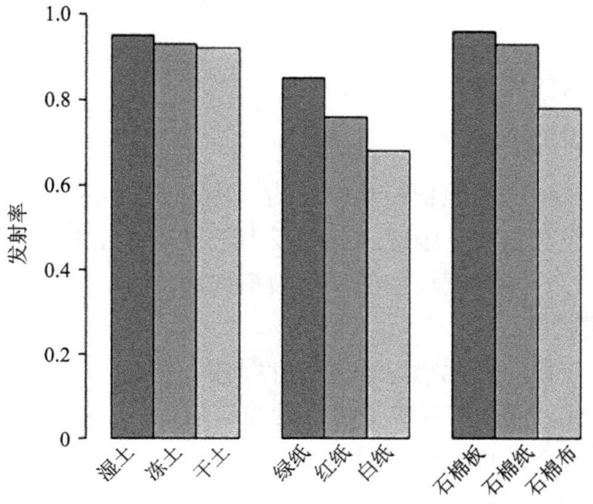

图 2-6　同类物质在不同组成材料和物理状态下发射率的变化

2.4　物体的反射辐射特征

2.4.1　地物的反射率与反射波谱

地物反射率是指地物的反射能量与入射总能量的比值。地物的反射率的大小，与入射电磁波的波长、入射角的大小以及地物表面颜色和粗糙度等有关。一般来说，当入射电磁波波长一定时，反射能力强的地物，反射率大，在黑白遥感图像上呈现的色调就浅。反之，反射入射光能力弱的地物，反射率小，在黑白遥感图像上呈现的色调就深。在遥感图像上色调的差异是判读遥感图像的重要标志。

地物的反射形式主要有 3 种，分别是镜面反射、漫反射和方向反射(图 2-7)。镜面反射，也称规则反射，即地物的反射满足反射定律(入射角=反射角)，只有在反射波方向上才能探测到电磁波。主要发生在平静的水面和金属光滑面等，常出现在航空遥感中。漫反射，也称

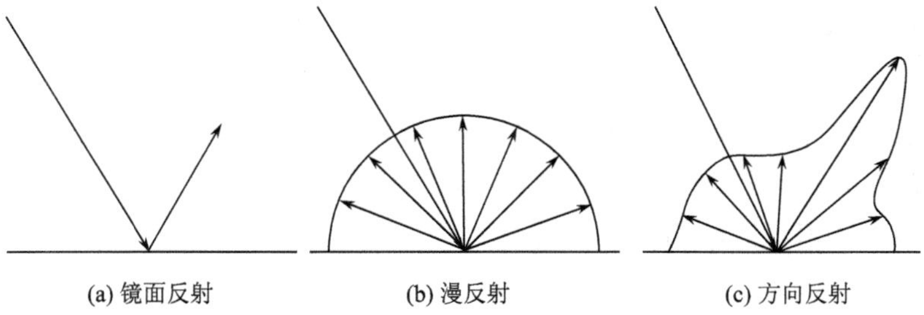

图 2-7　不同类型的地物反射

为朗伯反射，指向四周均匀地反射，在各个方向上亮度和强度一样，航天遥感中多为这种现象。方向反射也可称作实际地物反射，介于镜面反射和朗伯反射之间。一般而言，实际地物表面在有入射波时各个方向上都有反射能量，但大小不同，会在某一方向上比较强。

物体反射率随波长变化而改变的特征称为地物反射光谱特征。以地物的光谱反射率作为纵轴，以波长为横轴，在平面坐标系中所描绘出的曲线称为反射波谱曲线。地物反射波谱曲线的形态不同，表明反射率随波长变化的规律不同。除了因为不同地物的反射率不同外，同种地物在不同的内部和外部条件下反射率也不同。一般说来，地物反射率随波长的变化有规律可循，从而为遥感影像的判读提供了依据。

2.4.2　典型地物的反射波谱特征

地物波谱特征是电磁辐射与地物相互作用的一种表现，可见光和近红外波段主要表现了地物反射作用和地物的吸收作用。因此，地物反射波谱特征主要指地物可见光和近红外波段波谱特征。下面简要介绍几种典型地物的反射波谱曲线特征。

1. 植被的反射波谱特征

植被是陆地表面分布最广的地物。植物的叶绿体、水分、冠层结构，以及它们在不同生长发育阶段的一系列变化，使植物形成了特殊的光谱响应(图2-8)，因此植被在遥感图像上较易识别，并且成为指示自然地理环境的最好标志。

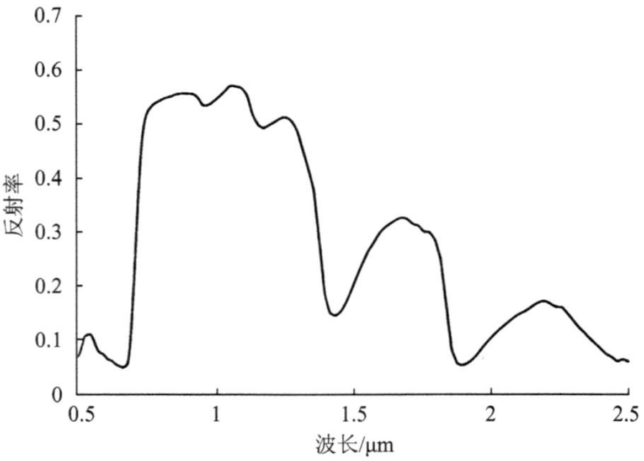

图 2-8　绿色植物的反射波谱曲线

因为植物都能进行光合作用，所以各类绿色植物具有很相似的反射波谱特征。植物的基本反射波谱特征是：在可见光绿波段(0.55μm)附近有 10%～20%的反射峰；近红外(0.8～1.0μm)具有 50%～60%的强反射峰，直至 2.5μm 部分是衰减曲线；在红光波段(0.7μm)和近红外波段(1.5μm 和 1.9μm)附近具有强烈吸收。红光波段的吸收是由叶绿素吸收引起的，近红外波段的吸收是由细胞液和细胞膜的水分吸收形成的。

叶绿素对蓝光和红光吸收作用强，而对绿光反射作用强。因此当太阳光照射绿色植物时，蓝、红光波段的光辐射被叶绿素全吸收进行光合作用；绿光中的大部分被吸收，小部分被反射，所以叶子呈绿色。

在近红外波段(0.8～1.01μm)有一个反射的陡坡，至 1.1μm 附近有一峰值，这是受植被叶片的细胞结构的影响，形成的高反射率。植被在近红外波段的反射率突然升高的现象称为植被的红边效应，是判断植被的重要依据。

2. 水体的反射波谱特征

地球表面大部分被水体覆盖，陆地上有湖泊、河流、雪等水体。由于水体和陆地的反射、吸收和透射特征不同，在遥感图像上的影像特征也存在很大差异，水陆界线明显。各种水体在遥感图像上有共同特征，但在不同波段上也存在差别(图 2-9)。

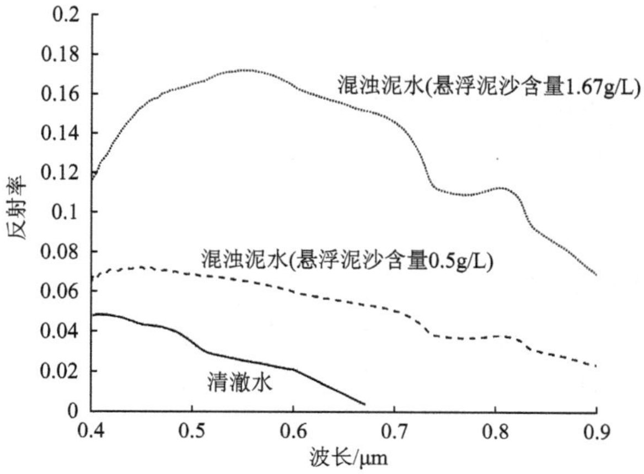

图 2-9　水的反射波谱曲线

清水的反射率一般在可见光部分为 4%～5%，在 0.6μm 下降至 2%～3%，到 0.75μm 以后的近红外波段，水成了全吸收体。水体对 0.45～0.56μm 蓝绿光波段透射能力较强，一般透射深度可达 10～20m，清澈水体可达 100m 的深度。同时，水体的反射也主要在蓝绿光波段，其他波段吸收率很强，特别在近红外、中红外波段有很强的吸收带，反射率几乎为零。遥感影像上，特别是近红外影像上，水体呈黑色，与周围的植被和土壤有明显的反差，易识别和判读水体的位置和轮廓。

当水中含有其他物质时，反射光谱曲线会发生变化。水含泥沙时，由于泥沙的散射作用，可见光波段发射率会增加，峰值出现在黄红区。水中的泥沙含量升高时，水体的反射率会提高。

雪作为一种固态的水，其光谱反射特征和反射曲线形态与一般水体有许多类似之处。如图 2-10 所示，雪的反射率从可见光的短波处随波长增加而逐渐降低，到红外区几乎被全吸收。雪的颗粒直径大小会影响雪的反射率，颗粒直径变大时反射率会略有提升。

3. 土壤的反射波谱特征

在自然状态下，土壤表面的反射率没有明显的峰值和谷值，反射率从可见光的短波段起随波长的增加而逐渐抬升(图 2-11)。土壤类型多种多样，其光谱反射特征也不相同。土壤的反射率受土壤类型、含水量、土壤表面的粗糙度、有机质含量、颗粒大小、含水量等众多因素影响。一般来讲，土质越细反射率越高，有机质含量越高反射率越低，含水量越高反射率越低。

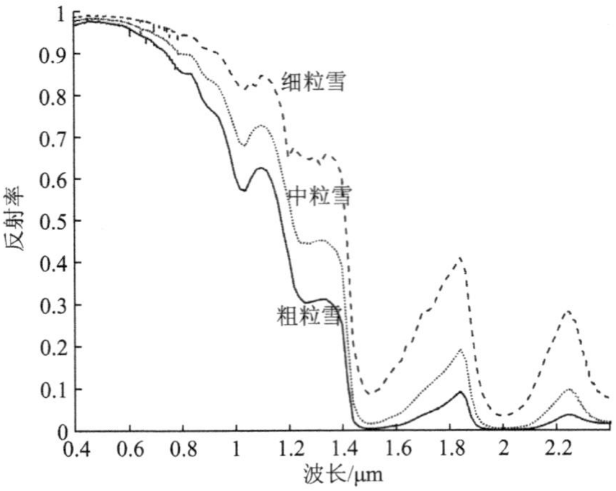

图 2-10　雪的反射波谱曲线

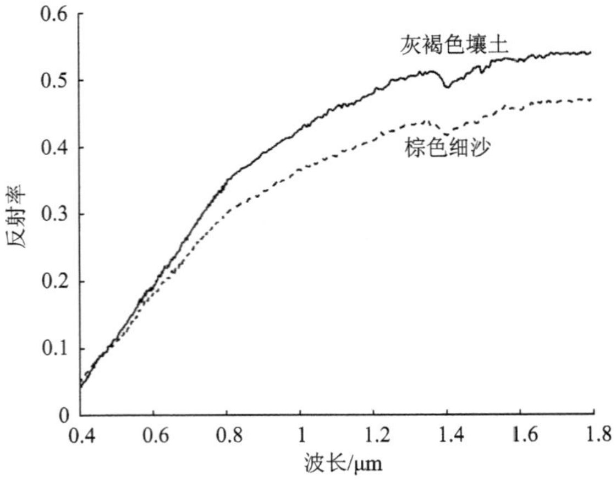

图 2-11　土壤的反射波谱曲线

4. 岩石的反射波谱特征

大多数岩石都是一种或一种以上矿物的集合体。岩石在可见光和近红外波段的波谱特征十分复杂，曲线无统一特征。岩石的矿物成分、矿物含量、风化程度、含水状况、颗粒大小、表面光滑程度、色泽等都会对曲线形态产生影响，难以直接鉴定岩石。岩浆岩、沉积岩和变质岩三大岩类的地物波谱曲线如图 2-12 所示。在遥感探测中，要根据岩石的种类选择具体的波段进行岩石的测定。

5. 城市建筑物、道路的反射波谱特征

城市地物主要有水体、植被、人工建筑物等几种。水体和植被的波谱特征前面已经做过介绍，这里仅讨论城市建筑物、道路的波谱特征。在城市遥感影像中，通常只能看到建筑物的顶部或部分建筑物的侧面，特别是建筑材料所构成的屋顶。建筑物屋顶的波谱特征主要受建筑材料的影响(图 2-13)。白色塑料棚顶反射率最高。绿色塑料棚顶的波谱曲线在绿波段处有一反射峰值，与植被相似。毛毡顶反射率较低，在 0.4～2μm 不断平稳增加。沥青柏油顶呈黑色，吸收率高，因此反射率最低。

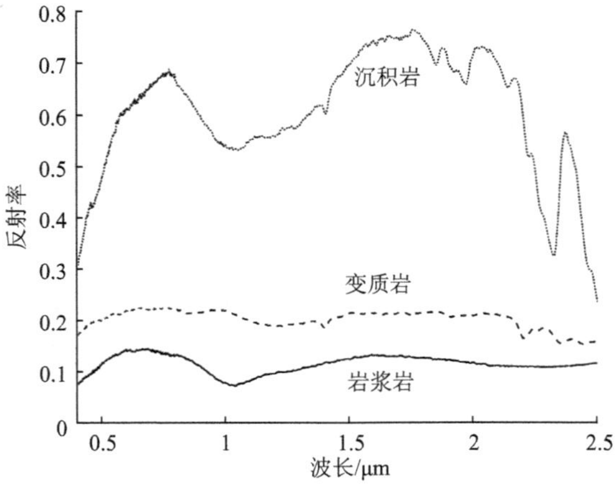

图 2-12　岩石的反射波谱曲线

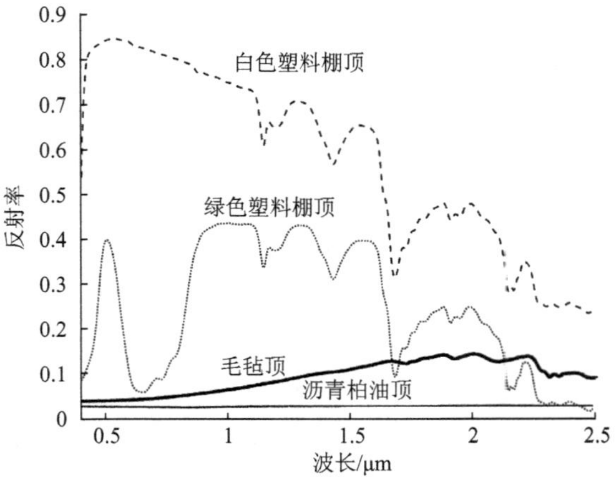

图 2-13　屋顶的反射波谱曲线

道路的波谱特征主要受其铺设材料类型的影响。按其所用建筑材料不同，可分为水泥路、沥青路等(图 2-14)。水泥路反射率最高，在干爽状态下呈灰白色，其次为沥青路，它们的波谱曲线形状大体相似，在 0.4～0.6μm 波段缓慢上升，0.6μm 之后转向平缓变化，2μm 开始下降。

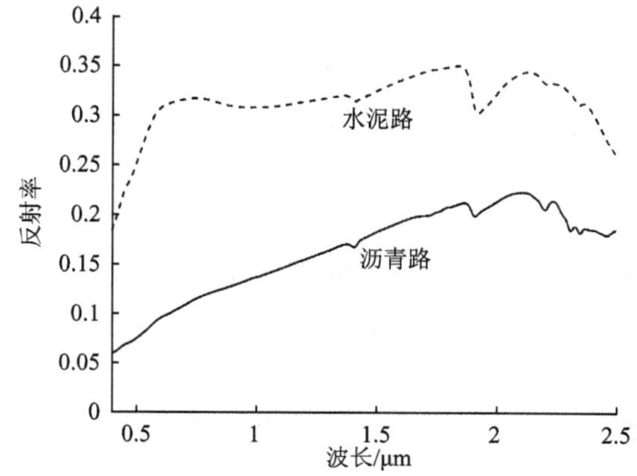

图 2-14　道路的反射波谱曲线

2.4.3　影响地物反射率变化的因素

影响地物反射率变化的因素有很多，如太阳位置、传感器位置、地理位置、地形、季节、气候变化、大气状况、地面湿度变化、地物本身的变异等。

太阳位置主要是指太阳高度角和方位角。如果改变太阳高度角和方位角，地面物体的入射照度也会发生变化。为最小化这两个变化因素对反射率的影响，卫星轨道大多设计为在同一地方时间通过当地上空，但由于季节的变化和当地经纬度的变化，太阳高度角和方位角的变化是不可避免的。

传感器位置指传感器的观测角和方位角，一般空间遥感用的传感器大部分设计成垂直指向地面，这样影响较小。但由于卫星姿态引起的传感器指向偏离垂直方向，仍会造成反射率变化。

不同的地理位置、地形等都会引起反射率变化，还有海拔不同、季节不同、大气透明度改变也会造成反射率变化。

地物本身的变异，如植物的病虫害会使反射率发生较大变化，土壤的含水量也直接影响着土壤的反射率，含水量越高红外波段的吸收越严重。反之，水中的含沙量增加将使水的反射率提高。

随着时间的推移，变化中的地物的反射率也会发生改变，如植物生长期的变化、植被的季节性成长与衰败。另外还有各种随机因素也会影响地表反射率，包括外界随机因素和机器响应的偏差等。

2.5　大气及大气对太阳辐射的影响

在被动遥感中，太阳辐射首先穿过大气层到达地球表面，与地球表面的物体产生相互作用后，再次向上穿过大气层到达遥感传感器。太阳辐射经过大气层时，大气的吸收、散射、反射和透射作用，会对到达遥感传感器的太阳辐射产生很大的影响。

2.5.1　大气结构与大气成分

1. 大气成分

地球上的大气，既包括氮、氧、氩等含量固定的气体成分，还包括二氧化碳、一氧化二氮等含量大体上比较固定的气体成分，又包括水汽、一氧化碳、二氧化硫和臭氧等含量变化很大的气体成分。此外，还常悬浮有尘埃、烟粒、盐粒、水滴、冰晶、花粉、孢子、细菌等固体和液体的气溶胶粒子。地球上的大气层对太阳辐射存在很大的影响，主要有吸收、反射和散射作用。

2. 大气分层

大气层是因重力关系而围绕着地球的一层混合气体，是地球最外部的气体圈层，包围着海洋和陆地。大气层的厚度大约在 1000km 以上，但没有明显的界限。从地球表面垂直方向从下往上分为对流层、平流层、中间层以及热成层(图 2-15)，热成层再往上就是接近大气层外的顶部空间，也称散逸层，散逸层再往上就是外大气层空间。其中，对太阳辐射影响最大的是对流层和平流层。

距地面约 50km 到 1000km 处的被电离了的大气层又称为电离层，包括中间层、热成层以及散逸层。电离层空气稀薄，大气中的分子受太阳辐射的紫外线、X 射线等影响处于电离状态，随着高度的增加，电离层的电子浓度增大。无线电波在该层发生全反射现象，然而遥感所用波段都比无线电波短得多，因此可以穿过电离层。

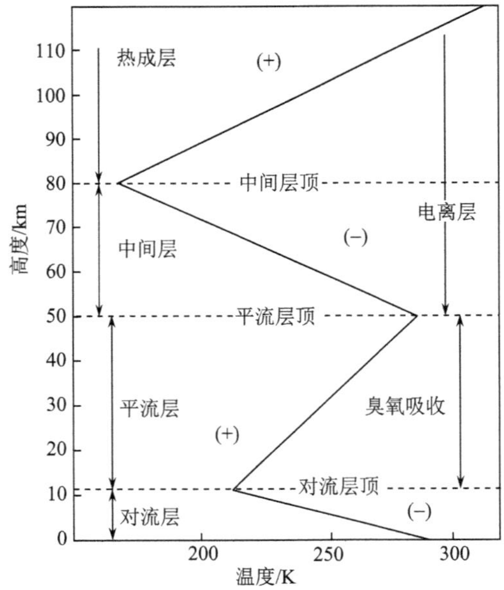

图 2-15　大气圈的层状结构

(-)表示温度随着高度的升高而降低　(+)表示温度随着高度的升高而升高

1) 对流层

对流层是紧贴地面的一层大气，受地面的影响最大。因为地面附近的空气受热上升,而位于上面的冷空气下沉，发生对流运动，故得名对流层。对流层中温度随着高度的升高而降低，空气密度和气压也随高度上升而下降，几乎所有的气候现象都发生在对流层。它的下界是地面，上界因纬度和季节而不同。据观测，在低纬度地区其上界为 17～18km；在中纬度地区为 10～12km；在高纬度地区仅为 8～9km。夏季的对流层厚度大于冬季。

2）平流层

平流层是从对流层顶至距地面 50km 高度之间的大气层。平流层的气流运动相当平衡，主要以水平运动为主，故称为平流层，也称为同温层。平流层与对流层相反，上热下冷。高温层置于顶部，而低温层置于低部。平流层的这种气温分布特征同它受地面影响小和存在大量臭氧有关。平流层集中了大气中约 90%的臭氧，而臭氧能够直接吸收太阳辐射。在平流层中，空气的垂直运动远比对流层弱，水汽和尘粒含量也较少，因而气流比较平缓，能见度较佳。

3）中间层

中间层又称中层，是指自平流层顶至距地面 80km 高度之间的大气层。该层内臭氧含量低，同时，能被氮、氧等直接吸收的太阳短波辐射大部分已经被上层大气所吸收，所以温度垂直递减率很大，对流运动强盛。中间层顶附近的温度约为 190K；空气分子吸收太阳紫外辐射后可发生电离，有时在高纬度、夏季、黄昏时有夜光云出现就是因为空气分子发生了电离。

4）热成层

热成层又被称为暖层、热层或增温层，指中间层顶至距地面 800km 高度之间的大气层。这一层空气密度很小，在 270km 高空大气密度大约是地面的 100 亿分之一。空气质点在太阳辐射和宇宙高能粒子作用下，温度迅速增高，故大气中再度出现温度随高度增加而升高的现象。

2.5.2　大气对太阳辐射的影响

太阳辐射向下传输经过大气层时，其中约 30%的能量被云层和其他大气成分反射回宇宙空间，约 17%的能量被大气吸收，约 22%的能量被大气散射，仅有约 31%左右的太阳辐射能够到达地球表面。

1. 大气对太阳辐射的反射作用

大气反射作用是太阳辐射传播过程中的反射现象，主要发生在云层顶部。大气反射削弱了太阳辐射强度，其影响取决于云量的多少，而且与电磁波的波长有很大关系。波长不同，大气反射的程度也不同。对于遥感技术而言，在较低、较厚的云层状态下，光学遥感传感器几乎接收不到任何地面实际物体的信息。

2. 大气对太阳辐射的散射作用

大气散射指的是电磁波同大气分子或气溶胶等发生相互作用，使入射能量以一定规律在各方向重新分布的现象。其实质是大气分子或气溶胶等粒子在入射电磁波的作用下产生电偶极子或多极子振荡，并以此为中心向四周辐射出与入射波频率相同的子波，即散射波。散射波能量的分布同入射波的波长、强度以及粒子的大小、形状和折射率有关。对于遥感技术而言，太阳辐射在穿过大气到达地球表面时，存在散射作用，太阳辐射经过与地面物体的相互作用，反射回遥感传感器时，再次经过大气，同样存在着散射作用。经过两次散射的太阳辐射进入遥感传感器，散射的过程增加了遥感传感器接收的噪声信号，造成了遥感影像质量的下降，因此在处理遥感影像时，需要进行辐射校正。

散射作用实质是光和粒子的相互作用，根据大气粒子半径 r 和入射电磁波波长 λ 之间的关系对大气散射进行分类，引入尺度参数 $\alpha=2\pi/\lambda$ 进行判别，将大气散射划分为瑞利散射($\alpha<0.1$)、米氏散射($0.1<\alpha<50$)和无选择性散射($\alpha>50$)三种类型。

1) 瑞利散射(Rayleigh scattering)

粒子尺度远小于入射光波长时($r\ll\lambda$，小于波长的十分之一)，其各方向上的散射光强度是不一样的，该强度与入射光波长的四次方成反比，也即与入射光频率的四次方成正比，这种现象称为瑞利散射。

$$I_{(\lambda)\text{scattering}}\propto\frac{I_{(\lambda)\text{incident}}}{\lambda^4} \tag{2-11}$$

白天时，由于瑞利散射的强度与频率四次方成正比，所以太阳光谱中频率较高的绿蓝紫光比频率较低的红光散射更明显，而高频光中又以蓝光能量最大，所以在雨过天晴或秋高气爽时(空气中较粗微粒比较少，以分子散射为主)，在大气分子的强烈散射作用下，蓝色光被散射而弥漫天空，天空即呈现美丽的蔚蓝色。当日落或日出时，太阳几乎在我们视线的正前方，此时太阳光在大气中要走相对长的路程，我们所看到的直射光中的频率较高的绿蓝光大量都被散射了，只剩下红橙色的光，这就是为什么日落时太阳附近呈现红色，而云也因为反射太阳光而呈现红色，但天空仍然是蓝色的。水对可见光中低频光(红光)的吸收强于高频光(蓝光)，所以少量水呈现无色，大量水呈现蓝色(可以理解为透射)，在水中尺度较大的微粒的反射下，海水看上去呈现较深的蓝色，这是海水颜色的主要成因。同时在清洁的大洋水中，因为悬浮颗粒少、粒径小，分子散射也起着一定作用，其散射服从瑞利散射定律，对海水的蓝色也有一定的贡献作用。

2) 米氏散射(Mie scattering)

米氏散射是当大气中粒子的直径与辐射的波长相当($r\approx\lambda$)时发生的散射。米氏散射主要是由大气中的悬浮微粒引起，如小水滴、尘埃、烟、花粉、微生物、海上盐粒、火山灰等。米氏散射的散射强度与频率的二次方成正比，即与波长的二次方(λ^2)成反比，即 $I\propto\lambda^{-2}$，并且散射在光线向前方向比向后方向更强，方向性比较明显。米氏散射与大气中微粒的结构、数量有关。

3) 非选择性散射(nonselective scattering)

非选择性散射是在散射粒子的粒径比辐射波长大得多($r\gg\lambda$)时发生的散射，散射系数与波长无关。当大气中充满大粒子尘埃时，常会出现这种散射，造成接收数据的严重衰减。大气中云、雾、水滴、尘埃对可见光到热红外波段的散射属此类。

3. 大气对太阳辐射的吸收作用

大气分子将投射到其上的辐射能中的一部分转变为物质本身的内能或其他形式的能量，这个过程称为大气的吸收。大气吸收导致太阳辐射能量的衰减(图 2-16)。大气分子对电磁波的吸收是有选择的吸收，某种气体成分通常只对某些特定的波长吸收，且在不同的吸收波长处，吸收强弱也有明显的差异，形成了大气吸收光谱。在紫外、红外及微波波段，大气吸收是引起电磁辐射能量衰减的主要原因。图 2-17 给出了各气体成分的吸收光谱。由图 2-17 可见，在 100μm 以下，臭氧(O_3)、二氧化碳(CO_2)和水汽(H_2O)对太阳辐射的吸收最显著。

表 2-6 给出大气主要成分在近红外和红外区域主要的吸收带，它们在大气辐射平衡中有重要作用。表 2-6 中所说的强吸收和弱吸收是对每种气体相对而言的。实际上，每种气体在

每个吸收波段的吸收对大气辐射平衡的重要性取决于两个因素，一是吸收线强度，二是吸收气体含量及空间分布。

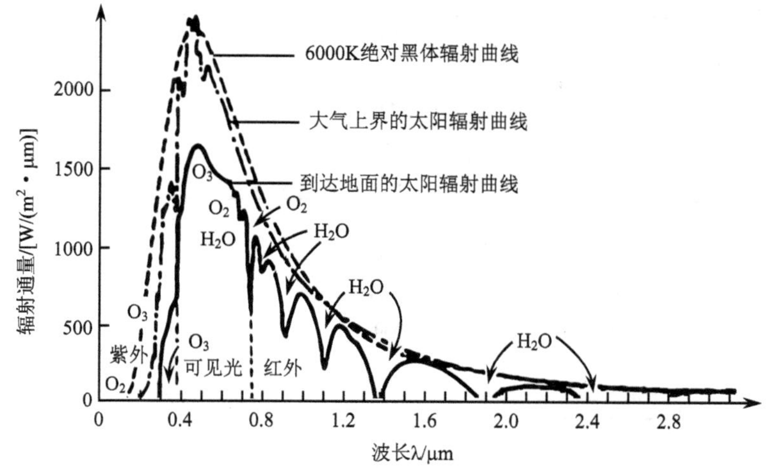

图 2-16　大气的吸收作用

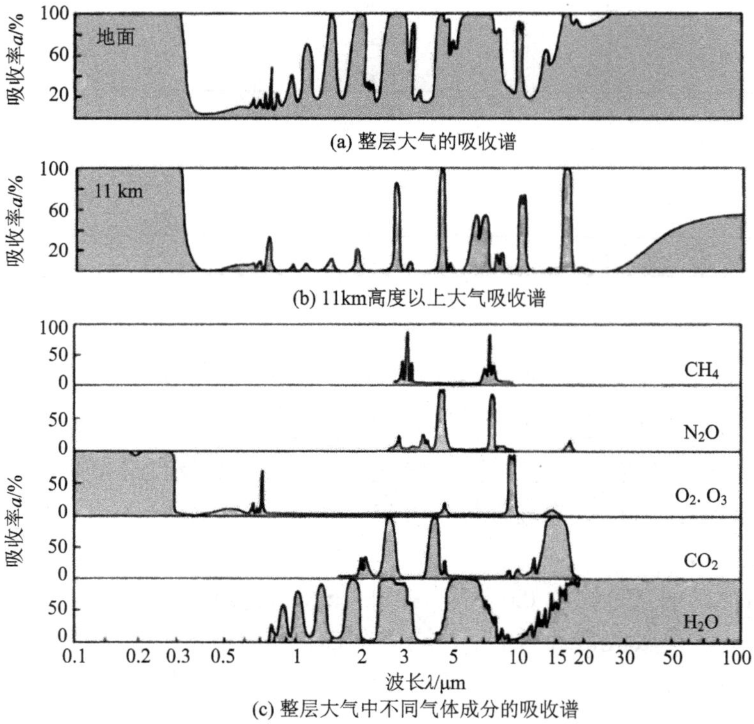

图 2-17　整层大气和各主要气体吸收光谱示意图(李万彪，2014)

1) 氧气(O_2)

大气中氧气的含量大约为 21%，主要吸收波长小于 0.2μm 的太阳辐射能量，在波长为 0.155μm 处吸收能力最强，在 0.6μm 以及 0.76μm 附近各有一个较窄的吸收带，吸收能力较弱。太阳辐射中波长小于 0.2μm 的紫外线几乎全部被氧气吸收。

表 2-6　大气主要组成成分在近红外和红外区域主要的吸收带

成分	强吸收		弱吸收	
	波长/μm	波数/cm^{-1}	波长/μm	波数/cm^{-1}
水汽	1.4	7142	0.9	11111
	1.9	5263	1.1	9091
	2.7	3704		
	6.3	1595		
	13.0～1000			
CO_2			1.4	7142
	2.7	3704	1.6	6252
	4.3	2320	2.0	5000
	14.7	680	5.0	2000
			9.4	1064
			10.4	962
O_3	4.7	2128	3.3	3030
	9.6	1042	3.6	2778
	14.1	709	5.7	1754
CH_4	3.3	3030		
	3.8	2632		
	7.7	1299		
N_2O	4.5	2222	3.9	2564
	7.8	1282	4.1	2439
			9.6	1042
			17.0	588
CO	4.7	2128	2.3	4348

2) 臭氧(O_3)

大气中臭氧的含量大约为 0.01%～0.1%，最强的吸收带主要在紫外区，包括吸收较强的哈特莱(Hartley)吸收带(0.22～0.30μm)和吸收较弱的哈根斯(Huggins)吸收带(0.32～0.36μm)。在可见光区还有一个吸收更弱的查普尤(Chappuis)吸收带(0.43～0.75μm)。在红外的 4.7μm、9.6μm 和 14.1μm 处有较强的吸收带。

3) 二氧化碳(CO_2)

大气中二氧化碳的含量约为 0.035%，在 2.7μm、4.3μm 和 14.7μm 附近为强吸收带。其中最后一个大气长波的吸收带最为重要，这也是 CO_2 作为最重要温室气体的主要原因。二氧化碳的吸收作用主要在红外区，而太阳辐射在红外区的辐射能量很少。

4) 水(H_2O)

水是大气中最重要的吸收介质，水的吸收带主要集中在红外以及微波部分，具体包括 2.5～3.0μm、5.0～7.0μm、0.94μm、1.13μm、1.38μm、1.86μm、3.24μm 及 24μm 以上的微波。水汽对遥感的影响很大，其含量随时间、地点和天气的变化而变化。从近红外到热红外波段，水的吸收带中强度最大、范围最宽的是以 6.3μm 为中心的波段范围。同时在 1.4μm 波长附近有一个较强的吸收带，通常被用于高层薄卷云的检测。在 0.94μm 和 0.915μm 波长附近有相对较弱的吸收带，通常被用于大气中水汽含量的反演。

2.5.3　大气窗口

电磁波通过大气层较少被反射、吸收和散射，而那些透射率高的波段称为大气窗口。大气窗口的光谱段主要有：微波波段(0.3～10GHz/0.03～1m)，热红外波段(8～14μm)，中红外波段(3.5～5.5μm)，近紫外、可见光和近红外波段(0.3～1.3μm，1.5～1.9μm)。为了利用地面目标反射或辐射的电磁波信息成像，遥感中对地物特性进行探测的电磁波“通道”应选择在大气窗口内。目前在遥感中经常使用的大气窗口包括以下八个。

(1) 0.3～1.155μm，包括部分紫外光、全部可见光和部分近红外，即紫外、可见光、近红外波段。这一波段是摄影成像的最佳波段，也是许多卫星遥感器扫描成像的常用波段。例如，Landsat 卫星的 OLI 传感器的 1～5 波段，Sentinel 2 卫星的 1～9 波段，SPOT 卫星的 HRV 波段等。其中，0.3～0.4μm，透过率约为 70%；0.4～0.7μm，透过率大于 95%；0.7～1.1μm，透过率约为 80%。

(2) 1.4～1.9μm，近红外窗口，透过率为 60%～95%，其中，1.55～1.75μm 透过率较高。白天日照条件好的时候扫描成像常用这些波段。例如，Landsat 卫星的 OLI 传感器的 6 波段(1.56～1.66μm)用以探测植物含水量以及云、雪或用于地质制图等。

(3) 2.0～2.5μm，近红外窗口，透过率约 80%。

(4) 3.5～5.0μm，中红外窗口，透过率 60%～70%。该波段物体的热辐射较强。这一区间除了地面物体反射太阳辐射外，地面物体自身也有长波辐射。例如，MODIS 卫星的第 20 到 25 波段用 3.660～4.549μm 探测地球表面、云顶温度和大气温度。

(5) 8.0～14.0μm，热红外窗口，透过率约 80%。主要来自物体热辐射的能量，适于夜间成像，主要测量地物温度。

(6) 1.0～1.8mm，微波窗口，透过率 35%～40%。

(7) 2.0～5.0mm，微波窗口，透过率 50%～70%。

(8) 8.0～1000.0mm，微波窗口，透过率约 100%。因为微波具有穿云透雾的特性，所以具有全天候、全天时的工作特点。

思考题

1. 简述遥感技术系统。
2. 电磁辐射的度量指标有哪些?
3. 遥感中常用的电磁辐射源有哪些?
4. 简述黑体的三大辐射定律(普朗克辐射定律、维恩位移定律、斯蒂芬-玻耳兹曼定律)。
5. 简述基尔霍夫(Kirchhoff)定律。
6. 什么是地物反射波谱? 简述常见的地物反射波谱特征。
7. 遥感图像上地物的色调与其反射率有何关系?
8. 影响地物反射光谱的主要因素是什么?
9. 简述大气对太阳辐射的影响?
10. 什么是大气窗口? 目前遥感中经常使用的大气窗口包括哪些?

第3章 遥感平台

3.1 遥感平台的类型

遥感中搭载传感器的工具被称为遥感平台。遥感平台具有多种类型，按平台距离地面的高度差异，可以分为地面平台、航空平台和航天平台三类。常用的遥感平台、平台高度及其用途如表 3-1 所示。

表 3-1 常用遥感平台

遥感平台	高度	用途
星球探测	远离地球	月球探测、火星探测等
静止卫星	36000km	定点地球观测
圆轨道卫星(地球观测卫星)	500～1000km	定期地球观测
小卫星	400km 左右	各种调查
航天飞机	240～350km	不定期地球观测、空间实验
返回式卫星	200～250km	侦察与摄影测量
无线探空仪	100m～100km	各种调查(气象等)
高高度喷气飞机	10000～12000m	侦察、大范围调查
中低高度飞机	500～8000m	各种调查、航空摄影测量
飞艇	500～3000m	空中侦察、各种调查
直升机	100～2000m	各种调查、摄影测量
系留气球	800m 以下	各种调查
无人遥控飞机	500m 以下	各种调查、摄影测量
牵引飞机	50～500m	各种调查、摄影测量
索道	10～40m	遗址调查
吊车	5～50m	近距离摄影测量
地面测量车	0～30m	地面实况调查

3.1.1 地面平台

地面平台是指放置于地面(或水面)，用于搭载传感器的固定或可移动装置。地面平台主要包括三脚架、遥感塔、遥感车、遥感船等，高度通常低于 100m，主要用于近距离测量地面波谱和摄取地物细节影像，为航空及航天遥感定标、校准和信息提取提供基础数据。三脚架的放置高度一般为 0.75～2.0m，用来放置地物波谱仪、辐射计、分光光度计等光谱测试仪器，从而实现野外地物波谱曲线的测定。遥感塔、遥感车上的悬臂伸展高度通常为 6～10m 甚至更高，用来对地物进行波谱测试，从而获取其综合波谱特征。

此外，为了便于研究地物波谱特性与遥感影像之间的关系，也可以将成像传感器置于同高度的平台上，同时实现地物波谱的测定与地物影像的获取。摄影测量车是目前一种较为流行的综合性地面平台，除摄影机、激光扫描仪等传感器外，还可以同时携带数据处理设备，从而实现遥感数据的实时或准实时处理。

3.1.2 航空平台

航空平台通常是指高度在距地面 30km 以内的遥感平台，主要用于各种资源调查、空中侦察以及摄影测量等用途。航空平台主要包括飞机和气球两种类型，具有飞行高度低、获取影像分辨率高、不受地面条件限制等优点，因此具有广泛的应用价值。

飞机是航空遥感中最常用的遥感平台，具有机动灵活、测量精度高、调查周期短、携带传感器类型样式多、信息回收方便等特点，非常适用于局部地区的资源探测、测绘、军事侦察、环境与灾害监测等。各种类型的飞机均可用作航空遥感平台，按飞机飞行的高度又可以分为低空平台、中空平台和高空平台三种类型。低空平台是指飞行高度在 2000m 以下、对流层下层的遥感飞机，一般用于获取大、中比例尺航空遥感影像。直升机是最常用的低空遥感平台之一，最低可以飞行至距离地面 10m 的高度，并且能够飞行比一般飞机更加复杂的路线，便于进行动态监测；侦察飞机可以完成 300～500m 的低空遥感，而遥感实验通常在 1000～1500m 的高度范围内进行。飞行高度在 2000～6000m 对流层中层的遥感飞机属于中空平台，多为轻型飞机，主要为区域资源勘查、环境监测等提供遥感数据。高空平台则是指飞行高度在 12000m 以上、对流层顶层和同温层下层的遥感飞机，主要进行较大范围的小比例尺遥感资料获取，重型飞机、军用高空侦察飞机以及无人驾驶飞机多属于此类。

气球是最早用于航空摄影的低空遥感平台之一，具有价格低廉、操作简单的优点。气球可以携带照相机、摄像机、红外辐射计等传感器，是航空遥感中常用的平台，按其在空中的飞行高度，可以分为低空气球和高空气球两种。低空气球是发送到对流层(12km 以下)中的气球，大多可以人为控制其在空中的固定位置。高空气球则是发送到平流层中的气球，能够在恒定的气压高度漂浮，又称为自动式遥感气球，可以获取较大范围的遥感数据。高空气球的升降范围为 12～40km，较好地填补了高空飞机和低轨卫星之间的空白地带。

此外，随着先进的无人驾驶飞行器、传感器、遥测遥控、通信以及遥感应用等技术的发展，无人机遥感逐步从研究开发阶段过渡到实际应用阶段。无人机按照系统组成和飞行特点可以分为固定翼型无人机和无人驾驶直升机两种类型，具有机动、快速、经济等优势。

3.1.3 航天平台

航天平台是指高度在 150km 以上的人造地球卫星、宇宙飞船、空间轨道站、高空探测火箭、航天飞机等遥感平台。在航天平台上进行的遥感即航天遥感。与航空遥感相比，航天遥感具有平台高、视野开阔、观察地表范围大、效率高的特点，可以对地球进行宏观的、综合的、动态的和快速的观察，同时对地球进行周期性的、重复的观察，有利于对地球表面的资源、环境、灾害等进行动态监测。

目前对地观测中使用的航天平台主要是人造地球卫星，它在地球资源调查和环境监测等领域发挥着主要作用。按照人造地球卫星的轨道运行高度和寿命，可以将其分为以下三类。

(1)低高度、短寿命卫星：轨道高度 150～350km，运行寿命几天至几十天。可获取较高分辨率的卫星影像，多用于军事侦察。近年来发展的高空间分辨率遥感小卫星多为此类卫星。

(2)中高度、长寿命卫星：轨道高度 350～1800km，运行寿命 1 年以上，一般为 3～5 年，是目前遥感卫星的主体。大部分遥感对地观测卫星属于此类，如陆地卫星、海洋卫星、气象卫星等。

(3) 高高度、长寿命卫星：轨道高度约为 36000km，也称为地球同步卫星或静止卫星。此类卫星寿命更长，大量用作通信、气象监测，此外也常用于地面动态监测，如火山、地震、森林火灾监测及洪水预报等。

上述三种类型的卫星各有优势。其中，高高度卫星可以在一定周期内对地面的同一区域进行重复探测，观测周期短，适用于大范围动态监测；中高度卫星中，气象卫星、陆地卫星和海洋卫星构成地球环境卫星系列，对地球环境研究和资源调查具有重要价值；低高度卫星获取的影像空间分辨率较高，在资源调查和军事侦察方面得到广泛应用。

除人造地球卫星外，常见航天平台还包括如下几种。

(1) 高空探测火箭：飞行高度 300～400km，介于飞机和人造地球卫星之间。高空探测火箭不受轨道限制，可在短时间内发射及回收，可在小范围地区内进行遥感工作。缺点是获取资料少，且成本较高、仪器易受损坏。

(2) 宇宙飞船：又称载人飞船。负载容量相比卫星较大，可携带多种仪器，资源回收方便。缺点是飞行时间较短(通常为 7～30 天)，飞经同一地区上空的重复率较小。

(3) 航天飞机：又称太空梭或太空穿梭机，是一种新式的大型空间运载工具。

(4) 空间轨道站：一种能在人造地球卫星轨道上长时间运行的大型载人宇宙飞行器，可以进行天文观测、对地观测、资源勘探等工作，同时可以拍摄太阳活动和地球表面的影像用于研究。

3.2　卫星轨道及运行特点

3.2.1　卫星轨道参数

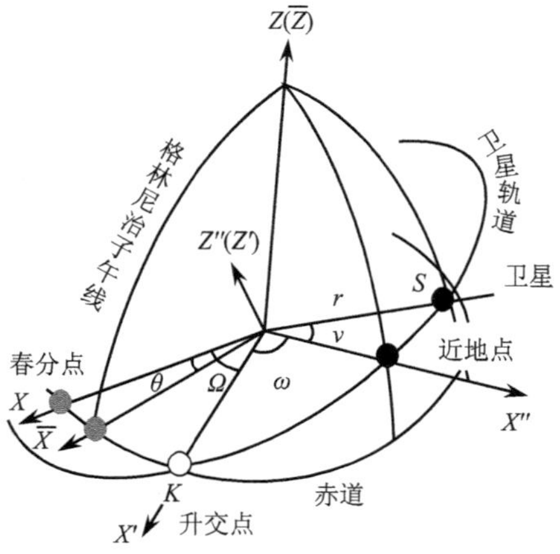

图 3-1　卫星空间轨道

卫星轨道的空间形状和位置，可以通过以下六个参数进行描述，如图 3-1 所示。

(1) 升交点赤经 Ω，卫星轨道的升交点与春分点之间的角距。升交点是指卫星由南向北运行时与地球赤道面的交点。轨道面与赤道面的另一个交点称为降交点。春分点是指黄道面与赤道面在天球上的交点。

(2) 近地点角距 ω，卫星轨道的近地点与升交点之间的角距。

(3) 轨道倾角 i，卫星轨道面与地球赤道面之间的两面角，即从升交点一侧的轨道面到赤道面的夹角。

(4) 卫星轨道长半轴 a，卫星轨道远地点到椭圆轨道中心的距离。

(5) 卫星轨道偏心率(扁率) e：

$$e=\frac{c}{a}=\frac{\sqrt{a^2-b^2}}{a} \tag{3-1}$$

式中：a 为卫星椭圆轨道的长半轴，b 为卫星椭圆轨道的短半轴，c 为卫星椭圆轨道的焦距。

(6) 卫星过近地点时刻 T。

上述 6 个参数均可根据地面观测来确定。6 个参数中，a 和 e 决定了卫星轨道的形状和大小，e 越大则轨道越扁，e 越小则轨道越接近圆形；当 e 固定时，a 越大则轨道距离地面的高度越大。Ω、ω、i 和 T 则决定了卫星轨道面与赤道面的相对位置，其中，i 和 Ω 确定轨道面的方向，ω 确定轨道面中长轴的方向，T 确定任一时刻卫星在轨道中的位置。

3.2.2 卫星坐标的测定和解算

目前测定卫星坐标的常用方法有两种：第一种是在预先编制的星历表中查询，第二种是使用全球定位系统(global positioning system, GPS)测定卫星坐标。

1. 星历表解算法

在已知 6 个轨道参数的基础上，要计算卫星某一瞬间的坐标，还需要测定卫星在该瞬间的精确时间。卫星坐标以时间为参数，以卫星的运行时刻为参照，即可以通过预先编制的星历表查询卫星的地理坐标。

1) 卫星在地心直角坐标系中的坐标

地心直角坐标系是以地心为坐标原点，X 轴由地心指向春分点，Y 轴在赤道面内且与 X 轴垂直，Z 轴垂直于赤道面的直角坐标系(图 3-1)。

首先，以卫星轨道面上建立的坐标系 $X''Y''Z''$ 来解算卫星 S 点的坐标为

$$\begin{cases} X'' = r \cdot \cos V \\ Y'' = r \cdot \sin V \\ Z'' = 0 \end{cases} \tag{3-2}$$

式中：r 为卫星向径，与卫星轨道长半轴 a、卫星轨道偏心率 e 和卫星真近点角 V 有关。

$$r = \frac{a \cdot (1 - e^2)}{1 + e \cdot \cos V} \tag{3-3}$$

卫星的真近点角 V 是指卫星从近地点起沿轨道运动时其向径(也就是从地心到卫星的有向线段)扫过的角度。真近点决定了卫星在轨道中的具体位置，其计算公式为

$$\tan \frac{V}{2} = \sqrt{\frac{1+e}{1-e}} \cdot \tan \frac{E}{2} \tag{3-4}$$

式中：E 为偏近点角(卫星投影在垂直于椭圆轨道半长轴的外接圆上的一点到轨道中心的直线与卫星轨道半长轴的夹角)，它与卫星运行时刻 t 的关系为

$$E - e \cdot \sin E = n(t - T) \tag{3-5}$$

式中：n 为卫星的平均角速度；T 为卫星过近地点时刻。

绕 Z'' 轴旋转坐标系 $X''Y''Z''$，卫星在 $X'Y'Z'$ 坐标系中的坐标为

$$\begin{cases} X' = r \cdot \cos(\omega + V) \\ Y' = r \cdot \sin(\omega + V) \\ Z' = 0 \end{cases} \tag{3-6}$$

式中：ω 为近地点角距。

再将坐标系 $X'Y'Z'$ 绕 X' 轴旋转轨道倾角 i，绕 Z 轴旋转升交点赤经 Ω 角距至坐标系 XYZ，此时卫星坐标为

$$\begin{bmatrix} X \\ Y \\ Z \end{bmatrix} = r \cdot \begin{bmatrix} \cos(V+\omega)\cos\Omega - \sin(V+\omega)\sin\Omega\cos i \\ \cos(V+\omega)\sin\Omega + \sin(V+\omega)\cos\Omega\cos i \\ \sin(V+\omega)\sin i \end{bmatrix} \tag{3-7}$$

2) 卫星在大地地心直角坐标系中的坐标

大地地心直角坐标系以地心为坐标原点，$\bar{X}$ 轴指向格林尼治子午圈与赤道面交点，$\bar{Y}$ 轴在赤道面内垂直 $\bar{X}$ ，$\bar{Z}$ 轴垂直于赤道面。大地地心直角坐标系随地球自转与地心直角坐标系相对运动。对于卫星的某一个瞬间时，定义大地地心直角坐标系 $\bar{X}$ 轴与地心直角坐标系 X 轴间的时角为θ。综上，卫星在大地地心直角坐标系中的坐标为

$$\begin{bmatrix} \bar{X} \\ \bar{Y} \\ \bar{Z} \end{bmatrix} = R_\theta \begin{bmatrix} X \\ Y \\ Z \end{bmatrix} \tag{3-8}$$

式中：R_θ为时角θ的旋转矩阵，$R_\theta = \begin{bmatrix} \cos\theta & \sin\theta & 0 \\ -\sin\theta & \cos\theta & 0 \\ 0 & 0 & 1 \end{bmatrix}$。

3) 卫星的地理坐标

大地地心直角坐标可以通过换算转化成地理坐标，其变换公式为

$$\begin{cases} \bar{X} = (N + H_D)\cos B\cos L \\ \bar{Y} = (N + H_D)\cos B\sin L \\ \bar{Z} = \left[N(1-e^2) + H_D\right]\sin B \end{cases} \tag{3-9}$$

式中：B 为纬度；L 为经度；H_D为卫星大地高程；N 为卯酉圈半径。卯酉圈(prime vertical)就是指地平坐标系中的大圆，即与子午圈相垂直的地平经圈，它与地平圈(地平面与天球相交而成的大圆)相交于东点和西点。

2. 全球定位系统(GPS)测定法

全球定位系统是一种快速而精确的定位方法。系统由地面控制部分(包括主控站、地面天线、监测站和通信辅助系统)、空间部分(包括21颗工作卫星和3颗备用卫星)和用户部分(包括天线、接收机、微处理机和输入输出设备)三个部分组成，可应用于导航、授时校频，以及地面和卫星的精确定位测量。通过对 GPS 卫星的观测，可以求得接收机所在点的三维坐标和时钟改正数，如果进行多普勒测量还能求出接收机的三维运动速度。

3.2.3 卫星姿态角

卫星姿态对于影像的几何形变具有直接影响，故卫星姿态角参数的获取是几何校正的重要前提。以卫星的质心为坐标原点，沿轨道前进的切线方向为 X 轴，垂直轨道面的方向为 Y 轴，垂直 XY 平面的方向为 Z 轴，则卫星的姿态角可以分为三种：绕 X 轴(即卫星飞行方向)旋转的姿态角称为滚动；绕 Y 轴(即扫描方向)旋转的姿态角称为俯仰；绕 Z 轴(即偏离飞行方向)旋转的姿态角称为航偏。

姿态角可以用星相机、陀螺仪、红外姿态测量仪等姿态测量仪器测定。根据实测数据，可由地面控制站进行校正，将其限制在一定的范围内。

3.2.4 其他常用参数

1. 卫星速度

当卫星轨道为圆形时，其平均速度为

$$v=\sqrt{\frac{GM}{R+H}} \tag{3-10}$$

式中：G为万有引力常数；M为地球质量；R为平均地球半径；H为卫星距地面高度。

星下点的平均速度(地速度)为

$$v_N=\frac{R}{R+H}\cdot v \tag{3-11}$$

2. 卫星运行周期

卫星运行周期是指卫星绕地球一圈所需要的时间。根据开普勒第三定律，绕同一中心天体运行的轨道半轴的三次方与其运行周期的二次方的比值相等。故卫星的运行周期为

$$T=2\pi\cdot\sqrt{\frac{(R+H)^3}{GM}} \tag{3-12}$$

式中：G为万有引力常数；M为地球质量；R为平均地球半径；H为卫星距地面高度。

3. 卫星高度

在已知卫星运行周期的情况下，同理根据开普勒第三定律可求卫星高度为

$$H=\sqrt[3]{\frac{GM}{4\pi^2}\cdot T^2}-R \tag{3-13}$$

式中：G为万有引力常数；M为地球质量；R为平均地球半径；T为卫星运行周期。

4. 同一天相邻轨道间在赤道的距离

$$L=2\pi R_a\frac{T}{24\times 60} \tag{3-14}$$

式中：R_a为地球长轴半径；T为卫星运行周期。

5. 每日卫星绕地圈数

$$n=\frac{2\pi R_a}{L}=\frac{24\times 60}{T} \tag{3-15}$$

式中：R_a为地球长轴半径；L为同一天相邻轨道间在赤道的距离；T为卫星运行周期。

6. 重复周期

卫星重复周期是指卫星从某地上空开始运行，经过若干时间后回到该地上空所需的天数。重复周期的计算公式为

$$D=\frac{d}{n-\text{Integer}(n)} \tag{3-16}$$

式中：n为每日卫星绕地圈数；d为偏移系数，即某天某一轨道相对于上一天同号轨道偏移的轨道数，向东偏移为正，向西偏移为负，$d=\pm1$时为顺序排列，$|d|>1$时为交错偏移。

3.3　遥感卫星轨道及其类型

不同类型的遥感卫星轨道的轨道参数是不同的，对航天遥感对地观测成像具有不同的影响。

3.3.1　卫星轨道类型

根据卫星轨道形状、倾角、周期、回归性等因素，可将已有卫星轨道分为如下几种类型(表 3-2)。在多种类型的遥感卫星轨道中，最常见的是地球同步轨道和太阳同步轨道。

表 3-2　卫星轨道类型及特征

分类依据	轨道类型	特征
轨道形状	圆轨道	e=0
	椭圆轨道	0<e<1
	抛物线轨道	e=1
	双曲线轨道	e>1
轨道倾角	赤道轨道	i≈0
	倾斜轨道	0<i<90°
	极轨道	i≈90°
周期	地球同步轨道	/
	太阳同步轨道	/
回归性	回归轨道	/
	准回归轨道	/

3.3.2　地球同步轨道

地球同步轨道的运行周期等于地球的自转周期(1 恒星日，23 小时 56 分 4 秒)，轨道高度约为 35786km。在不考虑轨道摄动的情况下，在地球同步轨道运行的卫星每天相同时刻经过地球上相同地点的上空，即对地面观测者而言，在每天的相同时刻卫星将出现在相同的方向上。地球同步卫星分为同步轨道静止卫星、倾斜轨道同步卫星和极地轨道同步卫星。当轨道倾角 i=0，即卫星在地球赤道上空运行时，由于运行方向与地球自转方向相同且运行周期与地球同步，故从地面观测者视角出发，卫星在赤道上的位置是静止不动的，这种轨道称为静止轨道。在静止轨道上运行的卫星称为静止卫星。地球静止轨道上的卫星高度约为 36000km，可以对地球上的特定区域进行大范围、不间断的长期观测，因此被广泛应用于气象和通信领域。

3.3.3　太阳同步轨道

太阳同步轨道(图 3-2)是指卫星轨道面绕地球的自转轴旋转，旋转方向与地球公转方向相同，且旋转周期与地球公转周期相等的轨道。在太阳同步轨道上，卫星经过同一纬度的任何地点的地方时是相同的，因此太阳光的入射角几乎是固定的。对于利用太阳反射光的被动式传感器来说，可以保证在近似相同的光照条件下获取同一地区不同时间的遥感影像，对监测同一地区的地表变化是非常有利的。

太阳同步轨道通常为近圆轨道，轨道高度为 500～1000km，倾角接近 90°，又被称为近极轨道，即卫星旋转的方向与地球自转的方向接近垂直，轨道面接近南北极方向。采用近极轨道，有利于卫星在一段时间内获取包括南北极在内的覆盖全球的遥感影像。因为近极轨卫星每天在同一地方时同一方向通过同一纬度的地区，所以这类轨道被广泛应用于对地观测卫星中。

根据回归性的差异，太阳同步轨道可以分为回归轨道和准回归轨道两种类型。回归轨道是指卫星星下点的轨迹每天通过同一地点的轨道；准回归轨道则是指卫星星下点的轨迹每隔 N 天通过同一地点的轨道。要覆盖整个地球适合采用准回归轨道。

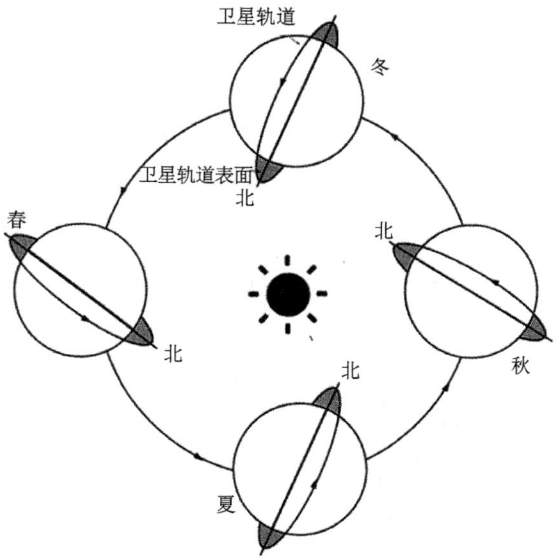

图 3-2　太阳同步轨道示意图

思 考 题

1. 简述遥感平台的类型及其不同类型遥感平台的特点。
2. 卫星轨道的参数有哪些？
3. 什么是地球同步轨道，什么是太阳同步轨道，它们的特点是什么？

第 4 章　遥感传感器

4.1　传感器概述

传感器，又称遥感器、敏感器或探测器，是收集、探测并记录地物电磁波辐射信息的仪器。传感器的性能直接制约着遥感技术的能力，包括传感器探测电磁波段的响应能力、传感器的空间分辨率、传感器获取地物电磁波信息量的大小和可靠程度等，是遥感技术系统的核心组成部分。

4.1.1　传感器类型

遥感传感器种类多样。按照不同分类标准，可以将其分为不同的类型。传感器的综合分类情况如图 4-1 所示。

在众多分类依据中，最为常见的主要有以下四种。

(1) 按电磁波辐射来源的不同，可以将传感器分为主动方式传感器和被动方式传感器。主动方式传感器可以向目标物发射电磁波，随后收集从目标物返回的电磁波信息，如合成孔径雷达等；被动方式传感器则是通过收集目标物反射的太阳光的能量或是目标物自身辐射的电磁波能量，如摄影相机、多光谱扫描仪等。

(2) 按传感器的成像原理和所获取图像性质的不同，可以将传感器分为摄影机、扫描仪和雷达三种类型。其中，摄影机按照所获取图像的特性可分为框幅式、缝隙式和全景式三种；扫描仪按照扫描成像方式可分为光机扫描仪和推帚式扫描仪两种；雷达按其天线形式可分为真实孔径雷达和合成孔径雷达两种。

(3) 按传感器记录电磁波信息方式的不同，可以将传感器分为成像方式和非成像方式两种类型。其中成像方式传感器的输出结果是目标的图像，而非成像方式传感器的输出结果则是研究目标物的特征数据，如距离、高度、光谱特征等。

(4) 按传感器响应波长的不同，可以将传感器分为光场传感器、热场传感器和微波传感器三种类型。其中，光场传感器的响应波段为可见光和反射红外波段；热场传感器的响应波段为中红外和热红外波段；微波传感器的响应波段为微波波段。

4.1.2　传感器的组成

从结构上来看，几乎所有类型的传感器都由收集器、探测器、处理器和输出器四个部分组成，如图 4-2 所示。

1. 收集器

收集器的作用是接收目标物发射或反射的电磁辐射能量，将其聚焦并送往探测系统。在不同类型的传感器上，收集器的设备元件也是不同的，最为常见的收集元件主要包括透镜(组)、反射镜(组)和天线。在常见的传感器中，摄影机的收集元件是凸透镜，扫描仪的收集元件是各种形式的反射镜，雷达则是通过天线来接收电磁辐射的信息。在多波段遥感中，收集系统中还会包含一些按波段分波束的元件，如滤色镜、棱镜、光栅、分光镜、滤光片等。

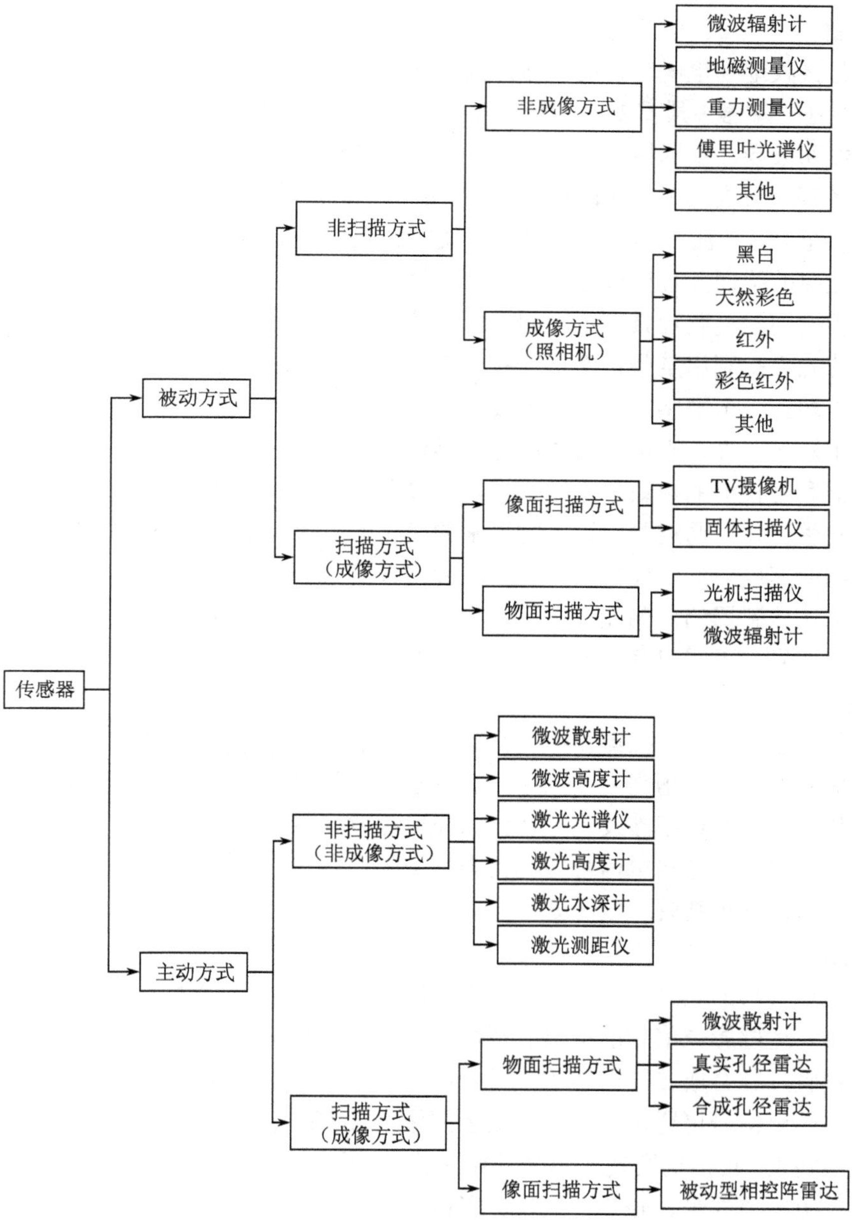

图 4-1　传感器的分类

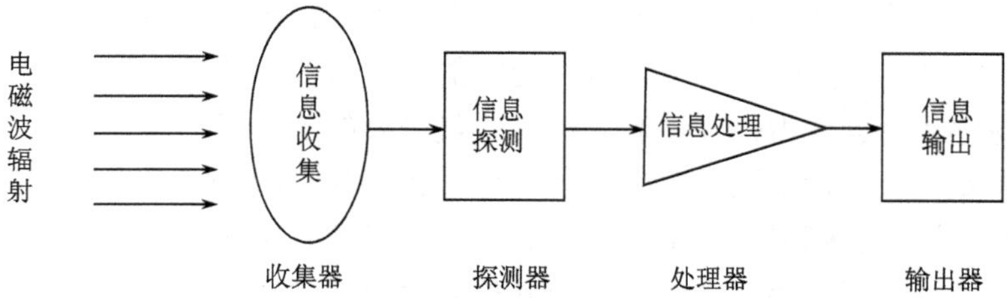

图 4-2　传感器的组成

2. 探测器

探测器是接收地物电磁辐射的仪器，其功能是实现能量的转换，测量和记录接收到的电磁辐射能量，是传感器中最重要的部分。常用的探测元件主要包括感光胶片、光电敏感元件、固体敏感元件和波导。不同探测元件均有各自最佳的使用波段和响应特性曲线波段。

感光胶片通过光化学作用来探测近紫外至近红外的电磁辐射，对应响应波段的波长为0.3～1.4μm。处于这一波段的电磁辐射可以使得感光胶片上的卤化银颗粒分解，析出银粒的多少反映了光照的强弱并且构成地物的潜影，经过显影、定影处理后可以得到稳定的清晰可见的影像。不同的感光胶片具有不同的响应特性曲线，即对应不同的响应波段和响应度。

光电敏感元件是利用某些特殊材料的光电效应把电磁波信息转换为电信号，以此来探测电磁辐射的强弱。光电敏感元件的工作波段为紫外至红外，按照探测电磁辐射机理的不同，又分为光电子发射器件、光电导器件和光伏器件。

热探测器利用辐射的热效应进行工作。探测器吸收辐射能量后温度升高，从而引起其电阻值或体积发生变化，通过测定这些物理量的变化即可得知辐射的强度。热探测器的缺点在于灵敏度和响应速度较低，仅在热红外波段应用较多。

波导是雷达传感器的探测元件。它是一个制成一定尺寸的金属钢管，靠微波在波导腔中的反射来传播信号。不同尺寸的波导接收不同波长的微波信息。

3. 处理器

处理器的主要作用是对探测器探测得到的化学能或电能等信息进行加工处理，即进行显影，定影，信号的放大、增强或调剂等。在众多遥感传感器中，除摄影使用的感光胶片无需进行信号转化之外，其他都涉及信号转化。光电敏感元件、固体敏感元件和波导输出的都是电信号，因此需要一个能将电信号转化为光信号的信号转化系统，即光电转化器。处理器的类型主要包括摄影处理装置、电子处理装置等。

4. 输出器

传感器的最终目的是把接收到的各种电磁波信息用适当方式输出。输出器的作用即为输出获取的数据。遥感影像信息的输出方式可以分为直接和间接两种。直接方式有摄影分幅胶片、扫描航带胶片、合成孔径雷达的波带片；间接方式则主要有模拟磁带和数字磁带。模拟磁带回放出来的电信号可通过电光转化显示图像；数字磁带记录时要经过模数转换，回放时则要经过数模转换，最后仍要通过电光转化才能显示图像。输出器的类型主要有扫描晒像仪、阴极射线管、电视显像管、磁带记录仪、彩色喷墨记录仪等。

4.1.3　传感器的性能

在遥感应用中，通过传感器获取的信息主要有三方面：①目标地物的大小、形状和空间分布特点；②目标地物的属性特点；③目标地物的变化特点。遥感影像是遥感探测目标的信息载体，也是遥感传感器获得的对地观测数据中最主要的部分，为实现上述三方面信息的获取，遥感影像需要反映目标地物的几何特征、物理特征和时间特征。上述三方面特征可以通过传感器的空间分辨率、辐射分辨率、光谱分辨率和时间分辨率这四项指标来反映。这些指标决定了遥感影像的应用能力和需求，是反映传感器性能及衡量遥感数据质量的重要标准。

1. 空间分辨率

空间分辨率是指遥感影像上能够详细区分的最小单元的尺寸或大小，是用来表征影像分辨地面目标细节能力的指标。空间分辨率的表述方式分为直接方式和间接方式两种。其中，直接表述方式有地面分辨率、像素分辨率和地面采样间隔；间接表述方式则包含影像分辨率和瞬时视场角。

地面分辨率是指遥感影像能够分辨的最小地面尺寸，是空间分辨率最常用、最基本的表述方式，其他各种表述方式最终都可以归化为地面分辨率，一般用像元来表达。像元是将地面信息离散化而形成的格网单元，单位为 m，其大小与遥感影像空间分辨率的高低密切相关：像元越小，则空间分辨率越高；反之，像元越大，则空间分辨率越低。

像素分辨率多用于光电转换型传感器，指的是一个像素所对应的地面距离或尺寸。传感器成像时，其原始像素的大小等于探测器单个探测单元的大小或阵列探测器相邻单元的间隔。像素分辨率的大小可以表示为

$$D_p = H \cdot \frac{d}{f} \tag{4-1}$$

式中：d 为像素大小；H 为平台高度；f 为传感器光学系统的焦距。不同于原始像素具有其自身尺寸，在存储后的数字图像中，每个像素都是一个没有大小的点，观察到的像素大小仅取决于图像输出设备，每个像素对应的地面尺寸是一定的。

地面采样间隔是航空数码照相机空间分辨率的表述方式，本质上来说与像素分辨率没有区别。

影像分辨率用于描述摄影型传感器区分最小影像单元的能力，通常用影像上单位长度能区分明暗相间的线对数来表示，单位为线对/mm(ps/mm)。影像分辨率与地面分辨率之间的关系可以表示为

$$R = \frac{H}{f} \cdot \frac{1}{D} \tag{4-2}$$

式中：R 为影像分辨率；D 为地面分辨率。

瞬时视场角(instantaneous field of view, IFOV)是指某一瞬间探测单元对应的瞬时视场，也称为传感器的角分辨率，其单位为毫弧度(mrad)，对应的地面大小被称作地面分辨率单元(ground resolution cell, GR)。二者之间的关系为

$$\mathrm{GR} = 2 \times \tan(\mathrm{IFOV}/2) \times H \tag{4-3}$$

任意某种类型光学传感器的瞬时视场角是固定不变的。地面分辨率与平台高度、卫星视角有关：平台高度越高，地面分辨率越低；卫星视角越倾斜，观测面积越大，对应地面分辨率越低。瞬时视场角 $\Delta\theta$ 与像素大小 d 的关系为

$$\Delta\theta = d / f \tag{4-4}$$

故像素分辨率也可以表示为

$$D_{\mathrm{p}} = H \cdot \Delta\theta \tag{4-5}$$

传感器系统的空间分辨率受到传感器收集系统分辨率、探测元件分辨率和灵敏度等多种因素制约。一般传感器的角分辨率(空间分辨率对传感器的张角)β 与波长 λ 以及收集器的孔径 D 有关：

$$2\beta = \lambda / D \tag{4-6}$$

可见，当收集器的孔径一定时，可见光传感器的空间分辨率最高，热红外波段次之，微波波段最低。

2. 辐射分辨率

辐射分辨率是表征传感器所能探测到的最小辐射功率的指标，即用来表示传感器可以区分两种辐射强度最小差别的能力，用每一像元的辐射量化级表示。不同波段、不同传感器获取的影像，其辐射分辨率也是不同的。摄影胶片的灵敏度很高，故理论上摄影成像的灰度是连续的，因此不存在辐射分辨率的概念；扫描方式传感器的辐射分辨率则是由目标的辐射（反射）功率大小决定的。

由各类传感器获取的遥感影像，均以灰度的形式记录和显示其辐射分辨率的大小，故辐射分辨率也称灰度分辨率，即遥感影像可以记录灰度值的最小差值。灰度记录是分级的，一般分为 2^n 级。影像的灰度级别越多，其辐射分辨率就越高，区分目标地物属性的能力也就越强。

传感器的辐射分辨率决定了某个波段各类地物的细节，在可见光波段、近红外波段用噪声等效反射率表示；在热红外波段用噪声等效温差、最小可探测温差和最小可分辨温差表示。传感器的输出包括信号和噪声两部分，如果信号小于噪声，则输出的是噪声；若两个信号之间的差异小于噪声，则在输出的记录中无法区分这两个信号。

3. 光谱分辨率

光谱分辨率是指传感器探测光谱辐射能量的最小波长间隔，包括传感器总的探测波段的宽度、波段数、各波段的波长范围和间隔。光谱分辨率决定了地物细节的区分程度，是评价遥感传感器探测能力和遥感信息容量的重要指标之一。通常来说，波谱范围大、波段数量多、波长间隔小的数据对地物波谱特性的反映效果更好。但在实际使用中，过多的波段和过大的数据量会增加处理工作量和判读难度，故最有效的方法是根据被探测目标的特性选择一些最佳探测波段，即要求目标之间和目标与背景之间有较大的反差或波谱响应特性的差别。

4. 时间分辨率

时间分辨率是指对同一地区重复进行遥感采样的时间间隔，即相邻两次探测的时间间隔，也称重访周期。时间间隔大，时间分辨率就低；时间间隔小，时间分辨率就高。传感器的时间分辨率取决于卫星轨道的类型和传感器的视角范围与侧视能力，与传感器本身无关。它决定了传感器对应用对象的变化检测能力，时间分辨率越高的影像，能更详细地观察地面物体或现象的动态变化。但与光谱分辨率类似，时间分辨率也不是越大越好，需要综合地物特征和实际需求来进行选择。

时间分辨率在遥感应用中具有重大意义。它可以提供目标物的动态变化信息，进行动态监测与预报，也可以为一些专题要素的精确分类提供附加信息，如植被动态监测、土地利用动态监测、城市建设用地监测等；利用时间分辨率还可以进行自然历史变迁与动力学分析，如河口三角洲的演变、城市变迁的趋势等。此外，利用时间分辨率还可以对历次获取的数据进行叠加分析，从而提高地物识别精度。

在实际应用中，应综合考虑地物的波谱特性及其所需的空间分辨率来选择适合的传感器。通常来说，波段多、分辨率高的传感器获取的信息量较大，可以认为其遥感能力较强。但对于某些特殊的情况来说，过多的波段和分辨率提供的大量数据反而会掩盖目标地物真正的电磁辐射特性，不利于快速探测和识别地物。因此，选择最优工作波段与波段数，采用具有最适分辨率的传感器在实际遥感应用中是非常重要的。

4.2　被动式遥感传感器

4.2.1　可见光与近红外传感器

可见光与近红外传感器主要包括框幅式和推扫式两种类型。以下主要介绍几种常见传感器，包括框幅式胶片摄影机、面阵电荷耦合器件(charge coupled device, CCD)数字航测相机、CCD 固体推扫式传感器、时间延迟积分 CCD 以及三线阵 CCD 测量相机。

1. 框幅式胶片摄影机

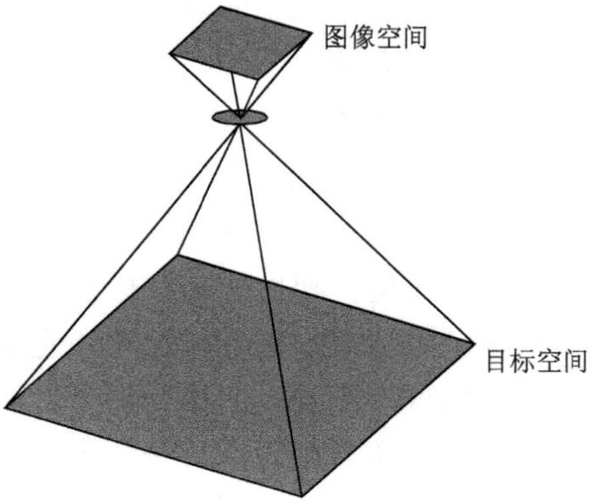

图 4-3　框幅式摄影机

框幅式胶片摄影机主要由收集器、物镜和探测器、感光胶片组成。另外，还需要有暗盒、快门、光栏、机械传动装置等。曝光后的底片上只有一个潜像，需经摄影处理后才能显示出影像来。搭载在遥感平台上的摄影机通过对地表垂直方向的连续摄影来获取地表信息。其成像原理是在某一个摄影瞬间获得一景完整的影像，一景影像上的所有像点共用一个摄影中心，如图 4-3 所示。影像上目标的色调取决于地物的反射率、感光材料性能和摄影机镜头的分辨率。影像由单中心投影获取，其比例尺取决于摄影机焦距和平台高度，也受地形起伏影响。为了保证有较高的影像质量，要求其透镜的像差小，整个摄影系统的分辨率高，底片需要有压平装置。此外，为了实现连续摄影，需配有自动卷片、时间间隔控制器等装置。

框幅式摄影机的优点是成像信息量大、分辨率高；缺点则是拍摄成本较高、相机较为笨重且与后续数字化处理方法衔接不够顺畅。此外，其工作波段仅为可见光、近红外波段，在连续对地观测和数据传输方面存在劣势。

在航天遥感应用中，由于特殊环境因素的影响，为保证数据质量，需要采取一些相关措施：为了防止真空环境下摄影机窗口变形以及合成材料产生的沉淀物附着，需要选择表面质量、光学均匀性和抗弯强度高的玻璃作为窗口材料并配置清除窗口污染的装置；由于航天遥感拍摄的地表范围大、地理纬度差异大、太阳高度角不同等特点，为了随时调整曝光量，需要配备自动曝光装置；对于飞行器运动引起的像移，可以采用高感光度胶片或者像移改正装置进行消除；此外，大气环境会影响光学系统的性能，必须严格控制舱内温度、压力和湿度以尽量减少上述因素对相机的影响。

2. 面阵 CCD 数字航测相机

电荷耦合器件(CCD)是 20 世纪 70 年代初发展起来的一种新型半导体器件，是一种用电荷量表示信号大小，用耦合方式传输信号的探测元件，在摄像机、数码相机和扫描仪中应用广泛。CCD 图像传感器可直接将光学信号转换为模拟电流信号，电流信号经过放大和模数转换，实现图像的获取、存储、传输、处理和复现。其显著特点是：①体积小，重量轻；②功耗小，工作电压低，抗冲击与震动，性能稳定，寿命长；③灵敏度高，噪声低，动态范围大；④速度快，有自扫描功能，图像畸变小，无残像；⑤超大规模集成电路工艺技术生产，像素集成度高，尺寸精确，商品化生产成本低。

面阵 CCD 数字航测相机获取的影像与传统的框幅式影像类似，但与传统框幅式胶片摄影机相比，面阵 CCD 数字航测相机可以支持成像传感器在飞行过程中直接获取数字影像，极大地增强了传感器的对地观测能力，同时有利于缩短信息处理周期，可以有效提高对地观测的时效性。面阵 CCD 数字航测相机的优势具体体现在：①在保证定位精度的前提下提高了工作效率；②可以精确求解航空摄影中传感器的地理位置坐标和姿态，极大地降低了对地面控制点的依赖，为直接利用影像对地面进行定位提供了可能；③投影方式的数字影像与传统框幅式胶片相机获取的影像一致，与现有的摄影测量软件系统完全兼容，充分实现了资源的衔接和有效利用。

3. CCD 固体推扫式传感器

一个完整 CCD 器件的组成部分主要有光敏元、转移栅、移位寄存器以及一些辅助输入输出电路。CCD 工作时，光敏元在设定的积分时间内对光信号取样，将光的强弱转换为各光敏元的电荷量，随后在转移栅的信号驱动下，各光敏元的电荷被转移到 CCD 内部的移位寄存器相应单元中，移位寄存器在驱动时钟的作用下又会将信号电荷依次转移到输出端，最后将输出信号输出到显示器或信号存储处理设备中，对信号进行再现或存储处理。在这个过程中，每一个脉冲只能反映一个光敏元的受光情况，脉冲幅度的高低反映这个光敏元的受光强弱，输出的脉冲顺序则反映光敏元的位置。

CCD 固体扫描仪按其探测器的排列形式不同，可以分为线阵列扫描仪和面阵列扫描仪（图 4-4）。线阵列扫描仪一般称为推扫式扫描仪，由收集器、分光器、探测器和输出器等部分组成，与光机扫描仪相比没有机械装置，探测器的探测原理也不同：线阵 CCD 通常将 CCD 内部电极分成数组，每组称为一相，并施加同样的时钟脉冲。所需相数由 CCD 芯片内部结构决定，结构相异的 CCD 可满足不同场合的使用要求。线阵 CCD 由光敏区阵列与移位寄存器扫描电路组成，有单沟道和双沟道之分。光敏区是金属-氧化物-半导体（metal-oxide-semiconductor，MOS）电容或光敏二极管结构，生产工艺相对较简单。它的特点是处理信息速度快，外围电路简单，易实现实时控制，但获取信息量小，不能处理复杂的图像。面阵 CCD 的结构要复杂得多，它由很多光敏区排列成一个方阵，并以一定的形式连接成一个器件，获取信息量大，能处理复杂的图像。

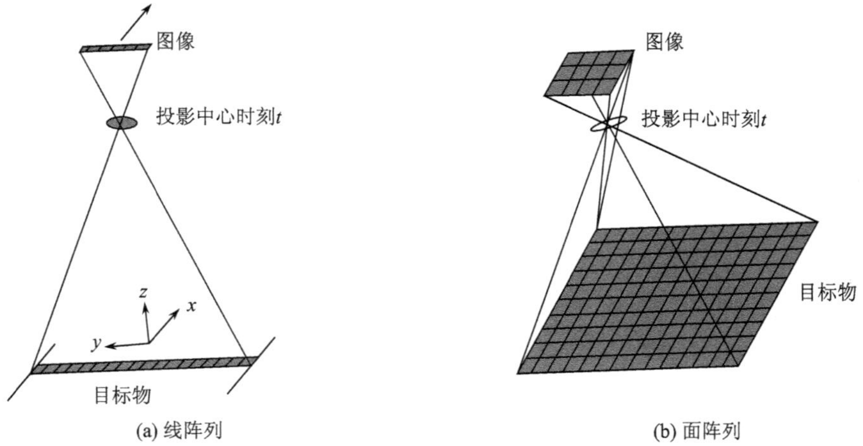

图 4-4　阵列式遥感成像方式

线阵列推扫式扫描仪使用的是固体探测器件，地面上扫描线对应的辐射信息经光学系统收集聚焦在 CCD 线阵列元件上，并随着平台的移动以“推扫”的方式获取沿飞行方向的连续影像条带。与垂直航迹的光机摆扫系统相比，线阵列系统更具优势。线阵列使得探测器在测量每个地面分辨单元的能量时具有更长的延迟时间，因此记录到的信号更强，信噪比(signal-to-noise ratio, SNR)也更高，可以探测的信号范围更大，获取信号的辐射分辨率更高。此外，线阵列系统还具有较好的几何完整性，每条扫描线上的探测器元件之间都有确定的关系，在探测过程中不会出现由垂直航迹扫描仪的扫描镜速度变化而导致的排列错误等问题。

4. 时间延迟积分 CCD

高分辨率成像一般采取时间延迟积分 CCD(time delayed and integration CCD, TDI-CCD)。TDI-CCD 器件是一种新型光电传感器，其结构与面阵 CCD 类似，但从功能上来说它是一个线阵 CCD。由于其特殊的结构和扫描方式，TDI-CCD 基于对同一目标进行多次曝光，通过延时积分的方法增强光能的收集，充分解决了灵敏度与速度、分辨率之间的矛盾。

对于一般的线阵来说，在 CCD 器件确定的前提下，器件的灵敏度 S 和光敏元的面积 A 是确定的。当输入的光照度 E 一定时，提高 CCD 灵敏度的唯一方法即增加积分时间 T。但增加积分时间必然会导致空间分辨率的下降，故在实际应用中是不适宜的。因此，普通线阵 CCD 在高速、微光条件下很难得到充分应用。相比之下，TDI-CCD 具有光电灵敏度高、信噪比高、动态范围宽等特点，在光线条件不足的环境下也能输出满足一定信噪比条件的信号，较好地实现了在低照度下对目标相关信息的获取。此外，由于在光积分时间内成像目标快速变化，目标影像与 CCD 像元之间存在着相对运动，相应地引起光敏面上成像点的变化，会造成不同步采集产生的像移。故在对高速运动目标成像时，TDI-CCD 要求行扫描效率和目标像移速率严格同步。在空间对地面遥感中，采用 TDI-CCD 器件作为焦平面探测器还可以减小相对孔径以及探测器的重量和体积。因此，TDI-CCD 器件在工业检测、空间探测、航天遥感和微光夜视探测等领域中均有广泛应用。

TDI-CCD 的工作原理是基于对同一目标的多次曝光，通过延时积分的方法增加等效积分时间，从而增强光能的收集。它的列数为 CCD 器件的行像元数，行数为延迟积分的级数 M，如图 4-5 所示。某一行的第一个像元在第一个曝光积分周期内收集到的信号电荷并不直接输出，而是与同列中第二个像元在第二个积分周期内收集到的信号电荷相加，相加后的电荷移向第三行……以此类推，第 M 行的像元收集到的信号电荷与前面 M–1 次收集到的信号电荷累加后转移到输出移位寄存器中，按普通线阵 CCD 的输出方式输出，则输出信号的强度是 M 个像元积分电荷的累加，相当于一个像元的 M 倍积分周期所收集到的信号电荷，即输出强度扩大了 M 倍。在 TDI-CCD 中，根据实际应用需要，积分级数 M 可以设置为 6、12、24、48、96 等，CCD 的曝光时间与 TDI 的积分级数成正比。故当可见光 TDI-CCD 用于成像系统时，在不改变帧频的情况下，通过改变 TDI 积分级数，可以实现 CCD 在不同照度下的正常工作。随着 TDI 积分级数 M 的增加，信号强度呈线性增加，而噪声随 TDI 级数 M 呈平方根增加，故信噪比增加 $\sqrt{M}$ 倍。此外，TDI-CCD 在多次曝光的过程中还可以减少像元间响应不均匀和固定图形噪声的影响。

高分辨率星载遥感 TDI-CCD 相机的成像原理如图 4-6 所示。影像的扫描宽度由光学系统的视场决定。随着卫星向前运动，TDI-CCD 相机通过对地面目标的多次曝光成像，目标经由主反射镜、次反射镜、折轴镜、第三组反射镜、成像 TDI-CCD 焦平面组以及电子信号处理系统，最终生成影像。

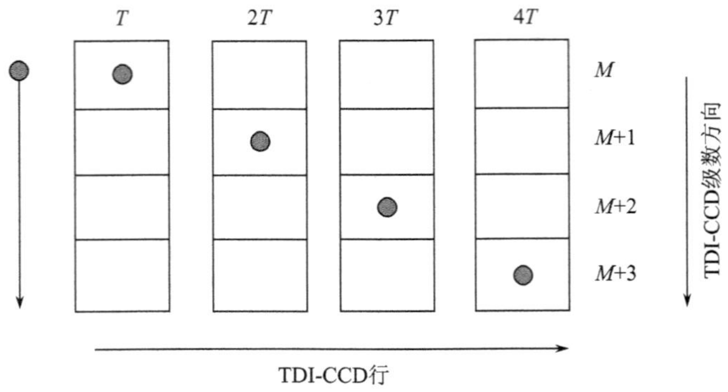

图 4-5　TDI-CCD 工作原理

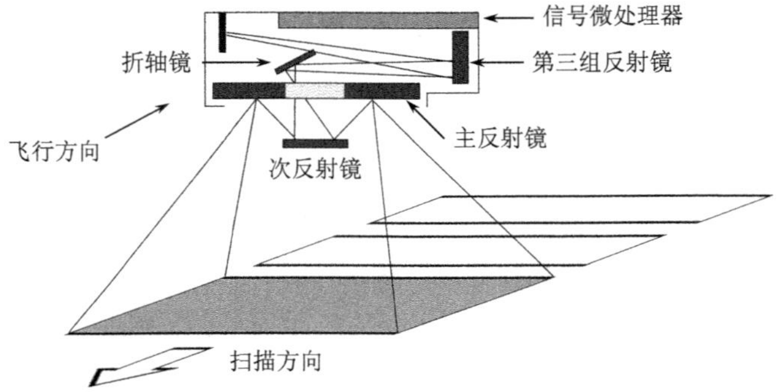

图 4-6　高分辨率星载遥感 TDI-CCD 成像原理

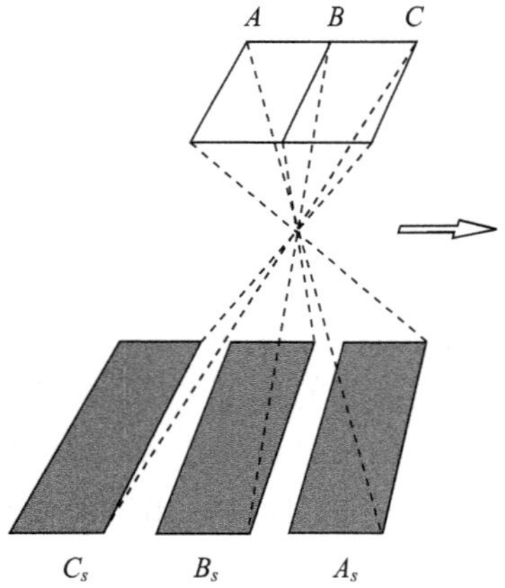

图 4-7　三线阵 CCD 相机成像过程

5. 三线阵 CCD 测量相机

三线阵 CCD 测量相机的光电扫描成像部分是由光学系统焦面上的三个线阵 CCD 传感器构成的，如图 4-7 所示。其中，垂直对地成像的阵列(图中阵列 B)称为正视传感器，向前倾斜成像的阵列(图中阵列 A)称为前视传感器，向后倾斜的阵列(图中阵列 C)称为后视传感器。阵列 A、B、C 之间相互平行，并且与飞行器飞行方向保持垂直。在航天飞行器飞行过程中，上述三个 CCD 阵列以同步周期 N 连续扫描地面，产生三条相互重叠的航带影像 A_s、B_s、C_s。三个阵列的成像角度不同，三条航带影像的时角也各不相同，从而共同构成立体影像。

4.2.2　热红外扫描成像传感器

热红外扫描成像传感器的经典仪器是红外扫描仪。红外扫描仪主要由旋转扫描镜、反射镜系统、探测器、制冷器、电子处理装置和输出装置组成。

扫描成像过程如图 4-8 所示。当旋转扫描镜转动时，第一个镜面对地面横越航线方向进行扫视，视场内的地面辐射能按扫描顺序依次进入传感器，经探测器输出视频信号，再由电子处理装置进行放大和调制，在阴极射线管上显示出一条对应地面扫描视场的影像线，再经曝光后在底片上记录下来。制冷器则用来隔离周围的红外辐射，避免其直接照射探测器。随后第二个扫描镜面扫视地面，由于飞行器向前运动，胶片也做同步旋转，故记录的第二条影像正好与第一条衔接，只要保持平台速度与平台航高的比值为常数，就能确保扫描线正面衔接而不出现条纹。按上述方式依次类推，就能得到一条与地面范围相对应的二维条带影像。

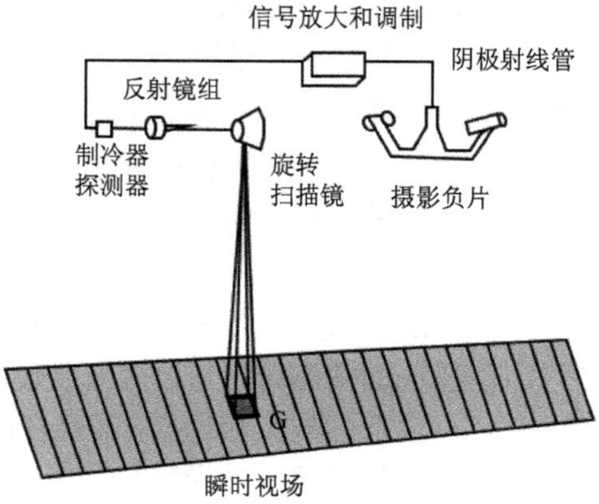

图 4-8　红外扫描仪结构原理图

地面分辨率随扫描角发生变化，从而导致红外扫描影像产生的畸变为全景畸变。假设红外扫描仪垂直指向地面的地面分辨率为α_0，则有

$$\alpha_0 = \beta \cdot H_0 = \frac{d}{f} \cdot H_0 \tag{4-7}$$

式中：β为瞬时视场；H_0为航高；d为探测器尺寸(直径或宽度)；f为扫描仪焦距。

由于传感器的β是确定的，故其地面分辨率只与航高有关：航高越大，则α_0越大，表示分辨率越低。当观测视线倾斜时，传感器和目标的距离将发生变化，地面分辨率及其对应比例尺也会发生变化。

除地面分辨率外，红外扫描仪还存在温度分辨率的问题。温度分辨率与探测器的响应率R以及传感器系统内的噪声N直接相关。系统的温度分辨率一般为等效噪声温度的 2～6 倍，为了获得较好的温度分辨率，红外系统的噪声等效温度应限制在 0.1～0.5K。

热红外影像的色调变化与相应地物的辐射强度变化呈函数关系。地物发射电磁波的功率与地物的发射率成正比，同时与地物温度的四次方成正比，故影像的色调与上述两个因素相关。当地物温度较高时，热红外影像的色调较亮，反之当地物温度较低时，热红外影像的色调较暗；发射率较高的地物在影像上呈现灰色调，发射率较低的地物则呈现黑色调。相较于发射率，热红外扫描仪对温度更加敏感，故地物温度的变化对热红外影像的色调影响较大。

4.2.3　多光谱/高光谱扫描传感器

1. 多光谱扫描传感器

多光谱扫描传感器可以记录地物在不同波段的信息，不仅可以根据扫描影像的形态和结构识别地物，还可以用不同波段的差别区分地物，为遥感数据的分析和识别提供了有利条件，对收集植被、土壤、地质、水文和环境监测等方面的遥感信息具有重要应用价值。

1）光学机械扫描仪

光学机械扫描仪是一种常见的扫描传感器，主要包括多光谱扫描仪和高光谱扫描仪，通过采用不同的扫描探测元件实现对不同波段的探测。多光谱扫描仪的工作波段范围很宽，包括近紫外、可见光到远红外波段。

光学机械扫描仪主要由扫描镜、收集器、分光器、探测器、处理器和输出器几部分组成。其中，扫描镜负责收集地物目标的电磁辐射，收集器负责把这些电磁辐射聚集成光束，然后由分光器将其分成不同波长的电磁波，再由一组探测器中不同的探测元件接收，经过处理器的信号放大，最后记录在磁盘、光盘、硬盘上，或者经过光电转换后记录在胶片上。

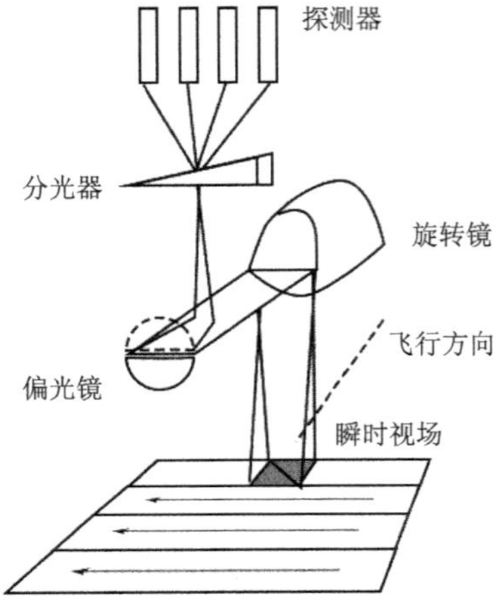

图 4-9　光机扫描仪的成像过程

光学机械扫描仪的成像过程如图 4-9 所示。通过棱镜的旋转，第一个镜面对地面横越航线方向扫视一次，在地面瞬时视场内的电磁辐射通过旋转棱镜反射到反射镜组，然后聚焦到分光器上，经分光后分别照射到相应的探测器上，被探测器转化为视频信号，再经电子放大器的放大和调整，最终在阴极射线管上显示出瞬时视场的影像，并经底片曝光后记录下来，成为一个像元，或是经由模数转换器转换为数字信号，经采样、量化和编码成为数据流，向地面实时发送或由磁带记录仪记录后作延时回放。随着棱镜的旋转，垂直于航向上的地面依次成像形成一条影像线，随着遥感平台向前飞行，最终形成连续的地面条带影像。综上，这种扫描成像方式也称为垂直航迹扫描。

多光谱光学机械扫描仪采用的多光谱摆扫成像，是指依靠探测元件和扫描镜，以瞬时视场为单位对目标地物进行逐行取样，从而得到目标地物电磁辐射特性的信息，形成一定谱段的影像。一个典型的多光谱光学机械扫描仪的工作原理如图 4-10 所示：由扫描镜沿着与飞行路线垂直的扫描线进行地形扫描，通过扫描仪不断重复测量平台左右两侧的能量。数据采集范围在平台下方 90°～120°的弧形内。随着遥感平台不断向前飞行覆盖连续的扫描线，会产生一系列毗邻的观测窄带，入射的电磁波能量被分解成多个光谱成分，由传感器进行测量。传感器使用分色光栅将电磁波能量分解成热能和非热能波长两种形式并将其记录下来。其中，非热能波长分量直接来自光栅，通过棱镜（也称衍射光栅）把能量分解成单个紫外线、可见光、近红外波长的连续能量区；同时，热能波长分量也被分解成它的成分波长。随后，通过在光栅和棱镜后面的适当位置放置一个光电探测器，可以使传感器在一个特定的波长范围内达到最高光谱灵敏度。

2）推扫式多光谱成像扫描仪

通过增加探测器的个数可以减慢扫描机械速度，使得在每个光敏元上辐射积分的时间增加，从而提高信噪比和地面分辨率。在固体自扫描成像中探测元件是固定的，即每个探测元件对应地面的一个瞬时像元，目前最常用的探测元件是电荷耦合器件（CCD）。在 CCD 扫描仪中设置波谱分光器件和不同的 CCD 元件，就可以使扫描仪同时具备单波段扫描和多波段扫描的功能。

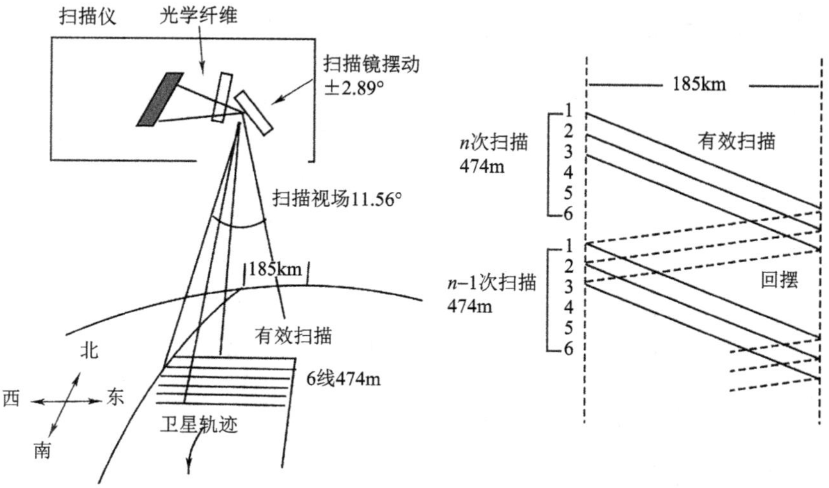

图 4-10　多光谱扫描仪扫描过程示意图

电荷耦合原理使得大型面阵或线阵探测器件成为可能。在光学机械扫描仪中，由于探测元件需要依靠机械摆动进行扫描，如果要立即测出每个瞬时视场的辐射特征，就要求探测元件的响应速度足够快，这样就会导致探测元件在每个瞬时视场的停留时间非常短，因而对可供选择的探测器有很大的限制。但如果应用 CCD 多元阵列探测器进行同时扫描，由于每个 CCD 探测元件都与地面上的一个瞬时视场相对应，靠遥感平台向前运动就可以直接以推扫的方式成像。探测器所用的探测元件数目越多、体积越小，分辨率就越高。

2. 高光谱扫描传感器

自然界中物质的波谱特性受成分、结构、环境等不同因素的影响，通常存在一定差异。在某些情况下，这种差异并不明显，即表现在一些较窄的光谱范围内。常规的多光谱成像仅包括少数几个探测波段，波谱分辨率较低，故无法精确记录目标物体在较窄波段范围内的精确光谱特征，也就无法将多个较为相似的地物区分开来。而相对于多光谱成像，高光谱成像具有更多更窄且连续的光谱波段，收集的波段数据也更加丰富。通过具有高光谱分辨率的探测仪器，高光谱遥感技术可以将探测波段范围分为几十乃至上百个连续的光谱探测波段。对于遥感而言，一定波长范围中分割的波段数越多，即波谱取样点越多，则探测结果越接近地物连续波谱曲线，故高光谱扫描传感器可以在取得目标地物影像的同时获取其光谱组成。因此，影像中的每一个像元均可得到连续的反射率曲线，从而达到“图谱合一”的效果，为目标地物区分于其他相似地物提供了诊断性的光谱特征，为遥感影像的解译与应用提供了很大的便利。

高光谱扫描传感器又称成像光谱仪，是一类可以在多个较窄的相邻光谱波段(包括可见光、近红外、中红外、热红外)上获取影像的仪器，它在扫描成像的基础上增加了一个色散装置，可以采集更多波段的数据，从而保证为场景中每个像素提供连续的反射(或辐射度)光谱。与多光谱扫描传感器类似，根据扫描成像的方式和光电探测器的种类，高光谱扫描传感器(成像光谱仪)同样可以分为光学机械摆扫式(线阵列)和推扫式(面阵列)两种类型。

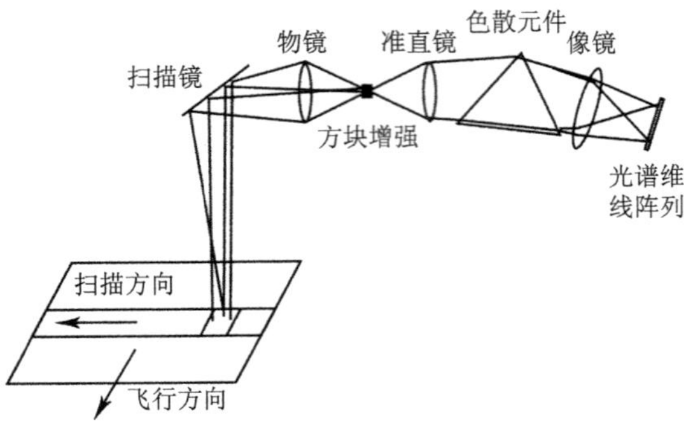

图 4-11　光学/机械摆扫式(线阵列)成像光谱仪的工作原理

1) 光学/机械摆扫式(线阵列)成像光谱仪

光学/机械摆扫式(线阵列)成像光谱仪主要用于航空遥感探测，其工作原理如图 4-11 所示。从地表发出或反射的入射电磁波经过光学系统准直后，由棱镜和光栅狭缝色散，再由成像系统将色散后的光能按照波长顺序成像在探测器的不同位置上。在这个过程中，二维影像空间上的一个点经过色散元件色散为一条线，最后形成一维灰度集合。成像光谱仪在成像过程中会产生很多个连续光谱波段，经过光学色散装置分色后，不同波段的电磁波照射到 CCD 线阵列的各个元件上并被分色记录下来，其光谱通道数与线阵列的元件数相同。成像光谱仪通过逐行逐个像元摆扫，最终生成由上百个窄波段组成的连续光谱影像。

2) 推扫式(面阵列)高光谱成像仪

推扫式(面阵列)成像光谱仪的工作原理如图 4-12 所示。与光学/机械摆扫式(线阵列)成像光谱仪类似，从地表发出或反射的电磁波经过光学系统准直后，由棱镜和光栅狭缝色散，再由成像系统将色散后的光能按照波长顺序成像在探测器的不同位置上。

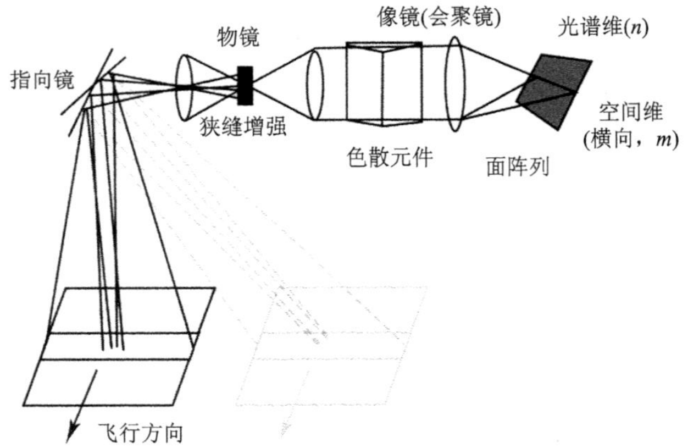

图 4-12　推扫式面阵列成像光谱仪的工作原理

推扫式(面阵列)成像光谱仪的探测器是一个二维面阵列，一维是空间维，即一个线性阵列，另一维是光谱维。二维影像空间上的一条线经过色散元件色散为多条线，对应一个二维灰度集合。推扫式(面阵列)成像光谱仪的成像装置在横向上测量一行中每个像元所有波段的辐射强度，探测元件数与波段数相等。此类成像光谱仪采用 CCD 或汞-镉-碲/CCD 混合器件作为探测器，空间扫描由器件的固体扫描完成，探测元件无需移动。因此对应每个像元的摄影时间相比于光学/机械摆扫成像光谱仪有所增加，其灵敏度和空间分辨率也随之提高。

此外，还有一类高光谱成像仪采用干涉原理成像，干涉成像光谱仪并不直接分光，而是生成各种光程差条件下的干涉图，再根据干涉图与光谱图之间的傅里叶变换关系得到光谱图。

4.2.4 微波辐射计

微波辐射计是用来测量物体微波辐射能量的被动遥感仪器，用来记录目标的亮度温度。具有保密性良好、传感器体积小、功耗小等优点。

由于波长的差异以及相位、极化等特性，与光学遥感相比，微波遥感具有其特殊的功能。由于微波的波长较长，故在大气中的衰减较少，有较强的穿透云、雨、烟、雾的能力，从而具有全天候、全天时工作能力。微波对地物具有一定的穿透能力，可以穿透百米的冰层或几十米的沙漠进行探测，从而弥补可见光和红外遥感的不足。此外，微波遥感可以测量目标的频率特性、多普勒效应、偏振特性、后向散射特性等，还可以利用这些数据测定出可见光和红外遥感难以观测的物理量。

微波辐射计是以辐射测量学为基础，测量物质自身辐射的微波波段能量的高灵敏度接收机。微波辐射计有多种类型，主要有全功率微波辐射计、Dicke 型微波辐射计、零平衡 Dicke 型微波辐射计、负反馈零平衡 Dicke 型微波辐射计、双参考温度自动增益控制微波辐射计、Graham 型微波接收机、数字增益自动补偿微波辐射计等。目前，星载微波辐射计一般采用全功率微波辐射计。

全功率微波辐射计是一种最简单的辐射计，由天线、放大器(射频和中频)、平方检波器、低通滤波器、积分器和输出器组成，如图 4-13 所示。在全功率微波辐射计系统中，将高频带的信号与系统本身带有的本机振荡器信号相混合，经由混频器变换成差分的低频，从而把较高的信号放大。与天线相连的是带宽为 B、总功率增益为 G 的超外差接收机，后面是检波器和低通滤波器。由天线提供的功率通常是带宽噪声，其带宽覆盖大于接收机的带宽 B。射频放大器的功能是对输入信号进行滤波，即对中心频率为 f 且包含在带宽 B 内的射频频率分量进行放大。混频器和中频放大器把带宽为 B 的射频信号变换成同样带宽的中频信号，并进一步放大。在实际应用中，由于射频放大器的带宽通常宽于中频放大器的带宽，因此检波前的带宽取决于中频放大器的带通特性。

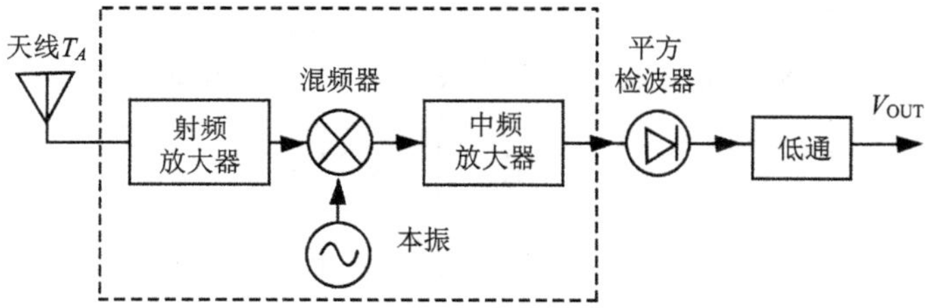

图 4-13 全功率微波辐射计系统图

基于辐射测量学原理，处于热力学平衡的物体所发射的功率 P 是其物理温度 T 的函数。在微波波段，P 与 T 成正比，当 T 值一定时，物体可能发射的功率最大值等于理想黑体所发出的功率 P_{bb}。如果将微波辐射计的天线置于四壁均为理想吸收/发射材料制作的暗箱内，则被天线接收的功率为

$$P_{bb} = kTB \tag{4-8}$$

式中：k 为玻耳兹曼常数；B 为微波辐射计带宽。由此引出辐射测量温度的定义，它表征由

真实场景发射的，或者是从真实场景接收的电磁波功率。

材料的发射特性可以用辐射测量中的亮度温度 T_B 来表示。

$$T_B = \frac{P}{kB} \tag{4-9}$$

式中：P 为材料在整个带宽 B 内所发射的功率。

如果材料具有恒定的物理温度 T，则该材料的发射率为

$$e = \frac{T_B}{T} \tag{4-10}$$

式中：发射率 e 的范围为 0～1。对于理想的无发射材料(标准白板)，e=0；对于理想的发射材料(黑体)，e=1。

对应于微波辐射计天线收到的功率 P_A，定义天线的辐射测量温度为 T_A，即

$$P_A = kT_A B \tag{4-11}$$

如果被天线波束所观察的场景特性可以用均匀的亮度温度 T_B (即在天线方向上的辐射)来表示，则有

$$T_A = T_B \tag{4-12}$$

通常情况下，T_A 表示入射到天线各个方向上按照天线方向加权的全部辐射的积分，在实际应用中也会受到大气、天线自发射等因素的影响，故 T_A 为有损天线的天线辐射测量温度。微波辐射计即用来测定 T_A，当其天线主波束指向地面时，天线接收到地物辐射、地物散射和大气辐射等辐射能量，引起天线温度 T_A 的变化。对微波辐射计进行温度的绝对定标后，天线温度 T_A 即可确定，通过该值中所包含的辐射体和传播介质的物理信息，可以达到探测目标物理特征的目的。除地面观测外，微波辐射计还可以对大气参数进行监测。

在微波辐射计中，由于物体的微波辐射信号是非相干的微弱信号，其功率远小于辐射计本身的噪声功率，故必须采取对应措施来抑制噪声。辐射计灵敏度是其中一项重要指标，是指辐射计输出端能检出的输入噪声温度的最小变化，也称为温度分辨率：

$$\Delta T = k'T_{\mathrm{S}}\sqrt{\frac{2B_n}{B}} = \frac{k'T_{\mathrm{S}}}{\sqrt{Bt}} \tag{4-13}$$

式中：T_{S} 为系统噪声温度；B 为检波前宽度；B_n 为检波后宽度；k' 为辐射计系统因子；t 为积分时间。如果忽略系统增益变化的影响，则观测带宽越宽或积分时间越长，辐射计的灵敏度就越高。

由于对控制系统增益变化的观测较为困难，可以采用 Dicke 型微波辐射计。这种辐射计在具有一定温度的噪声源与天线之间通过开关实现交替采样接收，而后用同步检波定标，从而达到减少系统增益变化影响的目的。零平衡 Dicke 型微波辐射计则可以完全消除系统增益变化的影响，进一步提高灵敏度。这种辐射计通过在信号上附加噪声，与参考噪声源同样进行检波，这样就可以测量出附加在信号上的噪声量。相比于全功率辐射计，使用该方法可以将辐射计的系统灵敏度提高至原来的 2 倍。

4.3　主动式遥感传感器

4.3.1　雷达传感器

雷达是一种主动式遥感传感器。由于侧视雷达的发射波长基本都在微波范围内，故属于主动式微波遥感，其工作原理是从遥感平台行进方向的侧面向地面发射一定波长和功率的高频电磁波波束，然后接收该波束被目标散射返回的后向散射信号，从而达到探测目标的目的。

侧视雷达通常由脉冲发射机、接收机、发射接收转换开关、天线和显示记录仪几部分组成。脉冲发射机产生脉冲信号，由转换开关控制，经天线向观测地区发射。地物反射脉冲信号，也由转换开关控制进入接收机，接收的信号在显示器上显示或记录在磁带上。

雷达接收到的回波中含有多种信息，如雷达到达目标的距离和方位、雷达与目标的相对速度(即做相对运动时产生的多普勒频移)以及目标的反射特性等。其中，距离信息 R 由脉冲返回时间 t 和电磁波的传播速度 c 决定：

$$R=\frac{1}{2}ct \tag{4-14}$$

雷达接收到的回波强度是系统参数和地面目标参数的复杂函数。系统参数包括雷达的波长、发射功率、照射面积、方向和极化等；地面目标参数则与地物的复介电常数、地面粗糙度等有关。雷达的色调特征则与微波的入射角、地面粗糙程度、地物的电特性等有关：雷达波入射地面的角度受地形起伏和坡向的影响会产生变化，而不同的入射角可能造成强反射或者没有反射的情况；不同的地面粗糙程度可能造成微波的镜面反射、漫反射或“角隅反射”，因此会导致反射波强度不同；电特性量度是反映不同物质的反射率和导电率的指标，一般金属物体的导电率很高，其反射雷达波很强。水的介电常数为 80，对雷达波也具有较强的反射能力，故物体的含水量也可以反映出不同的反射强度。此外，含有不同矿物的岩石因介电常数的差异在雷达影像上也能显示出来。

侧视雷达按其天线工作方式的不同，可以分为真实孔径侧视雷达和合成孔径侧视雷达。

1. 真实孔径侧视雷达

真实孔径侧视雷达的工作原理如图 4-14 所示。天线装在遥感平台(飞机或卫星)的侧面，发射机向平台前进方向的侧向发射一束窄脉冲，经地物反射的后向散射波经由天线被接收机接收。由于地面各点到平台的距离不同，地物后向反射信号到达天线的时间也不同。接收机按照其到达接收天线的先后顺序依次进行记录，即距离近的先记录，距离远的后记录，这样

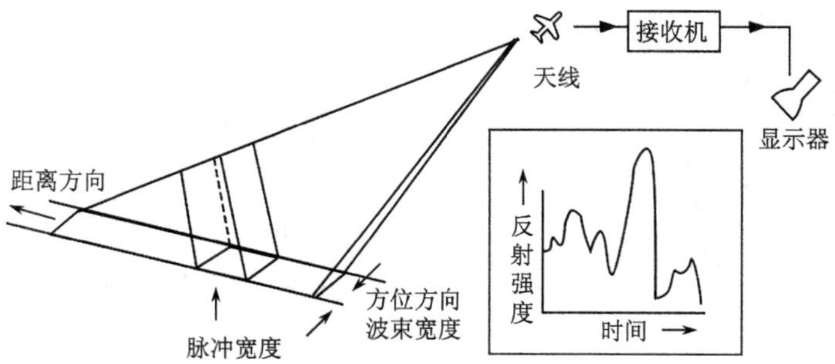

图 4-14　真实孔径雷达工作原理

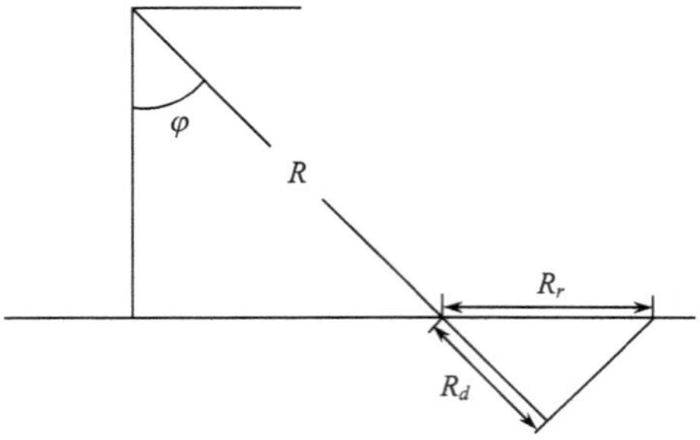

图 4-15　距离方向分辨率

就可以实现距离方向上的扫描。随着平台的前进，扫描面在地面上移动，这样即可实现方位方向上的扫描。

真实孔径侧视雷达在距离方向和方位方向上的地面分辨率是不同的。距离分辨率 R_r 表示在微波脉冲的发射方向上可以分辨两个目标的最小距离，与脉冲宽度有关，如图 4-15 所示，可以表示为

$$R_r = \frac{R_d}{\sin\varphi} = \frac{\tau c}{2\sin\varphi} \tag{4-15}$$

式中：R_d 为斜距分辨率；φ 为侧视角；τ 为脉冲宽度；c 为光速。

由式(4-15)可知，脉冲宽度越小，则距离分辨率越高。因此，若要提高距离分辨率，需要减小脉冲宽度，但脉冲宽度的减小会使得雷达发射功率下降，导致回波信号的信噪比降低。为解决这一问题，目前一般采用脉冲压缩技术来提高距离分辨率。

方位分辨率是在平台飞行方向上能够分辨两个目标的最小距离，如图 4-16 所示，可以表示为

$$R_\beta = \beta R = \frac{\lambda}{D} R \tag{4-16}$$

式中：β 为波束宽度；D 为天线孔径；λ 为波长；R 为雷达天线与地面目标之间的距离。

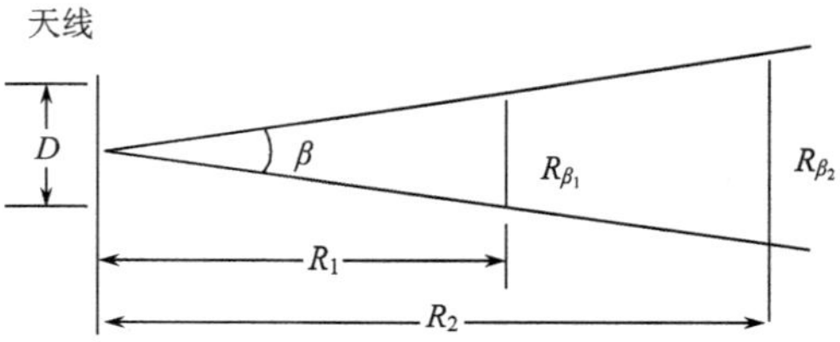

图 4-16　方位分辨率

因此，要提高方位分辨率，可能的方式包括使用波长较短的电磁波，加大天线孔径，或者缩短观测距离。由于遥感平台能够搭载的天线尺寸有限，故真实孔径侧视雷达在航天遥感中的应用受到很大限制，目前通常采用合成孔径侧视雷达来提高侧视雷达的方向分辨率。

2. 合成孔径侧视雷达

合成孔径侧视雷达的基本原理是采用一个小天线作为单个辐射单元，将此单元沿直线不断移动。在移动中选择若干个位置，在每个位置上发射一个信号，然后接收相应发射位置的回波信号并将其存储或记录下来，同时保存接收信号的幅度和相位，如图 4-17 所示。

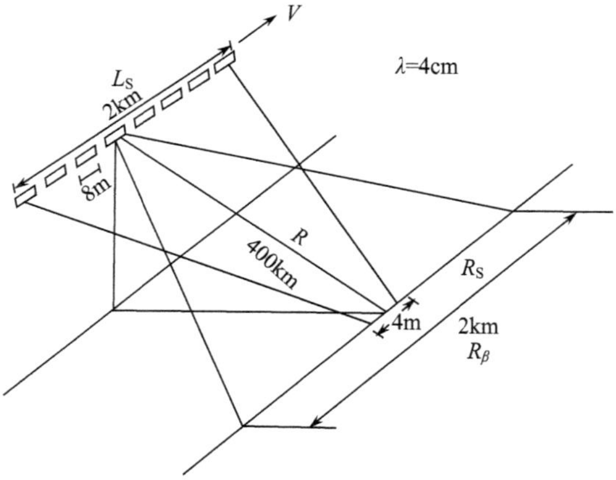

图 4-17　合成孔径侧视雷达工作过程

合成孔径天线是在不同位置上接收同一地物的回波信号，而真实孔径天线则是在同一位置上接收回波信号，如果把真实孔径天线划分成若干小单元，则每个单元接收回波信号的过程与合成孔径天线在不同位置上接收回波的过程非常相似，如图 4-18 所示。由于合成孔径天线在每个位置上都要记录一个回波信

号，每个信号相位和强度均有所不同，故形成的影像与可以直接看到实际地面影像的真实孔径雷达不同，是相干影像，需要经过处理后才能获取地面的真实影像。

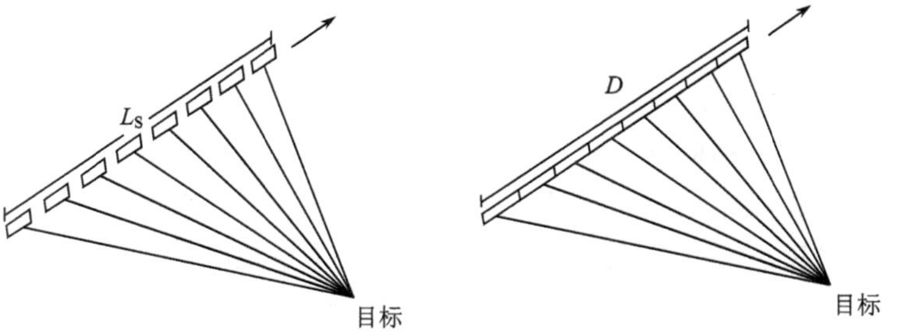

图 4-18　两种天线接收信号的相似性

合成孔径雷达的方位分辨率与距离无关，只与实际天线的孔径有关，天线越短，分辨率越高。合成孔径雷达的方位分辨率可以表示为

$$R_S = \frac{\lambda}{2L_S}R = \beta_S R = \frac{D}{2} \tag{4-17}$$

式中：λ 为波长；L_S 为合成天线孔径；β_S 为合成波束宽度；D 为真实天线孔径；R 为天线与物体的距离。

3. 相干雷达(InSAR)

雷达干涉测量的方式主要包括交轨、顺轨和重复轨道干涉测量三种。相干雷达利用合成孔径雷达在平行轨道上对同一地区获取两幅(或以上)的单视复数影像来形成干涉，进而获取该地区的三维地表信息。该方法充分利用了雷达回波信号所携带的相位信息，其工作原理是通过两副天线同时观测(即单轨道双天线横向/纵向模式)或两次平行观测(即单天线重复轨道模式)来获取重复观测数据，将这些复数影像对综合起来形成干涉，即可得到相应的相位差，再结合观测平台的轨道参数等提取高程信息，就可以获取高精度、高分辨率的地面高程信息。因此，利用 InSAR 解求地面点的高程，可以实现地表沉降的精确测定。

上述几种观测模式中，单轨道双天线横向模式主要适用于机载平台的干涉实验，其空间基线的方向与飞行方向成正交。在这种模式中，时间基线为零，排除了不同时间所成像对之间地表变化的影响，影像间的配准相对比较容易，但由于空间基线的选择余地很小，故会受限于飞行平台的几何尺寸；单轨道双天线纵向模式中，天线安装方向与飞行方向一致，前后两副天线间的基线通常为 2～20m。这种模式可以用来精确测定地物的运动，如运动物体变化检测、海洋洋流速度场等；重复轨道模式则是用相邻轨道上两次对同一地区获取的影像来形成干涉的。

4.3.2　激光雷达传感器

机载激光雷达系统(light detection and ranging, LiDAR)是一种新型的综合应用激光测距仪、全球定位系统和惯性导航系统的快速测量系统，可以直接联测地面物体各个点的三维坐标。由于激光具有功率大、方向性强、高度相干的特点，故激光雷达具有数据密度高、数据精度高、植被穿透力强、不受阴影和太阳高度角影响等特点，在地面三维数据获取和模型恢复、重建等方面具有广泛的应用前景，是三维数据模型获取的重要手段之一。目前激光雷达数据产品主要包括点云数据、数字表面模型(digital surface model, DSM)、数字高程模型(digital elevation model, DEM)、数字正射影像图(digital orthophoto map, DOM)、数字线划图(digital line graph, DLG)、电子沙盘等，在城市测量、线路及通道工程勘测设计、公路和铁路监控、防洪和水压模拟、露天矿场监控、森林管理和地质灾害监测等众多领域发挥着重要作用。

与传统航空摄影技术相比，激光雷达系统具有以下几个方面的特点。①工作方式：传统摄影属于被动式测量，LiDAR 属于主动式测量。②测量方式：传统摄影采用覆盖整个摄影区域的测量方式，LiDAR 则采用逐点采样。③野外工作量：传统摄影间接获取地面三维数据，野外工作量大，LiDAR 直接获取地面三维坐标，野外工作量小。④获取数据：采用传统摄影可以获取高质量的灰度影像或多光谱数据，采用 LiDAR 则可以识别比激光斑点更小的物体，如输电线等。⑤软硬件技术：传统摄影的软硬件经多年发展已比较成熟，LiDAR 技术仍在不断发展中，具有较大发展潜力。⑥影响因素：传统摄影测量受到地面植被、天气和太阳高度角等因素的影响，LiDAR 系统的植被穿透能力强，抗天气干扰能力强，不受太阳高度角的影响。⑦自动化处理程度：传统摄影测量的数据处理自动化程度较低，需要较多的人工干预，LiDAR 系统更容易实现数据处理自动化。

根据平台不同，激光雷达系统可以分为地面、车载、船载(蓝光)、机载和星载等多种类型，主要由以下几部分组成。①激光扫描系统：用于获取激光发射点至地面测量点之间距离的装置，主要包括激光测距单元、光学机械扫描单元、控制记录单元等。其中，激光测距单元又包括激光发射器和接收机。②全球定位系统(GPS)：根据地面基站 GPS 和机载 GPS 计算高速移动的平台位置。③惯性导航系统(inertial navigation system, INS)：获取平台姿态和加速度的惯性测量系统。④成像装置：即 CCD 数码相机，用于获取对应地面的彩色数字影像，以制作数字正射影像。⑤工作平台：固定翼飞机、飞艇、直升机、卫星等。

激光雷达系统的工作原理如图 4-19 所示。

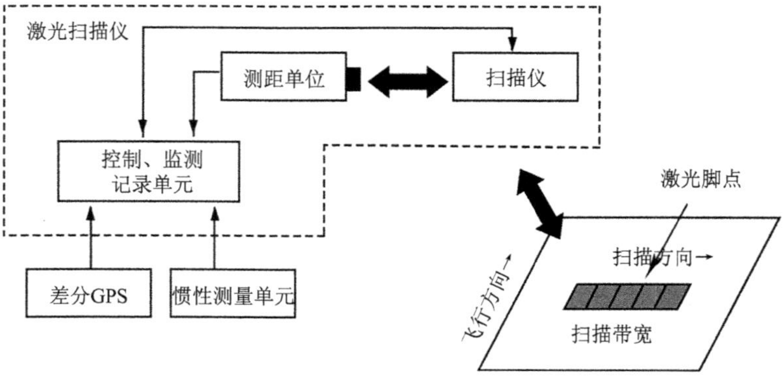

图 4-19　LiDAR 系统工作原理图

激光扫描仪采用主动工作方式，由激光发射器产生激光，再由扫描装置控制激光束发射的方向，经反射返回的激光束被接收机接收之后由记录单元进行记录。激光雷达通过量测信号的传播时间来确定扫描仪与目标之间的相对距离。这种量测时间的方式有两种：通过量测连续波信号的相位差间接确定信号传播时间，或者直接量测脉冲信号的传播时间。

目标到激光器的距离可以表示为

$$R = \frac{1}{2} c t_{\mathrm{L}} \tag{4-18}$$

式中：c 为光速；t_{L} 为光波从发射到被目标反射返回后接收所经历的时间。

激光测距的距离分辨率可以表示为

$$\Delta R = \frac{1}{2} c \Delta t_{\mathrm{L}} \tag{4-19}$$

式中：Δt_{L} 为测距系统的测时分辨率。

一般来说，对于脉冲发射激光器，一束激光脉冲发射后经目标反射，返回激光接收机之后，才会发射另一束激光。因此需要考虑可能的最大量测距离，即

$$R_{\max} = \frac{1}{2} c t_{\mathrm{Lmax}} \tag{4-20}$$

由于一束激光脉冲一次回波只能获得航线下方的一条扫描线上的回波信息，为了获取一系列的激光距离信息，需要采用一定的扫描方式。目前较为常用的扫描方式主要包括线扫描、圆锥扫描、光纤扫描等，如图 4-20 所示。

(1) 线扫描：一般通过摆动式和旋转式扫描镜实现。摆动扫描镜从两个摆动方向对地面进行双向扫描，在地面上形成 Z 字形扫描轨迹；旋转式扫描镜则始终沿着一个方向进行扫描，在地面上的扫描轨迹为平行线。

(2) 圆锥扫描：一般通过倾斜扫描镜实现。扫描镜的镜面有一个倾角，其旋转轴与发射装置的激光束成 45°角，光斑随飞行平台运动在地面会形成一系列重叠的椭圆。

(3) 光纤扫描：多束光纤沿一条直线排列，光斑在地面上形成的扫描线呈平行线或 Z 字形。平行线模式中沿扫描线方向的点距很小，扫描线间的距离则相对较大；Z 字形模式通过摆动扫描仪实现，在某种程度上可以弥补平行线模式中存在的问题。

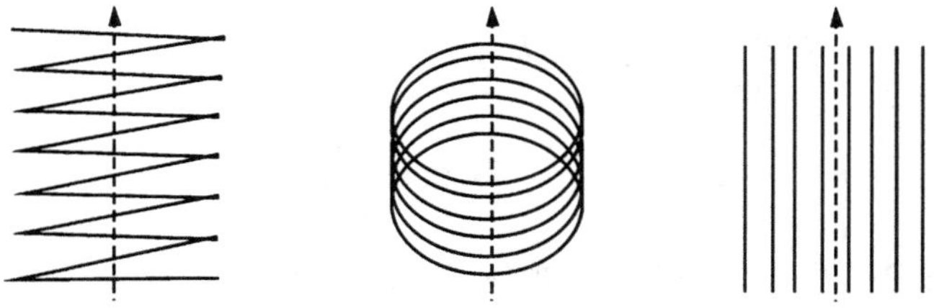

(a) Z字形　　(b) 椭圆形　　(c) 平行线

图 4-20 不同扫描方式获得的激光脚点

激光扫描的方向一般与平台的飞行方向垂直，扫描宽度由扫描视场决定，发射和接收的光孔孔径一般是 8～15cm，发射的激光光束发散角很小，形成的瞬时视场角度通常只有 0.2～0.3mrad。扫描成像过程中，激光束通过一个照射角投射到地面上形成一块小区域，称为激光脚点。在扫描装置作用下，不同脉冲激光束垂直于飞行方向移动，在地面上形成一个扫描带，随着平台飞行就可以得到整个被照射区域的数据。

经激光雷达获取的数据具有如下几个特点：①分布于目标表面，以一系列三维点坐标的形式表达。②数据在形式上呈离散分布。③在扫描带中分布不均匀，即不同位置的光斑密度

不同。④通过三维坐标强度信号反映地表物体对激光信号的响应。

激光雷达数据同时可能存在一些问题，如缺少光谱信息、覆盖面积较小、存在数据缝隙、存在阴影问题等。此外，由于激光光斑具有一定的大小，同一束激光脉冲可能有几个回波信号被系统接收，这就是激光回波信号的多值性。利用这一特性，可以有针对性地设计出相应的系统。

在激光雷达系统中存在以下几个比较重要的参数。

1）瞬时视场角

瞬时视场角取决于光的衍射，可以表示为

$$\mathrm{IFOV}_{\mathrm{diff}} = 2.44 \times \frac{\lambda}{D} \tag{4-21}$$

式中：λ 为激光波长；D 为发射孔径。

2）激光脚点光斑大小

垂直于航线方向的激光脚点光斑大小为

$$f = \frac{H\sin\frac{\gamma}{2}}{\cos\theta_{\mathrm{i}}\cos\left(\theta_{\mathrm{i}} + \frac{\gamma}{2} - \alpha\right)} + \frac{H\sin\frac{\gamma}{2}}{\cos\theta_{\mathrm{i}}\cos\left(\theta_{\mathrm{i}} - \frac{\gamma}{2} - \alpha\right)} \tag{4-22}$$

式中：H 为平台航高；γ 为激光发散角；α 为地形坡度；θ_{i} 为瞬时扫描角。

当激光垂直照射到水平表面时，α、θ_{i} 均为 0，由于 γ 极小，可近似为 0，故此时垂直于航线方向的激光脚点光斑大小为

$$f \approx H\gamma \tag{4-23}$$

航线方向的光斑大小的计算公式同式（4-24）。

3）扫描宽度

当 θ_{i} 取最大值 $\frac{\theta}{2}$ 时，即可求得扫描线宽度：

$$\mathrm{SW} = 2H\tan\left(\frac{\theta}{2}\right) \tag{4-24}$$

式中：θ 为激光光束扫描角，即激光扫描视场角；H 为平台航高。

4）激光脚点数

每条扫描线的脚点数与平台飞行高度和带宽有关：

$$N = \frac{F}{f_{\mathrm{scan}}} \tag{4-25}$$

式中：F 为激光脉冲发射的重复频率；f_{scan} 为激光系统的扫描频率。

5）激光脚点间隔

激光脚点间距包括沿航线方向的激光脚点最大间距 d_{xalong}（纵向）和同一扫描线相邻激光脚点的间距 d_{xacross}（横向），计算公式为

$$d_{\mathrm{xalong}} = \frac{V}{f_{\mathrm{scan}}} \tag{4-26}$$

$$d_{\text{xacross}} = \frac{W}{N} \tag{4-27}$$

式中：V 为飞行速度。

激光雷达系统的主要功能之一是定位，即获取地面点的空间坐标。假设地面坐标系统原点为 O，激光发射器中心点 O_S 的坐标 (X_S,Y_S,Z_S) 已知，求出该点到地面上某一待定点 $P(X,Y,Z)$ 的向量 S，则 P 点的坐标就可以由 O_S 与 S 相加得到，如图 4-21 所示。在机载激光雷达系统中，利用惯性导航系统(INS)可以测定飞行过程中的 3 个姿态角 ω、φ、κ，通过 GPS 得到激光扫描仪中心坐标为 (X_0,Y_0,Z_0)，再结合激光扫描仪中心到地面点的距离 S，就可以计算出地面上相应激光点 (X, Y, Z) 的空间坐标为

$$\begin{bmatrix} X \\ Y \\ Z \end{bmatrix} = \begin{bmatrix} X_0 \\ Y_0 \\ Z_0 \end{bmatrix} + R(\omega,\varphi,\kappa)\begin{bmatrix} 0 \\ 0 \\ S \end{bmatrix} \tag{4-28}$$

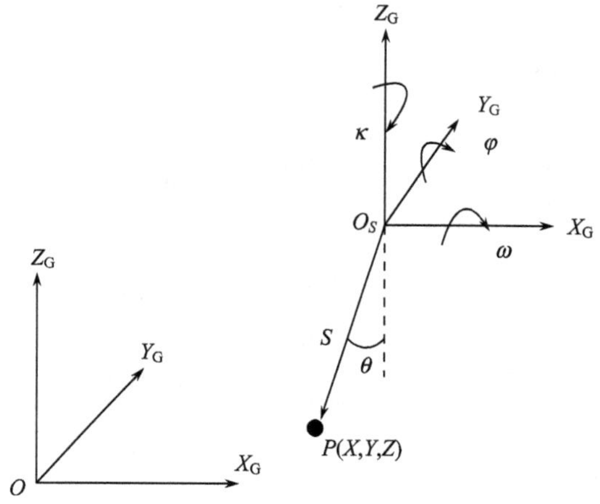

图 4-21　LiDAR 对地定位原理

最大量测距离 S 与最远目标有关。脉冲往返于激光器与最远目标之间所需的时间最长，为避免最远的目标所反射的激光束还未返回至接收机就发射了下一束激光的情况，脉冲激光器的最大量测距离取决于时间间隔计数器所能量测出的最大距离和脉冲发射率。但在目前的实际激光测距工作中，最大量测距离并未因时间计数器和脉冲发射率受到限制，这是因为目前机载激光雷达的飞行高度远小于发射率所决定的最大量测距离。

在机载激光雷达系统的实际定位应用中，除了坐标系转换、激光中心相对于 GPS 天线中心的偏差和激光扫描仪的三个姿态角之外，还需要考虑一些系统安置偏差参数，例如：激光测距光学参考中心相对于 GPS 天线相位中心的偏差、激光扫描器机架的三个安装角(倾斜角、俯仰角和航偏角)、惯性测量单元(inertial measurement unit, IMU) 的机体同载体坐标系间的不平行等，这些参数都需要通过一定校验方法来测定。此外，激光功率、光束发散度、大气传输、目标反射特性、探测器灵敏度、飞行高度和飞机姿态的记录误差等因素也会影响激光测距的准确性。

4.4　国内外主要卫星及其传感器

4.4.1　国外主要卫星及其传感器

1. Landsat 系列

1) 概况

1967 年，美国国家航空航天局(NASA)制定了地球资源技术卫星(Earth Resources Technology Satellites, ERTS)计划，预定发射 6 颗地球资源技术卫星来获取全球资源环境数据。1972 年 7 月，世界上首颗地球资源环境卫星 ERTS-1 成功发射，在此之后 NASA 将 ERTS 计划更名为陆地卫星(Landsat)计划。到目前为止已经先后发射了 9 颗 Landsat 系列卫星(表 4-1)，对地球连续观测长达 40 余年，是资源与环境调查、评价、监测的重要信息源。

表 4-1　Landsat 系列卫星概况

卫星名称		发射时间	卫星高度	传感器	覆盖周期	运行状态
第一代	Landsat-1	1972 年 7 月 23 日	920km	RBV/MSS	18 天	1978 年退役
	Landsat-2	1975 年 1 月 22 日	920km		18 天	1982 年退役
	Landsat-3	1978 年 3 月 5 日	920km		18 天	1983 年退役
第二代	Landsat-4	1982 年 7 月 16 日	705km	MSS/TM	16 天	2001 年退役
	Landsat-5	1984 年 3 月 1 日	705km		16 天	2013 年退役
第三代	Landsat-6	1993 年 10 月 5 日	—	ETM	16 天	发射失败
	Landsat-7	1999 年 4 月 15 日	705km	ETM+	16 天	2003 年故障
	Landsat-8	2013 年 2 月 11 日	705km	OLI/TIRS	16 天	运行
	Landsat-9	2021 年 9 月 27 日	705km	OLI-2/TIRS-2	16 天	运行

2) 传感器与观测参数

Landsat 系列卫星搭载有返束光导管(return beam vidicon, RBV)摄像机、多光谱扫描仪(multispectral scanner, MSS)、专题制图仪(thematic mapper, TM)、增强型专题成像传感器(enhanced thematic mapper plus, ETM+)、陆地成像仪(operational land imager, OLI)和热红外传感器(thermal infrared sensor, TIRS)。其中，Landsat-1、Landsat-2、Landsat-3 上装载 RBV 和 MSS，Landsat-4、Landsat-5 装载 TM 和 MSS，Landsat-7 装载 ETM+，Landsat-8 装载 OLI 和 TIRS，Landsat-9 装载 OLI-2(第二代 OLI)和 TIRS-2(第二代 TIRS)，OLI-2 和 TIRS-2 的设置分别和第一代的 OLI 和 TIRS 保持一致。目前，RBV 数据已不再使用，其他传感器的观测参数如表 4-2 所示。

表 4-2　传感器观测参数

传感器	波段号	波段	波长/μm	空间分辨率/m	辐射分辨率/bit
MSS	4	绿色波段	0.5～0.6	80	6
	5	红色波段	0.6～0.7	80	6
	6	红色-近红外波段	0.7～0.8	80	6
	7	近红外波段	0.8～1.1	80	6
TM	1	蓝色波段	0.45～0.52	30	8

续表

传感器	波段号	波段	波长/μm	空间分辨率/m	辐射分辨率/bit
TM	2	绿色波段	0.52～0.60	30	8
	3	红色波段	0.63～0.69	30	8
	4	近红外波段	0.76～0.90	30	8
	5	短波红外波段	1.55～1.75	30	8
	6	热红外波段	10.40～12.50	120	8
	7	短波红外波段	2.08～2.35	30	8
ETM+	1	蓝色波段	0.450～0.515	30	8
	2	绿色波段	0.525～0.605	30	8
	3	红色波段	0.630～0.690	30	8
	4	近红外波段	0.775～0.900	30	8
	5	短波红外波段	1.550～1.750	30	8
	6	热红外波段	10.40～12.50	60	8
	7	短波红外波段	2.090～2.350	30	8
	8	全色波段	0.520～0.900	15	8
OLI	1	深蓝色波段	0.43～0.45	30	12
	2	蓝色波段	0.45～0.51	30	12
	3	绿色波段	0.53～0.59	30	12
	4	红色波段	0.64～0.67	30	12
	5	近红外波段	0.85～0.88	30	12
	6	短波红外波段	1.57～1.65	30	12
	7	短波红外波段	2.11～2.29	30	12
	8	全色波段	0.50～0.68	15	12
	9	短波红外波段	1.36～1.38	30	12
TIRS	10	热红外波段	10.60～11.19	100	12
	11	热红外波段	11.50～12.51	100	12

多光谱扫描仪(MSS)是 Landsat-1～Landsat-5 上装载的一种多光谱光学机械扫描仪。扫描镜在垂直于卫星前进方向对地面进行单向扫描，扫幅宽度 185km。当卫星在向阳面由北向南飞行时，MSS 以星下点为中心自西向东在地面上扫描，得到 185km×475m 的窄条信息，此时为有效扫描；而后 MSS 进行自东向西的回扫，这时为无效扫描，不获取信息。在扫描一次的时间中卫星恰好向前移动 475m，紧接着开始第二次扫描，扫描线恰好衔接。这样，以星下点轨迹为中轴，最终可以获取东西宽 185km，南北长约 20000km 的地面长带信息。

专题制图仪(TM)是在 MSS 基础上改进而成的第二代多光谱光学机械扫描仪。TM 采取双向扫描，正扫和回扫均为有效扫描，提高了扫描效率，缩短了停顿时间，提高了检测器的接收灵敏度，相比 MSS 具有更高的空间、光谱、辐射和时间分辨率。

增强型专题成像传感器(ETM+)增加了分辨率为 15m 的全色波段，热红外波段的探测器阵列从 4 个增加到 8 个，对应的地面分辨率从 120m 提高到 60m。

陆地成像仪(OLI)包括 9 个波段，空间分辨率为 30m，其中全色波段的空间分辨率为 15m，成像宽幅为 185km×185km。OLI 新增了两个波段：深蓝色波段(band 1：0.43～0.45μm)主要用于海岸带观测，短波红外波段(band9：1.36～1.38μm)可用于云检测。相比于 ETM+，近红外波段(band5：0.85～0.88μm)排除了 0.825μm 处水汽吸收特征；全色波段(band8：0.50～0.68μm)则缩小了波段范围，从而在全色图像上更好地区分植被和无植被特征。

热红外传感器(TIRS)包括两个单独的热红外波段。

3) 卫星影像的光谱特性

由于地物的组成成分、结构及地表温度等条件的不同，其光谱特性也存在差异。这种差异在黑白图像上表现为色调的差异，在彩色图像上则体现为色别的不同。不同波段图像对不同地物的光谱效应不同。

(1) MSS 影像的光谱特性。Landsat-1～Landsat-5 均采用 MSS 传感器，除 Landsat-3 增加了一个红外波段外，其他卫星均采用可见光-近红外 4 个波段。在 Landsat-1、Landsat-2、Landsat-3 上波段编号为 MSS4、MSS5、MSS6、MSS7，Landsat-4、Landsat-5 上波段编号为 MSS1、MSS2、MSS3 和 MSS4。

MSS1：0.5～0.6μm，蓝绿光波段。对蓝绿色、黄色地物呈浅色调，随着红色成分增加而变暗。该波段对于水体具有一定的穿透能力，透视深度一般为 10～20m，对于水体污染(尤其是金属和化学污染)具有比较明显的反应，还可以用于勘测水下地形，识别水体浑浊度、沿岸流、沙地、沙洲等。同时，该波段对陆地的地层岩性、松散的沉积物及植被也有明显反应。

MSS2：0.6～0.7μm，橙红光波段。对橙红色地物呈浅色调，随着绿色成分增加而变暗。该波段对水体也有一定的穿透能力，透视深度通常为 2m，对水体的浑浊度、泥沙流、悬移质有明显反应。同时，该波段对裸露的地表、植被、土壤、岩性地层、地貌现象等也可以提供较为丰富的信息。

MSS3：0.7～0.8μm，红色、近红外波段。对水体及湿地具有明显反应，故对干燥的地段呈浅色调，对浅层地下水丰富、土壤湿度大的地段则呈较深的色调。该波段可以用来监测植物生长状态：健康的植物通常呈浅色调，病虫害的植物则一般色调较深。

MSS4：0.8～1.1μm，近红外波段。该波段与 MSS3 波段类似，但具有更强的红外图像特点，即水体色调更深，水陆界线更明显，对植被反映的对比性更强。

Landsat-3 上的 MSS 影像有 5 个波段，增加了 1 个热红外波段(MSS8：10.4～12.6μm)，空间分辨率为 240m。由于记录仪故障，该波段在工作了一段时间后失效。

(2) TM 影像的光谱特性。Landsat-4、Landsat-5 采用的 TM 传感器，其空间、光谱、辐射分辨率相较于 MSS 均具有明显提升，获取的数据信息量和数据质量均有提高。TM 影像具有 7 个波段，主要用于全球作物估产、土壤调查、洪水灾害估算、野外资源考察、地下水及地表水资源研究等领域。

TM1：0.45～0.52μm，蓝光波段。该波段对水体穿透性强，可以用于判断水深，进行近海水域制图等。同时该波段对叶绿素与叶色素浓度反应敏感，对植被有明显反应，易于识别针叶林。

TM2：0.52～0.60μm，绿光波段。该波段位于植被的绿色反射峰值区域，对健康茂盛的绿色植物反应敏感，常用于区分林型和树种，此外由于该波段对水体的穿透性也较强，可以反映一些水下的植被特征。

TM3：0.63～0.69μm，红光波段。该波段是叶绿素的主要吸收波段，可以反映不同植物的叶绿素吸收及植物健康状况，可以用来区分植被种类与覆盖度。该波段受大气、云雾的影响较小，影像的分辨能力较好，是可见光中识别土壤边界和地质界线最有利的光谱区，信息量大，故被广泛应用于地貌、岩性、土壤、植被和水中泥沙流的探测。

TM4：0.76～0.90μm，近红外波段。该波段对绿色植被的类别差异最敏感，是植被遥感识别通用波段，常用于生物量调查、作物长势测定、农作物估产等领域。此外，该波段对水体的吸收能力较强，对植被、土壤的含水量较为敏感，故也常用于水域判别。

TM5：1.55～1.75μm，近红外波段，也称短波红外波段。该波段对水的吸收能力较强，对地物含水量很敏感，常用于土壤湿度、植被含水量调查、水分状况研究、作物长势分析等，可以区分不同类型的作物。此外，该波段也可以区分云和雪。

TM6：10.40～12.50μm，热红外波段。该波段主要记录来自地物表面发射的热辐射，可以根据辐射影像的差别区分农、林覆盖类型，辨识地面湿度、水体、岩石，监测与人类活动有关的热特征，对于植被分类和农作物估产也有较好的应用价值。

TM7：2.08～2.35μm，近红外波段，也称短波红外波段。该波段处于水的强吸收带，是为地质学研究追加的波段，主要用于城市土地利用制图，区分岩石类型、岩石的热蚀变，地质探矿与地质制图等。

(3) ETM+影像的光谱特性。ETM+是 TM 的增强型，其波段、光谱特性和分辨率都与 TM 基本相似，有以下几点变化：增加了全色波段 PAN (0.520～0.900μm)，分辨率 15m；Band 6 的分辨率由 120m 提高到 60m；辐射定标精度提高，误差率小于 5%。

(4) OLI 和 TIRS 影像的光谱特性。Landsat-8 和 Landsat-9 在具有 Landsat-7 所有光谱波段的基础上，额外新增了一些波段：在原蓝光波段的基础上新增了深蓝色波段，用于监测近岸水体和大气中的气溶胶，也称为海岸/气溶胶波段；新增了卷云波段，用于卷云检测；将原热红外波段的光谱范围一分为二，设置了两个热红外波段；收窄了原近红外波段的范围，排除了 0.825μm 处水汽吸收特征；收窄了原全色波段范围，新全色波段的光谱范围不再覆盖近红外波段。

4) 卫星影像的空间信息

Landsat 影像的经纬度间隔为 30′，纬度 60°以上地区采用 1°间隔。由于在赤道、中纬度、北极圈等不同地区图像的方位角不同，故在使用卫星影像时应注意单张像片的方位以及它和所编地图的关系。Landsat 卫星采用太阳同步轨道，卫星通过赤道的平均太阳时为 9:45 左右，实际上通过中纬度地区的时间在 9:00～10:00，故所有地区基本上都是在这段时间内成像，具有相同的光照条件，不同地区相同地物的色调和灰度值一致，便于实现统一的识别和分类。

在 Landsat 系列卫星搭载的传感器中，RBV 是光学镜头成像，投影方式为中心投影；MSS、TM、ETM+、OLI 和 TIRS 是扫描成像，属于多中心投影，每次有效扫描都有一个中心，且这个投影中心是动态的，由于卫星高度很大，可以近似看作垂直投影，在较大比例尺的制图中需要考虑投影变形的影响，需要进行几何校正和投影变换。通过连续扫描成像获取的相邻影像在地面处理分幅时会产生重叠，这种沿卫星运行方向的重叠又称为航向重叠。MSS 的航向重叠约为 16km，约占图幅的 9%，TM 影像的航向重叠率则在 5%左右。除航向重叠外，图像在相邻轨道之间也会产生重叠，称为旁向重叠。旁向重叠由轨道间距和成像宽度决定，例如，Landsat-4、Landsat-5、Landsat-7 在赤道上两相邻轨道间距为 172km，成像宽度 185km，则旁向重叠区域为 13km，约占图幅的 7%，该数值随着纬度增高而增大，当纬度增加到 65°以上时，旁向重叠率超过 60%。

2. SPOT 系列

SPOT 对地观测卫星系统(Systeme Probatoire d'Observation de la Terre)是由法国国家空间研究中心(CNES)联合比利时、瑞典等欧洲国家共同开发研制的地球资源卫星，也称地球观测实验卫星。自 1986 年以来，迄今为止已有 7 颗卫星成功发射，其中 SPOT-1～5 目前已停止工作。SPOT 卫星的轨道特征与 Landsat 相似，为近极地、准圆形、太阳同步、可重复、中等高度轨道，轨道高度约为 832km，重复周期为 26 天，通过赤道的时间为 10:30。SPOT 数据的应用目的与 Landsat 相似，以陆地资源环境调查和监测为主，在土地利用与管理、森林覆盖监测、土壤侵蚀和土地沙漠化的监测以及城市规划等人与环境的关系研究方面都发挥着重要作用。此外，SPOT 系列产品还广泛应用于地图的制作。

1) SPOT-1～SPOT-3

SPOT-1、SPOT-2、SPOT3 三颗卫星分别发射于 1986 年、1990 年和 1993 年，卫星上搭载的传感器为两台高分辨率可见光成像仪(high resolution visible, HRV)，具有多光谱(XS)和全色(PAN)两种模式。HRV 是一种线阵列推帚式扫描仪，其探测器为电荷耦合器件(CCD)。SPOT 卫星上并排安装两台 HRV，每台视场宽度均为 60km，二者之间具有 3km 的重叠部分，故总视场宽度为 117km。HRV 的传感器观测参数及光谱特征如表 4-3 所示。

表 4-3 HRV 观测参数及光谱特征

<table>
<tr><th>波段号</th><th>波长范围/μm</th><th>空间分辨率/m</th><th>辐射分辨率/bit</th><th>视场宽度/km</th><th>光谱特征</th></tr>
<tr><td>XS1</td><td>0.50～0.59</td><td rowspan="3">20</td><td rowspan="3">8</td><td rowspan="4">60</td><td>绿色波段，波段中心位于 0.55μm，是叶绿素反射曲线的最大值，可用于区分植被类型和评估作物长势。此外该波段还可用于水体浑浊度以及水深 10～20m 干净水体的调查</td></tr>
<tr><td>XS2</td><td>0.61～0.68</td><td>红色波段，位于叶绿素吸收带，受大气散射影响较小，为可见光最佳波段，可用于区分植被类型以及识别裸露地表、土壤、岩性地层、地貌现象等</td></tr>
<tr><td>XS3</td><td>0.79～0.89</td><td>近红外波段，植被反射率较高呈浅色调，水体吸收率较高呈深黑色，可用于植被和水体识别、植被含水量及土壤湿度探测等。此外该波段对大气层的穿透能力较强，可用于区分云和雪</td></tr>
<tr><td>PAN</td><td>0.51～0.73</td><td>10</td><td>6</td><td>全色波段，空间分辨率较高。可用于调查城市土地利用现状，区分主要干道、大型建筑物，了解城市发展状况等</td></tr>
</table>

通过在不同轨道上对同一地区进行重复观测，可以获取多时相数据，进行地表动态变化监测。SPOT 卫星在赤道处的相邻轨道间隔为 108km，垂直地面观测时，相邻轨道间的影像重叠约为 9km。

2) SPOT-4

SPOT-4 发射于 1998 年 3 月，搭载的传感器为两台高分辨率可见光红外成像仪(high resolution visible and infrared, HRVIR)和一台植被传感器(VEGETATION，VGT)。

HRVIR 在 HRV 的基础上增加了一个波长为 1.58～1.75μm，空间分辨率为 20m 的短波红外波段(short-wave infrared, SWIR)。该波段对水分、植被较为敏感，可用于土壤含水量监测、植被长势调查、地质调查等，对城市地物特征也有较强的反映。此外，HRVIR 将原分辨率为

10m 的全色波段 PAN 更改为波长 0.61～0.68μm 红色通道单色模式。

VGT 垂直方向的空间分辨率为 1.15km，扫描宽度 2250km，共有 4 个波段，如表 4-4 所示。植被传感器的主要功能之一是连续观测地球表面的天然和人工植被覆盖状况及其状态特征，可用于全球和区域尺度上对自然植被和农作物的连续监测，以及大范围的环境变化、气象、海洋等领域的研究。

3) SPOT-5

SPOT-5 发射于 2002 年 5 月，搭载了高分辨率几何成像仪(high resolution geometric imaging instrument, HRG)、高分辨率立体成像仪(high resolution stereoscopic imaging instrument, HRS)和植被传感器(VGT)三种传感器。

VGT 传感器参数与 SPOT-4 中相同，详见表 4-4。

表 4-4　VGT 观测参数及光谱特征

波段	波长范围/μm	光谱特征
蓝色波段	0.43～0.47	该波段在大气中的烟雾传播效应最强，而地表植被反射信息最弱，常用于计算大气中短时间内烟雾的分布状况
红色波段	0.61～0.68	波段中心 0.665μm 恰好位于叶绿素的吸收峰值处，为可见光最佳波段，可用于区分植被类型以及识别裸露地表、土壤、岩性地层、地貌现象等
近红外波段	0.79～0.89	该波段具有最强的植被信息，由于去除了近红外的长波部分，故不受大气中水蒸气对植被探测的影响
短波红外波段	1.58～1.75	波段中心 1.65μm 可以很好地反映树冠中的水分含量及其细胞结构特征

SPOT-5 上搭载了两台性能相同的 HRG，可以分别独立工作，也可以并行接收数据。HRS 配有前视和后视两套光学望远镜系统，前向后向视角均为 20°，立体像对的最大覆盖范围是 120km×600km。相比 HRV 传感器，HRS 在提高接收立体像对成功率的同时，还保证了像对间的相关性和相似性，从而实现大范围、大规模 DEM 的获取。HRS 的地面采样间隔为 5m(沿飞行方向)×10m(垂直于飞行方向)，生成 DEM 的高程精度为 5～10m，绝对精度为 10～15m。HRG 和 HRS 传感器的特征参数如表 4-5 所示。

表 4-5　HRG/HRS 特征参数

传感器名称	波段	波长范围/μm	空间分辨率/m	视场宽度/km
HRG	绿色波段	0.50～0.59	10	60
	红色波段	0.61～0.68	10	
	近红外波段	0.79～0.89	10	
	短波红外波段	1.58～1.75	20	
	全色波段	0.48～0.71	5	
HRS	全色波段	0.49～0.69	10	120

4) SPOT-6 和 SPOT-7

SPOT-6 发射于 2012 年 9 月 9 日，同年 9 月 22 日顺利进入高度 695km 的卫星轨道，2013 年正式开始商业运行；SPOT-7 于 2014 年 6 月 30 日成功发射。两颗卫星为双子卫星，处于同一轨道高度，彼此相隔 180°。两颗卫星的视场宽度为 60km，具有 4 个分辨率为 6m 的多光谱波段(蓝色波段 0.455～0.525μm；绿色波段 0.530～0.590μm；红色波段 0.625～0.695μm；近红外波段 0.760～0.890μm)和 1 个分辨率为 1.5m 的全色波段(0.455～0.745μm)。SPOT-7 上载有两台称为“新型 Astrosat 平台光学模块化设备”(NAOMI)的空间相机，具备多种成像模式，包括长条带、大区域、多点目标、双图立体和三图立体等。与 Landsat 系列相比，SPOT-6、SPOT-7 具有更高的影像分辨率，加之 SPOT 卫星可以拍摄立体像对，因而在绘制基本地形图和专题图方面将会有更广泛的应用。

3. 其他常见卫星平台

1) 高分辨率卫星系列

空间分辨率的提高是遥感技术发展的未来趋势之一，高清晰度的卫星影像为大尺度范围的精确信息观测提供了理想的途径，可以部分替代航空遥感来进行城市、港口、土地、森林、环境、灾害等调查。下面主要介绍几种具有代表性的分辨率在 1m 以内的高分辨率遥感卫星。

美国是世界上发射高分辨率卫星最多的国家，目前已发射的高分辨率陆地卫星主要有 IKONOS、GeoEye、QuickBird、WorldView 系列等，卫星及传感器的主要参数如表 4-6 所示。

表 4-6　美国主要高分辨率卫星

卫星名称		IKONOS	GeoEye-1	QuickBird-2	WorldView-1	WorldView-2	WorldView-3	WorldView-4
发射年份		1999	2008	2001	2007	2009	2014	2016
轨道高度/km		681	684	450	496	770	617	617
重访周期/d		1～3	2～3	1～6	1.7～5.9	1.1～3.7	1～4.5	1～4.5
全色分辨率/m (星下点)		0.82	0.41	0.61	0.45	0.46	0.31	0.31
多光谱分辨率/m (星下点)		3.2	1.65	2.44	—	1.8	1.24	1.24
辐射分辨率/bit		11	11	11	11	11	11	11
观测宽度/km		11.3	15.2	16.5	17.6	16.4	13.2	13.1
波长/nm	全色	450～900	450～800	450～900	400～900	450～800	450～800	450～800
	多光谱	445～516	450～510	450～520	—	400～450	400～450	450～510
		506～595	510～580	520～600	—	450～510	450～510	510～580
		632～698	655～690	630～690	—	510～580	510～580	665～690
		757～853	780～920	760～900	—	585～625	585～625	780～920
		—	—	—	—	630～690	630～690	—
		—	—	—	—	705～745	705～745	—
		—	—	—	—	770～895	770～895	—
		—	—	—	—	860～1040	860～1040	—

注：在 WorldView-3 中，除表中列出的全色波段及多光谱波段外，还有 8 个 SWIR 波段(1195～2365nm)和 12 个 CAVIS 波段(405～2245nm)。

其他常见的高空间分辨率卫星还有法国的 Pleiades 系列、俄罗斯的 Resurs 系列、印度的 Cartosat 系列、以色列的 EROS，以及韩国的 KOMPSAT 等。此外，还有一些具有代表性的高分辨率雷达卫星，如意大利的 COSMO-SkyMed 系列、日本的 IGS-Radar 系列，以及德国的 TerraSAR-X 等，分辨率均优于 1m。

2) 中分辨率卫星系列

中分辨率卫星主要应用于陆地资源调查、变化监测、灾害监测等，一般多采用近极地、近圆形、太阳同步、可重复轨道。Landsat、SPOT 均属于此类。此外，常见中分辨率卫星还有德国的 RapidEye、印度的 IRS 系列、欧洲空间局的 ERS 等，雷达卫星包括日本的 JERS 和 ALOS、Radarsat 等。

(1) RapidEye。RapidEye 是由 5 颗卫星组成的卫星星座，发射于 2008 年 8 月 29 日。卫星的轨道高度为 630km，重访周期为 1d。RapidEye 采用多光谱推扫式成像仪。扫描宽度为 77km，地面采样间隔 6.5m，空间分辨率为 5m，辐射分辨率为 12bit。RapidEye 具有 5 个多光谱波段：蓝色波段 440～510nm，绿色波段 520～590nm，红色波段 630～685nm，红边波段 690～730nm 以及近红外波段 760～850nm。RapidEye 影像获取能力强，日覆盖范围达 400 万 km^2 以上，具有覆盖范围大、重访率高、可以提供较高分辨率的多光谱数据等优点。

(2) IRS。印度遥感卫星 (Indian remote sensing satellite, IRS) 一共包括 IRS-1、IRS-P、IRS-2 和 IRS-3 这 4 个系列。其中，IRS-2 是海洋和气象卫星系列，IRS-3 是合成孔径雷达卫星系列。

IRS-1 系列包括 4 颗卫星：IRS-1A、IRS-1B、IRS-1C 和 IRS-1D。4 颗卫星分别发射于 1988 年、1991 年、1995 年和 1997 年。IRS-1A 与 IRS-1B 的卫星轨道参数与星载遥感器完全相同，其卫星轨道高度为 904km，轨道倾角 99.5°。星上携带两台相机：LISS-Ⅰ和 LISS-Ⅱ。其中，LISS-Ⅰ是一台线性自扫描 CCD 成像仪；LISS-Ⅱ则由两台完全相同又相互独立的遥感器 LISS-A 和 LISS-B 组成。IRS-1C 和 IRS-1D 的卫星轨道高度为 817km，轨道倾角 99.69°。IRS-1C 和 IRS-1D 用 LISS-Ⅲ取代了 LISS-Ⅱ以提高多光谱相机的分辨率，同时还装载了宽视场遥感器 WiFS 和全景相机 PAN。传感器参数如表 4-7 所示。

表 4-7　IRS-1 系列卫星星载传感器参数

传感器		LISS-Ⅰ	LISS-Ⅱ	LISS-Ⅲ	WiFS	PAN
空间分辨率/m		72.5	36.25	23.5/70.5	188	5.8
辐射分辨率/bit		7	7	7	7	6
扫描宽度/km		148	74×2	141/148	810	70
重访周期/d		22	22	24	5	5
波段/μm	1	0.45～0.52		—	—	—
	2	0.52～0.59		0.52～0.59	—	—
	3	0.62～0.68		0.62～0.68	0.62～0.68	—
	4	0.77～0.86		0.77～0.86	0.77～0.86	—
	5	—		1.55～1.70	—	—
	PAN	—		—	—	0.50～0.75

IRS-P 系列主要包括 IRS-P1～IRS-P7。

IRS-P1 发射于 1990 年，由于火箭故障坠海。

IRS-P2 发射于 1994 年，星上仅携带一台 LISS-Ⅱ相机，除 CCD 器件的排列略有改进外，其他参数与 IRS-1A/IRS-1B 上的 LISS-Ⅱ相同。

IRS-P3 发射于 1996 年，星上搭载有两种传感器：模块式光电扫描仪 MOS 和宽视场遥感器 WiFS，MOS 由 MOS-A、MOS-B 和 MOS-C 3 个模块组成，主要参数如表 4-8 所示。

表 4-8　光电扫描仪主要参数

参数名称	MOS-A	MOS-B	MOS-C
波谱范围/μm	0.755～0.768	0.408～1.010	1.50～1.70
波段数	4	13	1
空间分辨率/m	1569×1359	523×523	523×644
辐射分辨率/bit	16	16	16
扫描宽度/km	195	200	192

IRS-P4 又名海洋卫星，于 1999 年 5 月发射，卫星搭载了一台 8 波谱海色检测仪，扫描宽度 1420km，可以采集的波谱范围是 402～885nm，空间分辨率为 236～360m，辐射分辨率为 12bit。该卫星主要用于测量海洋物理数据和生物参数。

IPS-P5 又名 Cartosat-1，于 2005 年 5 月发射，轨道高度 618km。P5 搭载两个 2.5m 空间分辨率的可见光全色波段摄像仪，它们可以构成同轨立体像对，可用于地形图制图和提取数字高程模型(DEM)。IRS-P5 的全色波段范围为 0.50～0.85μm，地面采样间距 2.5m，重访周期为 5d。

IPS-P6 发射于 2003 年 10 月，也称 Resourcesat-1，轨道高度 817km，携带三个传感器，LISS-3、LISS-4 和 AwiFS，专门用于地球资源和农业应用的探测。传感器的主要参数如表 4-9 所示。

表 4-9　IPS-P6 卫星星载传感器参数

传感器		LISS-3	LISS-4	AwiFS
空间分辨率/m		23.5	5.8	56-70
扫描宽度/km		140	70/23	740
重访周期/d		24	5-24	5
波段/μm	2	0.52～0.59	0.52～0.59	0.52～0.59
	3	0.62～0.68	0.62～0.68	0.62～0.68
	4	0.77～0.86	0.77～0.86	0.77～0.86
	5	1.55～1.70	—	1.55～1.70

IRS-P7 于 2007 年 2 月发射，主要用于洋流和海底地形测绘，可用来获取风力、海面气温、波浪等相关数据。

(3) ERS。欧洲遥感卫星(European remote sensing satellite, ERS)系列属于海洋动力环境卫星。第 1 颗 ERS-1 卫星于 1991 年 7 月发射并运行到 2000 年 8 月，第 2 颗 ERS-2 卫星于 1995 年 4 月发射，到 2002 年 3 月失效，其后继卫星 Envisat-1 于 2002 年 3 月 28 日发射。

ERS-1 的核心传感器包括：主动式微波仪(active microwave instrumention, AMI)、雷达高度计(radar altimeter, RA)、沿轨迹扫描辐射计(along-track scanning radiometer, ATSR)、激光测距仪器(laser retro-reflector, LRR)和精确测距测速设备(precise range and range-rate equipment,

PRARE)。ERS-2 与 ERS-1 基本一致，在原有基础上增加了 ATSR 的可视通道和全球臭氧监测仪(global ozone monitoring experiment, GOME)，轨道高度增加到 824km，可获取臭氧层的相关数据。

(4) JERS。日本的地球资源卫星(Japan's earth resource satellite, JERS-1)于 1992 年 2 月发射，轨道高度 568km。星上搭载了合成孔径雷达(synthetic aperture radar, SAR)和光学传感器(optical sensor, OPS)，合成孔径雷达卫星的空间分辨率为 18m，扫描宽度为 75km，可以收集微波波段的信息；光学遥感器的分辨率为 18m×24m，扫描宽度为 75km，可以收集 7 个波段的光谱信息，如表 4-10 所示。

表 4-10 OPS 波段应用

波段名称	波段号	波长范围/μm	用途
VNIR	1	0.52～0.60	植被调查、土地使用、水检测
	2	0.63～0.69	植被普查
	3	0.76～0.86	生物数量调查
SWIR	5	1.60～1.71	植被湿度监测
	6	2.01～2.12	温湿绘图(土壤、地质)
	7	2.13～2.25	温湿绘图(土壤、地质)
	8	2.27～2.40	温湿绘图(土壤、地质)

(5) ALOS。日本地球观测卫星计划主要包括两个系列：大气和海洋观测系列以及陆地观测系列。先进对地观测卫星(advanced land observation satellite, ALOS)是 JERS-1 与 ADEOS 的后继星，采用了先进的陆地观测技术，能够获取全球高分辨率陆地观测数据，主要应用目标为测绘、区域环境观测、灾害监测、资源调查等领域。ALOS 卫星的轨道高度为 692km，重访周期为 46d，星上载有三个传感器：全色遥感立体测绘仪(panchromatic remote-sensing instrument for stereo mapping, PRISM)、先进可见光与近红外辐射计-2(advanced visible and near infrared radiometer type 2, AVNIR- 2)以及相控阵型 L 波段合成孔径雷达(phased array type L-band synthetic aperture radar, PALSAR)。

PRISM 传感器的星下点空间分辨率为 2.5m，具有三个独立的观测相机，分别用于星下点、前视和后视观测，沿轨道方向获取立体影像。其全色波段范围为 520～770μm，数据可用于建立高精度 DEM。

AVNIR-2 传感器比 ADEOS 卫星所携带的 AVNIR 传感器具有更高的空间分辨率，空间分辨率为 10m，一共包含 4 个波段：蓝色波段 0.42～0.50μm、绿色波段 0.52～0.60μm、红色波段 0.61～0.69μm，以及近红外波段 0.76～0.89μm。传感器数据可用于陆地和沿海地区的观测，为区域环境监测提供土地覆盖图和土地利用分类图。

PALSAR 是主动式微波传感器，不受云层、天气和昼夜的影响，具有全天候、全天时的观测特点，比 JERS-1 卫星携带的合成孔径雷达传感器性能更优越。传感器具有高空间分辨率(10m 和 100m)、扫描式合成孔径雷达和极化三种观测模式。

ALOS-2 是 ALOS 的后续任务，于 2014 年 5 月 24 日发射，轨道高度 628km 重访周期为 14d，可以提供 L 波段 1m、3m、6m、10m 以及扫描模式的多极化高分辨率雷达数据。相比于 ALOS 的 PALSAR 传感器，ALOS-2 上搭载的 PALSAR-2 性能进一步提高，在提高了分辨率的同时通过添加 Spotlight 模式，能够使卫星将其无线电波辐射方向改变为其移动方向(垂直方向)，从而长时间观察一个特定的目标位置；同时 PALASAR-2 采用双接收天线系统，确保高分辨率的观测带宽：地图模式下的观察带宽为 50km，对应的空间分辨率为 3m；聚光灯模式下的带宽为 25km，对应的空间分辨率为 1～3m。

(6) Radarsat。加拿大的 Radarsat-1 卫星于 1995 年 11 月 4 日发射，属于太阳同步轨道，卫星轨道高度 796km，轨道倾角 98.6°，重访周期为 24d。Radarsat 的雷达能够穿过云层覆盖并且能够在夜里工作，具有 7 种模式、25 种波束和不同的入射角，因而具有多种分辨率、不同宽幅和多种信息特征，适用于全球环境、土地利用和自然资源的监测等。

Radarsat-1 的传感器具有 50km、75km、100km、150km、300km 和 500km 多种扫描宽度和 10～100m 的不同分辨率，带宽分别为 11.6MHz、17.3MHz 和 30MHz，24 天可覆盖全球一次。

Radarsat-2 于 2007 年 12 月 14 日发射，除了正常偏移外，Radarsat-2 与 Radarsat-1 以相同轨道飞行，赤道最大幅宽覆盖频率为 2～3d，空间分辨率为 1m，具有多种极化方式，增强了立体数据的获取能力。

3) 低分辨率卫星系列

低分辨率系列卫星主要包括高光谱卫星、环境卫星、气象卫星和海洋卫星等。这里着重介绍最常用的 TERRA、AQUA 和 AURA，三颗卫星的主要技术指标如表 4-11 所示。

表 4-11　卫星技术指标

卫星名称	TERRA	AQUA	AURA
发射时间	1999 年 12 月 18 日	2002 年 5 月 4 日	2004 年 7 月 15 日
运载火箭	ATLAS IIAS	DELTA CLASS	DELTA CLASS
轨道高度/km	705	705	705
轨道周期/min	98.8	98.8	98.8
过赤道时间	10:30	13:30	13:30
地面重复周期/d	16	16	16
卫星重量/kg	5190	2934	3000
星载传感器数量	5	6	4
星载传感器名称	MODIS、MISR、CERES、MOPITT、ASTER	AIRS、AMSU-A、CERES、MODIS、HSB、AMSR-E	HIRDLS、MLS、CMI、TES
遥测波段	S 波段	S 波段	S 波段

(1) TERRA。TERRA 是美国国家航空航天局(NASA)地球行星使命计划中的第一颗卫星，标志着人类对地观测新里程的开始。它沿地球近极地轨道运行，轨道高度 705km。TERRA 共载有 5 个对地观测传感器，分别是对流层污染测量仪(measurements of pollution in the troposphere, MOPITT)、云与地球辐射能量系统测量仪(clouds and the earth's radiant energy system, CERES)、中分辨率成像光谱仪(moderate-resolution imaging spectroradiometer, MODIS)、多角度成像光谱仪(multi-angle imaging spectro radiometer, MISR)和先进星载热辐射与反射测量仪(advanced spaceborn thermal emission and reflection radiometer, ASTER)。其中，

MODIS 的传感器参数如表 4-12 所示，ASTER 的技术指标如表 4-13 所示。

表 4-12　MODIS 传感器参数

波段号	波谱范围	空间分辨率/m	波谱辐射率	信噪比(SNR)	等效噪声温度/NEΔT(K)	主要用途
1	620～670nm	250	21.8	128	—	陆地、云边界
2	841～876nm		24.7	201		
3	459～479nm	500	35.3	243		陆地、云特性
4	545～565nm		29.0	228		
5	1230～1250nm		5.4	74		
6	1628～1652nm		7.3	275		
7	2105～2155nm		1.0	110		
8	405～420nm	1000	44.9	880		海洋水色、浮游植物、生物地理、化学
9	438～448nm		41.9	838		
10	483～493nm		32.1	802		
11	526～536nm		27.9	754		
12	546～556nm		21.0	750		
13	662～672nm		9.5	910		
14	673～683nm		8.7	1087		
15	743～753nm		10.2	586		
16	862～877nm		6.2	516		
17	890～920nm		10.0	167		大气水汽
18	931～941nm		3.6	57		
19	915～965nm		15.0	250		
20	3.660～3.840μm		0.45(300K)	—	0.05	地球表面和云顶温度
21	3.929～3.989μm		2.38(335K)		2.00	
22	3.929～3.989μm		0.67(300K)		0.07	
23	4.020～4.080μm		0.79(300K)		0.07	
24	4.433～4.498μm		0.17(250K)		0.25	大气温度
25	4.482～4.549μm		0.59(275K)		0.25	
26	1.360～1.390μm		6.00	150	/	卷云、水汽
27	6.535～6.895μm		1.16(240K)	—	0.25	
28	7.175～7.475μm		2.18(250K)		0.25	
29	8.400～8.700μm		9.58(300K)		0.05	云特性
30	9.580～9.880μm		3.69(250K)		0.25	臭氧
31	10.780～11.280μm		9.55(300K)		0.05	地球表面和云顶温度
32	11.770～12.270μm		8.94(300K)		0.05	
33	13.185～13.485μm		4.52(260K)		0.25	云顶高度
34	13.485～13.785μm		3.76(250K)		0.25	
35	13.785～14.085μm		3.11(240K)		0.25	
36	14.085～14.385μm		2.08(220K)		0.35	

表 4-13 ASTER 技术指标

波段特征	波段序号	波长/μm	辐射灵敏度	空间分辨率/m	辐射分辨率/bit
VNIR	1	0.52～0.60	NEΔr ≤ 0.5%	15	8
	2	0.63～0.69			
	3	0.78～0.86			
SWIR	4	1.600～1.700	NEΔr ≤ 0.5%	30	8
	5	2.145～2.185	NEΔr ≤ 1.3%		
	6	2.185～2.225	NEΔr ≤ 1.3%		
	7	2.235～2.285	NEΔr ≤ 1.3%		
	8	2.295～2.365	NEΔr ≤ 1.0%		
	9	2.360～2.430	NEΔr ≤ 1.3%		
TIR	10	8.125～8.475	NEΔT ≤ 0.3K	90	12
	11	8.475～8.825			
	12	8.925～9.275			
	13	10.25～10.95			
	14	10.95～11.65			

(2) AQUA 卫星。AQUA 卫星保留了 TERRA 卫星上已有的 CERES 和 MODIS 传感器，并在数据采集时间上与 TERRA 形成补充。AQUA 也是太阳同步极轨卫星，每日地方时下午过境，又称地球观测第一颗下午星(EOS-PM1)。

AQUA 卫星共载有 6 个传感器：CERES、MODIS、大气红外探测器(atmospheric infrared sounder, AIRS)、先进微波探测器(advanced microwave sounding unit-A, AMSU-A)、巴西湿度探测器(humidity sounder for Brazil, HSB)、地球观测系统先进微波扫描辐射计(advanced microwave scanning radiometer-EOS, AMSR-E)。

(3) AURA 卫星。AURA 卫星主要用于研究大气成分，测定污染物的移动和平流层臭氧的恢复情况以及对气候变化的影响，其重要功能之一是了解局地的空气污染将如何影响全球大气，同时探明全球大气的化学成分及气候变化对局地空气质量的影响。

AURA 卫星载有 4 个传感器：高分辨动力发声器(high resolution dynamics limb sounder, HIRDLS)、微波分叉发声器(microwave limb sounder, MLS)、臭氧层观测仪(ozone monitoring instrument, OMI)、对流层放射光谱仪(tropospheric emission spectrometer, TES)。这些传感器能够提供全球臭氧层、空气质量和关键气候参数的观测数据，这些数据可以帮助人们认识平流层和对流层对臭氧的贡献以及影响臭氧分布的输送、物理和化学过程。

其他常见低分辨率卫星平台还有美国的气象卫星 NOAA 系列、欧洲气象卫星 Meteosat 系列、联合国世界气象组织的静止气象卫星 GMS 系列等。

4.4.2 国内主要卫星及其传感器

1. 资源系列

1) 资源一号(ZY-1)

中巴地球资源卫星(China-Brazil earth resource satellite, CBERS)是 1988 年中国和巴西政府联合议定书批准、由两国共同投资研制的卫星，第一颗卫星 CBERS-01 于 1999 年 10 月 14 日成功发射，又称资源一号 01 星；其后相继发射了 CBERS-02、CBERS-02B、CBERS-03、

CBERS-04。CBERS 系列卫星的传感器参数如表 4-14 所示。

表 4-14 CBERS 系列卫星星载传感器参数

<table>
<tr><th>卫星名称</th><th>传感器名称</th><th>波段号</th><th>波长范围/μm</th><th>空间分辨率/m</th><th>幅宽/km</th><th>重访周期/d</th></tr>
<tr><td rowspan="11">CBERS-01/
CBERS-02</td><td rowspan="5">CCD 相机</td><td>B01</td><td>0.45～0.52</td><td rowspan="5">20</td><td rowspan="5">113</td><td rowspan="9">26</td></tr>
<tr><td>B02</td><td>0.52～0.59</td></tr>
<tr><td>B03</td><td>0.63～0.69</td></tr>
<tr><td>B04</td><td>0.77～0.89</td></tr>
<tr><td>B05</td><td>0.51～0.73</td></tr>
<tr><td rowspan="4">红外多光谱扫描仪
(IRMSS)</td><td>B06</td><td>0.50～0.90</td><td rowspan="3">78</td><td rowspan="4">119.5</td></tr>
<tr><td>B07</td><td>1.55～1.75</td></tr>
<tr><td>B08</td><td>2.08～2.35</td></tr>
<tr><td>B09</td><td>10.4～12.5</td><td>156</td></tr>
<tr><td rowspan="2">宽视场成像仪(WFI)</td><td>B10</td><td>0.63～0.69</td><td rowspan="2">258</td><td rowspan="2">890</td><td rowspan="2">5</td></tr>
<tr><td>B11</td><td>0.77～0.89</td></tr>
<tr><td rowspan="8">CBERS-02B</td><td rowspan="5">CCD 相机</td><td>B01</td><td>0.45～0.52</td><td rowspan="5">20</td><td rowspan="5">113</td><td rowspan="5">26</td></tr>
<tr><td>B02</td><td>0.52～0.59</td></tr>
<tr><td>B03</td><td>0.63～0.69</td></tr>
<tr><td>B04</td><td>0.77～0.89</td></tr>
<tr><td>B05</td><td>0.51～0.73</td></tr>
<tr><td>高分辨率相机(HR)</td><td>B06</td><td>0.5～0.8</td><td>2.36</td><td>27</td><td>104</td></tr>
<tr><td rowspan="2">宽视场成像仪(WFI)</td><td>B07</td><td>0.63～0.69</td><td rowspan="2">258</td><td rowspan="2">890</td><td rowspan="2">5</td></tr>
<tr><td>B08</td><td>0.77～0.89</td></tr>
<tr><td rowspan="16">CBERS-03/
CBERS-04</td><td rowspan="4">全色/多光谱相机
(PAN/MUX)</td><td>B01</td><td>0.51～0.85</td><td>5</td><td rowspan="4">60</td><td rowspan="4">52</td></tr>
<tr><td>B02</td><td>0.52～0.59</td><td rowspan="3">10</td></tr>
<tr><td>B03</td><td>0.63～0.69</td></tr>
<tr><td>B04</td><td>0.77～0.89</td></tr>
<tr><td rowspan="4">多光谱相机(MUX)</td><td>B05</td><td>0.45～0.52</td><td rowspan="4">20</td><td rowspan="4">120</td><td rowspan="4">26</td></tr>
<tr><td>B06</td><td>0.52～0.59</td></tr>
<tr><td>B07</td><td>0.63～0.69</td></tr>
<tr><td>B08</td><td>0.77～0.89</td></tr>
<tr><td rowspan="4">红外多光谱相机
(IRS)</td><td>B09</td><td>0.50～0.90</td><td rowspan="3">40</td><td rowspan="4">120</td><td rowspan="4">26</td></tr>
<tr><td>B10</td><td>1.55～1.75</td></tr>
<tr><td>B11</td><td>2.08～2.35</td></tr>
<tr><td>B12</td><td>10.4～12.5</td><td>80</td></tr>
<tr><td rowspan="4">宽视场成像仪(WFI)</td><td>B13</td><td>0.45～0.52</td><td rowspan="4">73</td><td rowspan="4">866</td><td rowspan="4">5</td></tr>
<tr><td>B14</td><td>0.52～0.59</td></tr>
<tr><td>B15</td><td>0.63～0.69</td></tr>
<tr><td>B16</td><td>0.77～0.89</td></tr>
</table>

资源一号 02C 卫星(ZY1-02C)于 2011 年 12 月 22 日成功发射，为太阳同步轨道，轨道高

度为 780km，重访周期为 55d。ZY1-02C 卫星搭载有全色多光谱相机和全色高分辨率相机，主要任务是获取全色和多光谱图像数据，可广泛应用于自然资源调查与监测、防灾减灾、农林水利、生态环境、国家重大工程等领域。ZY1-02C 卫星具有两个显著特点：一是配置的 10m 分辨率全色/多光谱(P/MS)相机是当时我国民用遥感卫星中分辨率最高的多光谱相机；二是配置的两台 2.36m 分辨率的高分辨率(HR)相机使数据的幅宽达到 54km，从而使数据覆盖能力大幅增加，重访周期大大缩短。ZY1-02C 卫星传感器参数如表 4-15 所示。

表 4-15　ZY1-02C 卫星星载传感器参数

传感器名称	P/MS 相机		HR 相机	
光谱范围/μm	全色	0.51～0.85	全色	0.50～0.80
	多光谱	0.52～0.59	多光谱	—
		0.63～0.69		—
		0.77～0.89		—
空间分辨率/m	全色	5	全色	2.36
	多光谱	10	多光谱	—
幅宽/km	60		54(2 台相机组合)	
侧摆能力/(°)	±32		±25	
重访周期/d	3		3	

资源一号 02D 卫星于 2019 年 9 月 12 日成功发射，属于空基规划的中等分辨率遥感业务卫星。卫星工作在太阳同步轨道上，回归周期为 55d。星上搭载可见光/近红外相机和高光谱相机，传感器技术参数如表 4-16 所示。资源一号 02D 卫星是资源一号 02C 卫星的接续星，它是一颗 5m 分辨率光学卫星，定位于中等分辨率、大幅宽观测和定量化遥感任务，可提供丰富的地物光谱信息。卫星上的有效载荷重点针对短波红外谱段进行了谱段细分，光谱遥感特性突出，可实现地物的精细化光谱信息调查，满足新时期自然资源监测与调查需求。资源一号 02D 卫星的成功发射运行将进一步拓展我国自然资源调查监测技术手段，大幅度提高山水林田湖草等自然资源定量化调查监测能力，支撑及时掌握自然资源数量、质量、生态状况及变化趋势。卫星光谱分辨率更高，在生态环境监测、土壤质量评估、地质矿物填图、地表水和冰川监测等方面发挥重要作用，是推动自然资源事业高质量发展的重要科技支撑，并可广泛应用于应急管理、生态环境、住房和城乡建设、交通运输、农业农村、林业草原等相关领域。

2) 资源二号(ZY-2)

资源二号卫星是由中国航天科技集团公司所属的中国空间技术研究院研制的传输型遥感卫星，主要用于国土资源勘查、环境监测与保护、城市规划、农作物估产、防灾减灾和空间科学试验等领域。资源二号 01、资源二号 02 和资源二号 03 分别发射于 2000 年、2002 年和 2004 年，卫星的空间分辨率可达 3m。

3) 资源三号(ZY-3)

资源三号(ZY-3)卫星是中国第一颗自主的民用高分辨率立体测绘卫星，目前已发射 3 颗。

表 4-16　ZY1-02D 卫星星载传感器参数

可见光/近红外相机	光谱范围	B01	0.452～0.902μm
		B02	0.452～0.521μm
		B03	0.522～0.607μm
		B04	0.635～0.694μm
		B05	0.776～0.895μm
		B06	0.416～0.452μm
		B07	0.591～0.633μm
		B08	0.708～0.752μm
		B09	0.871～1.047μm
	空间分辨率	B01	2.5m
		B02～B09	10m
	幅宽	115km	
高光谱相机	光谱范围	0.40～2.50μm，共 166 个波段	
	空间分辨率	30m	
	光谱分辨率	可见光近红外(visible near-infrared)	10nm，共 76 个波段
		短波红外(shortwave infrared)	20nm，共 90 个波段
	幅宽	60km	
侧摆能力		±26°	
重访周期		3d	

资源三号 01 卫星(ZY3-01)是我国首颗民用高分辨率光学传输型立体测图卫星，于 2012 年 1 月 9 日成功发射。卫星采用三线阵测绘方式，由具有一定交会角的前视、正视和后视相机通过对同一地面点不同视角的观测，形成立体影像，同时配以精确的内外方位元素参数，准确获取影像的三维地面坐标，用以生产 1∶5 万测绘产品，以及开展 1∶2.5 万及更大比例尺地形图的修测与更新。卫星通过多光谱数据的获取，并配以正视高分辨率数据，可用于地物要素判读、自然资源调查和监测以及其他相关应用。

资源三号 02 卫星(ZY3-02)是 ZY3-01 的后续业务星，于 2016 年 5 月 30 日成功发射，ZY3-02 卫星是一颗高分辨率立体测图业务卫星，在 ZY3-01 的基础之上进行优化，搭载三线阵测绘相机和多光谱相机等有效载荷，前后视相机分辨率由 3.5m 提高到优于 2.5m，并搭载了一套试验性激光测高载荷，该星较 01 星拥有更优异影像融合能力、更高图像高程测量精度。ZY3-02 星投入使用后，与 ZY3-01 组网运行，可使同一地点的重访周期由 5d 缩短至 3d 之内，大幅提高了我国 1∶5 万立体测图信息源的获取能力。

资源三号 03 卫星(ZY3-03)是资源三号系列卫星的第三颗，于 2020 年 7 月 25 日成功发射，具备多角度立体观测和激光高程控制点测量能力。激光测高仪单点测高精度优于 1m，点间隔约 3.6km。设计寿命由资源三号 02 星的 5 年延长至 8 年，与目前在轨的资源三号 01 星、02 星共同组成我国立体测绘卫星星座，重访周期从 3d 缩短到 1d，保证了我国高分辨率立体测绘数据的长期稳定获取，形成全球领先的业务化立体观测能力，显著提升我国自然资源立体调查能力，为国民经济建设和社会发展提供基础性数据保障。

资源三号卫星的传感器参数如表 4-17 所示。

表 4-17 资源三号卫星星载传感器参数

传感器名称	波段号	光谱范围/μm	空间分辨率/m	幅宽/km	侧摆能力/(°)	重访周期/d
前视相机	—	0.50～0.80	3.5	52	±32	5
后视相机	—	0.50～0.80	3.5	52	±32	5
正视相机	—	0.50～0.80	2.1	50	±32	5
多光谱相机	1	0.45～0.52	5.8	52	±32	5
	2	0.52～0.59				
	3	0.63～0.69				
	4	0.77～0.89				

2. 高分系列

1) 高分一号(GF-1)

高分一号(GF-1)卫星于 2013 年 4 月 26 日成功发射，卫星搭载了两台 2m 分辨率全色/8m 分辨率多光谱相机，四台 16m 分辨率多光谱相机。

GF-1 卫星突破了高空间分辨率、多光谱与高时间分辨率结合的光学遥感技术，多载荷图像拼接融合技术，高精度高稳定度姿态控制技术，单星上同时实现高分辨率与大幅宽的结合，2m 高分辨率实现大于 60km 成像幅宽，16m 分辨率实现大于 800km 成像幅宽，适应多种空间分辨率、多种光谱分辨率、多源遥感数据综合需求，满足不同应用要求；实现无地面控制点 50m 图像定位精度，满足用户精细化应用需求；在小卫星上实现 2×450Mbp 数据传输能力，满足大数据量应用需求；具备高的姿态指向精度和稳定度，姿态稳定度优于 5e-4°/s，并具有 35°侧摆成像能力，满足在轨遥感的灵活应用；在国内民用小卫星上首次具备中继测控能力，可实现境外时段的测控与管理。

2) 高分二号(GF-2)

高分二号(GF-2)卫星于 2014 年 8 月 19 日成功发射，是我国自主研制的首颗空间分辨率优于 1m 的民用光学遥感卫星。卫星搭载有两台高分辨率 1m 全色、4m 多光谱相机实现拼幅成像。

GF-2 卫星作为我国首颗分辨率达到亚米级的宽幅民用遥感卫星，其在设计上具有诸多创新特点，突破了亚米级、大幅宽成像技术；宽覆盖、高重访率轨道优化设计，在卫星侧摆±23°的情况下可实现全球任意地区重访周期不大于 5d，在卫星侧摆±35°的情况下，重访周期还将进一步缩小；高稳定度快速姿态侧摆机动控制技术在轨实现了 150s 之内侧摆机动 35°并稳定；卫星无控制点定位精度达到 20～35m，还具有智能化的星上自主管理能力。GF-2 星下点空间分辨率可达 0.8m，标志着我国遥感卫星进入了亚米级“高分时代”。

3) 高分三号(GF-3)

高分三号(GF-3)卫星于 2016 年 8 月 10 日成功发射，是我国首颗分辨率达到 1m 的 C 频段多极化合成孔径雷达(SAR)卫星。

GF-3 卫星的分辨率可以达到 1m，是世界上分辨率最高的 C 频段、多极化卫星。同时 GF-3 卫星获取的微波图像性能高，不仅可以得到目标的几何信息，还可以支持用户的高定量化反演应用；GF-3 卫星具备 12 种成像模式，涵盖传统的条带成像模式和扫描成像模式，以及面向海洋应用的成像模式和全球观测成像模式；功率达万瓦级，可以获取高性能的微波图像，同时是我国首颗连续成像时间达到近小时量级的合成孔径雷达卫星；卫星成像幅宽大，与高空间分辨率优势相结合，既能实现大范围普查，也能详查特定区域，可满足不同用户对不同目标成像的需求。

GF-3 卫星在系统设计上进行了全面优化，具有高分辨率、大成像幅宽、多成像模式、长寿命运行等特点，主要技术指标达到或超过国际同类卫星水平，显著提升了我国对地遥感观测能力，是高分专项工程实现时空协调、全天候、全天时对地观测目标的重要基础。

4) 高分四号(GF-4)

高分四号(GF-4)卫星于 2015 年 12 月 29 日在西昌卫星发射中心成功发射，是我国第一颗地球同步轨道遥感卫星，搭载了一台可见光 50m/中波红外 400m 分辨率、大于 400km 幅宽的凝视相机，采用面阵凝视方式成像，具备可见光、多光谱和红外成像能力，设计寿命 8 年，通过指向控制，实现对中国及周边地区的观测。高分四号卫星可为我国减灾、林业、地震、气象等应用提供快速、可靠、稳定的光学遥感数据，为灾害风险预警预报、林火灾害监测、地震构造信息提取、气象天气监测等业务补充了全新的技术手段，开辟了我国地球同步轨道高分辨率对地观测的新领域。同时，高分四号卫星在环保、海洋、农业、水利等行业应用方面，也具有巨大潜力和广阔空间。

5) 高分五号(GF-5)

高分五号(GF-5)卫星于 2018 年 5 月 9 日成功发射，是世界上第一颗同时对陆地和大气进行综合观测的卫星。GF-5 卫星首次搭载了大气痕量气体差分吸收光谱仪、大气主要温室气体探测仪、大气多角度偏振探测仪、大气环境红外甚高分辨率探测仪、可见短波红外高光谱相机、全谱段光谱成像仪共 6 台载荷，可对大气气溶胶、二氧化硫、二氧化氮、二氧化碳、甲烷、水华、水质、核电厂温排水、陆地植被、秸秆焚烧、城市热岛等多个环境要素进行监测。

高分五号卫星所搭载的可见短波红外高光谱相机是国际上首台同时兼顾宽覆盖和宽谱段的高光谱相机，在 60km 幅宽和 30m 空间分辨率下，可以获取从可见光至短波红外(400～2500nm)光谱范围内 330 个光谱颜色通道，颜色范围比一般相机宽了近 9 倍，颜色通道数目比一般相机多了近百倍，其可见光谱段光谱分辨率为 5nm，可对内陆水体、陆表生态环境、蚀变矿物、岩矿类别进行有效探测，为环境监测、资源勘查、防灾减灾等行业提供高质量、高可靠的高光谱数据。

6) 高分六号(GF-6)

高分六号(GF-6)卫星于 2018 年 6 月 2 日成功发射，主要应用于精准农业观测、林业资源调查等行业。该星实现了 8 谱段 CMOS 探测器的国产化研制，国内首次增加了能够有效反映作物特有光谱特性的“红边”波段，大幅提高了农业、林业、草原等资源监测能力。

GF-6 卫星配置 2m 全色/8m 多光谱高分辨率相机、16m 多光谱中分辨率宽幅相机，2m 全色/8m 多光谱相机观测幅宽 90km，16m 多光谱相机观测幅宽 800km。GF-6 卫星与 GF-1 卫星组网运行后，使遥感数据获取的时间分辨率从 4 天缩短到 2 天，为农业农村发展、生态文明建设等重大需求提供了遥感数据支撑。

7) 高分七号(GF-7)

高分七号(GF-7)卫星于 2019 年 11 月 3 日成功发射，运行于太阳同步轨道，设计寿命 8 年，搭载的两线阵立体相机可有效获取 20km 幅宽、优于 0.8m 分辨率的全色立体影像和 3.2m

分辨率的多光谱影像。搭载的两波束激光测高仪以 3Hz 的观测频率进行对地观测，地面足印直径小于 30m，并以高于 1GHz 的采样频率获取全波形数据。卫星通过立体相机和激光测高仪复合测绘的模式，实现 1∶10000 比例尺立体测图，服务于自然资源调查监测、基础测绘、全球地理信息资源建设等应用需求，并为住房和城乡建设、国家调查统计等领域提供高精度的卫星遥感影像。

3. 风云系列

中国的气象卫星主要包括极轨卫星系统和静止卫星系统，是国际气象卫星网络的重要组成部分。中国已成功发射第一代极轨轨道气象卫星风云一号(FY-1)、第一代静止轨道气象卫星风云二号(FY-2)、第二代极轨轨道气象卫星风云三号(FY-3)以及第二代静止轨道气象卫星风云四号(FY-4)。中国气象卫星发射情况如表 4-18 所示。

表 4-18　风云系列气象卫星发射情况

发射时间	卫星型号	卫星类型	状态
1988 年 9 月 7 日	FY-1A	极轨试验	失效
1990 年 9 月 3 日	FY-1B	极轨试验	失效
1997 年 6 月 10 日	FY-2A	静止试验	失效
1999 年 5 月 10 日	FY-1C	极轨业务	失效
2000 年 6 月 25 日	FY-2B	静止试验	失效
2002 年 5 月 15 日	FY-1D	极轨业务	失效
2004 年 10 月 19 日	FY-2C	静止业务	失效
2006 年 12 月 8 日	FY-2D	静止业务	失效
2008 年 5 月 27 日	FY-3A	极轨试验	失效
2008 年 12 月 23 日	FY-2E	静止业务	失效
2010 年 11 月 5 日	FY-3B	极轨试验	失效
2012 年 1 月 13 日	FY-2F	静止业务	运行
2013 年 9 月 23 日	FY-3C	极轨业务	运行
2014 年 12 月 31 日	FY-2G	静止业务	运行
2016 年 12 月 11 日	FY-4A	静止试验	运行
2017 年 11 月 15 日	FY-3D	极轨业务	运行
2018 年 6 月 5 日	FY-2H	静止业务	运行

1) 风云一号(FY-1)

FY-1 是中国研制的第一代太阳同步轨道气象卫星，也是中国第一颗传输型极轨气象卫星系列，共发射了 4 颗卫星，即 FY-1A、FY-1B、FY-1C、FY-1D。其中 FY-1A 和 FY-1B 是试验型气象卫星，FY-1C 和 FY-1D 是业务型气象卫星。星上搭载的传感器包括 10 个通道可见光和红外扫描辐射计。其中 7 个为可见光通道，3 个为红外通道。传感器的地面分辨率为 1.1km，扫描带宽 2800km，各通道特征如表 4-19 所示。

FY-1 卫星每天定时向世界各地气象台实时发送 10 个通道 1.1km 分辨率数字量云图，同时记录存储全球国外地区 4 个通道 4km 分辨率数字量云图，延时回放给我国地面站，从而获取国内外大气、云、陆地、海洋资料，并用于天气预报、气候预测、自然灾害和全球环境监测等。

表 4-19　FY-1C/D 辐射仪通道特征

通道号	波长/μm	主要应用
1	0.58～0.68	白天云、冰、雪和植被
2	0.84～0.89	白天云、冰、雪、植被、水陆区界和大气状况
3	3.55～3.93	昼夜图像，高温热源、地表温度和森林火灾
4	10.3～11.3	昼夜图像，海表和地面温度
5	11.5～12.5	
6	1.58～1.64	白天图像，土壤湿度、云/雪判识、干旱监测和云相区分
7	0.43～0.48	低浓度叶绿素(大洋水体)
8	0.48～0.53	中浓度叶绿素、泥沙、海水衰减系数和海冰
9	0.53～0.58	高浓度叶绿素(近海水体)、海流和水团
10	0.90～0.985	水汽图像

2) 风云二号(FY-2)

FY-2 是中国自行研制的第一代地球静止轨道气象卫星，由两颗试验卫星(FY-2A、FY-2B)和六颗业务卫星(FY-2C、FY-2D、FY-2E、FY-2F、FY-2G、FY-2H)组成，目前仍在运行的卫星是 FY-2F、FY-2G 和 FY-2H。

风云二号 F 星是风云二号 03 批 3 颗卫星中的首发星，星载两个主要载荷：扫描辐射计和空间环境监测器。扫描辐射计包括 1 个可见光和 4 个红外通道，可以实现非汛期每小时、汛期每半小时获取覆盖地球表面约 1/3 的全圆盘图像。同时，风云二号 F 星还具备更加灵活的、高时间分辨率的特定区域扫描能力，能够针对台风、强对流等灾害性天气进行重点观测，在我国气象灾害监测预警、防灾减灾工作中发挥了重要作用。空间环境监测器实现对太阳 X 射线、高能质子、高能电子和高能重粒子流量的多能段监测，用于开展空间天气监测、预报和预警业务。

风云二号 G 星是风云二号 03 批业务卫星工程的第二颗星。在 F 星的基础上，G 星中多项技术得到改进和提升：观测精度进一步提高，寿命由 3 年提高到 4 年，汛期观测间隔大幅缩短，空间环境监测性能也大幅提升。风云二号 G 星投入业务运行，有利于保障我国静止轨道气象卫星观测业务的连续稳定，实现了“多星在轨，统筹运行，互为备份，适时加密”，进一步提升了我国气象观测能力和对台风、暴雨、大雾、沙尘暴、森林火灾等灾害的监测预警能力。

风云二号 H 星是我国第一代静止轨道气象卫星的最后一颗，也是可靠性最高、性能最稳定的一颗。H 星可提供实时云图及晴空大气辐射、云导风、沙尘等数十种遥感产品。为天气预报、灾害预警和环境监测等提供参考资料，也可丰富全球数值天气预报的数据来源，为西亚、中亚、非洲和欧洲等国家和地区提供良好的观测视角和高频次区域观测。

3) 风云三号(FY-3)

风云三号(FY-3)气象卫星是我国的第二代极轨气象卫星，它是在 FY-1 气象卫星技术基础上的发展和提高，在功能和技术上向前跨进了一大步，具有质的变化，具体要求是解决三维大气探测，大幅度提高全球资料获取能力，进一步提高云区和地表特征遥感能力，从而能够获取全球、全天候、三维、定量、多光谱的大气、地表和海表特性参数。

风云三号的研制和生产分为两个批次：01 批共两颗卫星，FY-3A、FY-3B；02 批星对部分遥感仪器作增加、更换和性能改进，已发射 FY-3C、FY-3D 两颗卫星。目前第二批次的 FY-3C 和 FY-3D 仍在运行。

风云三号 C 星上搭载了 12 台(套)遥感仪器，包括：可见光红外扫描辐射计、红外分光计、微波温度计、微波湿度计、微波成像仪、中分辨率光谱成像仪、紫外臭氧垂直探测仪、紫外臭氧总量探测仪、地球辐射探测仪、太阳辐射测量仪、空间环境监测仪器包和全球导航卫星掩星探测仪。其中，微波温度计和微波湿度计升级为Ⅱ型，进一步提高了空间探测精度。全球导航卫星掩星探测仪为新增载荷，提升了全球大气三维和垂直探测能力。

风云三号 D 设计寿命为 5 年，星上装载了 10 台(套)先进的遥感仪器，除了微波温度计、微波湿度计、微波成像仪、空间环境监测仪器包和全球导航卫星掩星探测仪等 5 台继承性仪器之外，红外高光谱大气探测仪、近红外高光谱温室气体监测仪、广角极光成像仪、电离层光度计首次上星搭载，核心仪器中分辨率光谱成像仪进行了大幅升级改进，性能显著提升。

4) 风云四号(FY-4)

风云四号气象卫星是我国第二代静止气象卫星，也是我国第一颗高轨三轴稳定的定量遥感卫星，充分考虑海洋、农业、林业、水利以及环境、空间科学等领域的需求，以实现综合利用。

风云四号卫星搭载的探测仪器主要有 10 通道二维扫描成像仪、干涉型大气垂直探测器、闪电成像仪、CCD 相机和地球辐射收支仪。相比于风云二号静止卫星，风云四号卫星除新增大气垂直探测和闪电观测功能外，装载的多通道扫描成像辐射计和空间天气仪器显著提升了性能，多通道扫描成像辐射计的成像观测通道从 5 个扩展到 14 个，全圆盘图像观测时间从 30min 缩短到 15min，最高空间分辨率从 1.25km 提高到 500m。

2017 年 9 月 25 日，风云四号 A 星正式交付用户投入使用，标志着中国静止轨道气象卫星观测系统实现了更新换代。

4. 环境系列

环境系列卫星是中国专门用于环境和灾害监测的对地观测卫星系统。系统由 2 颗光学卫星(HJ-1A 卫星和 HJ-1B 卫星)和一颗雷达卫星(HJ-1C 卫星)组成，统称为环境一号(HJ-1)。拥有光学、红外、超光谱等不同探测方法，有大范围、全天候、全天时、动态的环境和灾害监测能力。

HJ-1A 和 HJ-1B 于 2008 年 9 月 6 日发射，为准太阳同步圆轨道，轨道高度 649km。两颗卫星上均载有两台 CCD 相机，此外 HJ-1A 上载有一台高光谱成像仪(HIS)，HJ-1B 上装载有一台红外相机(IRS)，传感器参数如表 4-20 所示。

HJ-1C 卫星于 2012 年 11 月 19 日成功发射，是中国首颗 S 波段合成孔径雷达(SAR)卫星，轨道高度为 500km，属于太阳同步轨道，将与已经发射的 HJ-1A 卫星、HJ-1B 卫星形成第一阶段的卫星星座。HJ-1C 采用 S 频段网状抛物面天线，SAR 雷达具有条带和扫描两种工作模式，成像带宽度分别为 40km 和 100km。SAR 雷达单视模式空间分辨率可达 5m，提供的 SAR 图像以多视模式为主。SAR 具有对生态环境全天候、全天时成像的能力，其成像不受云层和恶劣天气影响，在夜间也能成像。可以有效缩短星座的重访周期、提高时间分辨率，也丰富了星座的观测谱段。

表 4-20　HJ-1A/B 星载传感器参数

卫星平台	传感器名称	波段号	光谱范围	空间分辨率/m	幅宽/km	侧摆能力	重访周期/d
HJ-1A	CCD 相机	1	430～520nm	30	单/双 360/700	—	4
		2	520～600nm				
		3	630～690nm				
		4	760～900nm				
	超光谱成像仪（HIS）	—	450～950nm	100	50	±30°	4
HJ-1B	CCD 相机	1	430～520nm	30	单/双 360/700	—	4
		2	520～600nm				
		3	630～690nm				
		4	760～900nm				
	红外多光谱相机（IRS）	5	0.75～1.10μm	150	720	—	4
		6	1.55～1.75μm				
		7	3.50～3.90μm				
		8	10.5～12.5μm	300			

5. 海洋系列

1）海洋一号（HY-1）

海洋一号系列卫星包括 HY-1A、HY-1B、HY-1C 和 HY-1D 。

HY-1A 卫星发射于 2002 年 5 月 15 日，是中国第 1 颗用于海洋水色探测的试验型业务卫星。卫星上装载有两台传感器，一台是 10 波段的海洋水色扫描仪，主要用于探测海洋水色要素及温度场等；另一台是 4 波段的 CCD 成像仪，主要用于海岸带动态监测，从而获得海陆交互作用区域的较高分辨率影像。两台传感器的波段参数如表 4-21 所示。

表 4-21　HY-1A 星载传感器波段参数

传感器名称	波段号	波长范围	观测对象
海洋水色扫描仪	1	402～422nm	黄色物质、水体污染
	2	433～453nm	叶绿素吸收
	3	480～500nm	叶绿素、海水光学、海冰、污染、浅海地形
	4	510～530nm	叶绿素、水深、污染、低含量泥沙
	5	555～575nm	叶绿素、低含量泥沙
	6	660～680nm	荧光峰、高含量泥沙、大气校正、污染、气溶胶
	7	730～770nm	大气校正、高含量泥沙
	8	845～885nm	大气校正、水汽总量
	9	10.30～11.40μm	水温、海冰
	10	11.40～12.50μm	水温、海冰
CCD 成像仪	1	420～500nm	污染、植被、水色、冰、水下地形
	2	520～600nm	悬浮泥沙、污染、植被、冰、滩涂
	3	610～690nm	悬浮泥沙、土壤、水汽总量
	4	760～890nm	土壤、大气校正、水汽总量

HY-1B 是 HY-1A 的后续卫星，星上载有一台 10 波段的海洋水色扫描仪和一台 4 波段的海岸带成像仪。该卫星在 HY-1A 卫星基础上研制，其观测能力和探测精度进一步增强和提高。主要用于探测叶绿素、悬浮泥沙、可溶有机物及海洋表面温度等要素和进行海岸带动态变化监测，为海洋经济发展和国防建设服务。

HY-1C 是“HY-1”系列的第 3 颗卫星，于 2018 年 9 月 7 日成功发射，星上配置了海洋水色水温扫描仪、海岸带成像仪、紫外成像仪、星上定标光谱仪、船舶自动识别系统 5 大载荷，与 HY-1A 和 HY-1B 相比，观测精度、观测范围均有大幅提升。

HY-1D 发射于 2020 年 6 月 11 日，是中国第 4 颗海洋水色系列卫星，与 HY-1C 组成了中国首个海洋民用业务卫星星座，在轨组网运行。海洋一号 D 星采用中国自主研发的 CAST2000 卫星平台，配置与海洋一号 C 星性能相同的五个有效载荷，其中海洋水色水温扫描仪用于探测全球海洋水色要素和海面温度场，空间分辨率 1.1km，幅宽大于 2900km，探测覆盖周期为 1d；海岸带成像仪用于获取近岸水体环境、海岸带、江河湖泊生态环境信息，空间分辨率 50m，幅宽大于 950km，探测覆盖周期为 3d；紫外成像仪用于近岸高浑浊水体大气校正；定标光谱仪用于监测水色水温扫描仪和紫外成像仪在轨辐射精度和稳定性；船舶自动识别系统用于获取大洋船舶位置信息。

2) 海洋二号 (HY-2)

2011 年 8 月 16 日，中国第一颗海洋动力环境卫星 HY-2A 在太原卫星发射中心成功发射。HY-2A 是继 HY-1A、HY-1B 之后，中国成功发射的第三颗海洋卫星。星上搭载有微波散射计、雷达高度计、扫描微波辐射计和校正微波辐射计 4 个微波遥感器，具有全天时、全天候、全球连续探测的能力，能够实现全球海洋高精度、多要素同步测量，可获取海面风场、海面高度、浪高、海流和海面温度等多种海洋动力环境要素，直接为灾害性海况预警和海洋科学研究提供实测数据。

HY-2B、HY-2C 分别发射于 2018 年 10 月 25 日以及 2020 年 9 月 21 日，这两颗卫星主要对海面高度、有效波高、海面风场实现高精度、高分辨率的实时观测，并具备船舶识别以及接收、存储和转发我国近海及其他海域的浮标测量数据能力，将与后续计划发射的 HY-2D 组网形成全天候、全天时、高频次全球大中尺度海洋动力环境卫星监测体系。

6. 天绘系列

天绘一号是中国第一代传输型立体测绘卫星，主要用于科学研究、国土资源普查、地图测绘等领域的科学试验任务，天绘一号 01 星、02 星、03 星分别于 2010 年 8 月 24 日、2012 年 5 月 6 日以及 2015 年 10 月 26 日发射成功并组网运行。

天绘一号卫星 (TH01) 采用 CAST 2000 卫星平台，搭载 5m 三线阵 CCD 相机、2m 高分辨率全色相机和 10m 多光谱相机 3 类 5 个相机载荷，实现了中国测绘卫星从返回式胶片型到传输型的跨越式发展，实现了影像数据经地面系统处理后，无地面控制点条件下绝对定位精度平面优于 10m、高程优于 6m。卫星轨道和传感器参数如表 4-22 所示。

2019 年 4 月 30 日，天绘二号 01 组卫星成功发射。天绘二号 01 组卫星主要用于科学试验研究、国土资源普查、地理信息测绘等领域，对中国科学研究和国民经济建设发挥了积极作用。

表 4-22　天绘一号轨道和传感器技术参数

项目	天绘一号 01 星	天绘一号 02 星	天绘一号 03 星
发射时间	2010 年 8 月 24 日	2012 年 5 月 6 日	2015 年 10 月 26 日
轨道高度	约 500km	约 500km	约 500km
轨道倾角	97.3°	97.3°	97.3°
轨道偏心率	0	0	0
相机类型	2m 分辨率全色相机 10m 分辨率多光谱相机 5m 分辨率三线阵全色立体相机	2m 分辨率全色相机 10m 分辨率多光谱相机 5m 分辨率三线阵全色立体相机	2m 分辨率全色相机 10m 分辨率多光谱相机 5m 分辨率三线阵全色立体相机
星下点空间分辨率	全色 2m 三线阵全色 5m 多光谱 10m	全色 2m 三线阵全色 5m 多光谱 10m	全色 2m 三线阵全色 5m 多光谱 10m
侧视角	0	±10°	±10°
幅宽	60km	60km	60km
光谱范围	0.43～0.52μm 0.52～0.61μm 0.61～0.69μm 0.76～0.90μm	0.43～0.52μm 0.52～0.61μm 0.61～0.69μm 0.76～0.90μm	0.43～0.52μm 0.52～0.61μm 0.61～0.69μm 0.76～0.90μm
回归周期	58d	58d	58d
摄影覆盖范围	80°S～80°N	80°S～80°N	80°S～80°N
降交点地方时	13:30	13:30	13:30
是否具备编程能力	是	是	是
拍摄能力	100 万 km^2/d	100 万 km^2/d	100 万 km^2/d

思考题

1. 传感器的性能指标有哪些？
2. 电荷耦合器件(CCD)有什么优点？
3. 时间延迟积分 CCD(TDI-CCD)的工作原理是什么？
4. 红外扫描仪的工作原理是什么？
5. 多光谱光学机械扫描仪和推扫式扫描仪各自的工作原理是什么？
6. 什么是成像光谱仪？光学机械摆扫成像光谱仪和推扫式成像光谱仪各自的工作原理是什么？
7. 什么是微波辐射计？它的工作原理是什么？
8. 真实孔径侧视雷达、合成孔径侧视雷达和相干雷达各自的特点是什么？
9. 激光雷达传感器的工作原理是什么？
10. 任意选择三种常用的国内外卫星，并简述该卫星的特点和用途。

第 5 章　遥感数字图像

5.1　遥感数字图像概述

图像泛指照片、动画等形成的视觉景象事物。从图像的获取过程来说：“图”是物体透射或者反射的光信息，“像”是光信息被人的视觉系统接收后在人的大脑中所形成的印象或者认知(冯学智等，2011)。图像可以分为模拟图像和数字图像。

模拟图像是指在二维坐标系中连续变化的图像，即图像的像点是无限稠密的。模拟图像是通过某种物理量(如光、电等)的强弱变化来记录场景亮度信息的，如纸质照片等。模拟图像的物理量的变化是连续的。用胶卷拍出的相片是模拟图像，根据胶卷洗一寸的照片与洗二寸的照片不会影响视觉效果。

数字图像是用一个数字阵列来表达客观物体的图像。数字图像的特点是把连续的模拟图像离散化成规则网格，并用计算机以数字的方式来记录图像上各网格点的亮度信息。

遥感数字图像是通过遥感手段获得的以数字形式记录的二维遥感信息，通常是地物不同波段的电磁波谱信息。简单地说遥感数字图像是通过遥感手段获得的数字图像。

遥感数字图像最基本的单位是像素(或像元)。像元是成像过程中的采样点，也是计算机图像处理的最小单元。遥感数字图像是一个离散的数字矩阵或阵列，矩阵中的每个元素代表一个像元。图 5-1 展示了单波段遥感数字图像与其放大后的部分像元。在图 5-1 中，我们可以看到遥感数字图像放大后是由像元组成的。每个像元具有空间位置特征和属性特征。像元的位置可以用遥感数字图像的行号和列号表示，属性特征常用亮度值(DN)表示。亮度值的大小代表对应地物辐射电磁波的强弱。

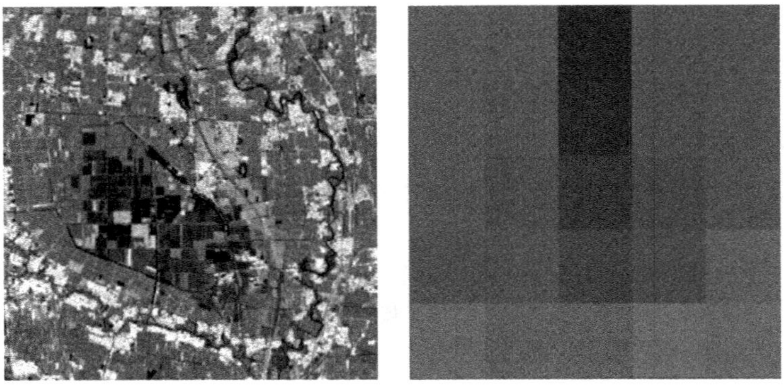

图 5-1　单波段遥感数字图像及其放大后的部分像元

5.2　遥感数字图像的存储

5.2.1　遥感数字图像的多波段存储方式

遥感数字图像是由离散的数字矩阵或阵列组成，单波段的遥感数字图像可以视为一个二维矩阵，多波段的遥感数字图像则是由 N 个二维矩阵组成的多波段图像。多波段图像涉及多个波段信息储存顺序的问题，因此多波段图像储存方式较为复杂。按波段顺序(band sequential，BSQ)存储、按波段像元交叉(band interleaved by pixel，BIP)存储、按波段的行交叉(band interleaved by line, BIL)存储是 3 种用来为多波段图像组织影像数据、将图像的实际的像素值存储在文件中的常见方法(张继超，2018)。

1. 按波段顺序(BSQ)存储

按波段顺序存储，即先保存第一个波段，保存完毕后再保存第二个波段，以此类推。并且，同一波段内的像素按行列顺序存储。一幅具有红绿蓝 3 个波段的 3 行 3 列的遥感图像，按波段顺序存储如表 5-1 所示。

表 5-1　按波段顺序存储的遥感图像

波段	行数	像元
第 1 波段(红光波段 R)	第 1 行	R1 R2 R3
	第 2 行	R4 R5 R6
	第 3 行	R7 R8 R9
第 2 波段(绿光波段 G)	第 1 行	G1 G2 G3
	第 2 行	G4 G5 G6
	第 3 行	G7 G8 G9
第 3 波段(蓝光波段 B)	第 1 行	B1 B2 B3
	第 2 行	B4 B5 B6
	第 3 行	B7 B8 B9

按波段顺序存储是最简单的存储格式，便于进行波段间的运算，同时能够直观表达图像区域的空间分布特征，存取速度是最快的，空间处理能力比较强。但是波谱处理的能力相对比较弱，对内存的占用比较大。

2. 按波段像元交叉(BIP)存储

按波段像元交叉存储是以像素为核心，把某个像素的各个波段像素数据保存在一起，即先保存第一个波段的第一个像元，再保存第二个波段的第一个像元，以此类推。一幅具有红绿蓝三个波段的 3 行 3 列的遥感图像，按波段像元交叉存储如表 5-2 所示。

表 5-2　按波段像元交叉存储的遥感图像

像元	第 1 波段(红光波段 R)	第 2 波段(绿光波段 G)	第 3 波段(蓝光波段 B)
第 1 个	R1	G1	B1
第 2 个	R2	G2	B2
第 3 个	R3	G3	B3
第 4 个	R4	G4	B4
第 5 个	R5	G5	B5
第 6 个	R6	G6	B6
第 7 个	R7	G7	B7
第 8 个	R8	G8	B8
第 9 个	R9	G9	B9

按波段像元交叉存储便于进行像元之间的运算，能够为图像的光谱访问提供最佳性能数据，光谱处理能力比较强，但打破了像素空间位置的连续性。

3. 按波段的行交叉(BIL)存储

按波段的行交叉存储，同一行不同的波段数据保证存在一个数据块中，即先保存第一个波段的第一行，再保存第二个波段的第一行，以此类推。像素的空间位置在列的方向上是连续的。一幅具有红绿蓝 3 个波段的 3 行 3 列的遥感图像，按波段的行交叉存储如表 5-3 所示。

表 5-3　按波段的行交叉存储的遥感图像

波段	行数	像元
第 1 波段(红光波段 R)	第 1 行	R1 R2 R3
第 2 波段(绿光波段 G)		G1 G2 G3
第 3 波段(蓝光波段 B)		B1 B2 B3
第 1 波段(红光波段 R)	第 2 行	R4 R5 R6
第 2 波段(绿光波段 G)		G4 G5 G6
第 3 波段(蓝光波段 B)		B4 B5 B6
第 1 波段(红光波段 R)	第 3 行	R7 R8 R9
第 2 波段(绿光波段 G)		G7 G8 G9
第 3 波段(蓝光波段 B)		B7 B8 B9

按波段的行交叉存储格式提供了 BIL 和 BSQ 两者之间的性能折中方案，综合平衡了两者，达到访问空间和光谱信息都相对流畅的效果，是大多数遥感处理任务中推荐的存储格式。

5.2.2　遥感数字图像的文件存储格式

图像文件存储格式包括开放式存储格式和封装式存储格式两大类。开放式存储格式的头文件和数据文件是分开的，其中以 ENVI 软件的标准数据存储格式最为常见；封装式存储格式的头文件和数据文件封装在一起，如遥感图像处理中常见的 TIFF、GeoTiff、HDF、HDF-EOF、ERDAS、IMG 等图像格式(朱文泉和林文鹏，2015)。

1. 开放式存储格式

ENVI 软件的标准数据格式是一种开放式存储格式，头文件和数据文件分开存储。ENVI 标准格式由一个二进制文件和一个文本文件构成。二进制文件只存储图像的像元值，这个文件可以没有后缀名，或者指定任意的后缀名。通常为了方便，会指定一个后缀名，比如 dat 和 img。文本文件存储了图像的头文件信息，如行列数、数据类型、投影坐标信息、对应二进制文件的存储方式(BSQ、BIL、BIP)等打开图像必需的信息。头文件后缀名为 hdr，也就是 header 的缩写。所以，只有以上两个文件在同一个文件夹里的时候才能打开这个图像。或者，当要用某一编程语言打开 ENVI 标准格式时，可以用读取二进制数据的函数读取，但需要指定 hdr 文件里存储的头文件信息。

2. 封装式存储格式

1) TIFF

TIFF (tagged image file format) 图像文件是图形图像处理中常用的格式之一，其图像格式复杂，但由于它对图像信息的存储形式灵活多变，可以支持很多色彩系统，而且独立于操作系统，因此得到了广泛应用(刘琼梅等，2011)。由于它的可扩展性，TIFF 在数字影像、遥感、医学等领域中得到了广泛的应用。TIFF 文件的后缀是 tif 或者 tiff。TIFF 数据格式是一种 3 级体系结构，分别是：文件头信息区、图像文件目录和图像数据区。其中所有的标签都是以升序排列，这些标签信息是用来处理文件中的图像信息的。

2) GeoTIFF

GeoTIFF 是基于 TIFF 的地理空间栅格数据存储格式，也是目前使用最广泛、最通用的空间栅格数据格式之一(刘琼梅等，2011)。在各种地理信息系统、摄影测量与遥感应用中，要求图像具有地理编码信息，如图像所在的坐标系、比例尺、图像上点的坐标、经纬度、长度单位及角度单位，等等。对于存储和读取这些信息，纯 TIFF 格式的图像文件是很难做到的。GeoTIFF 作为 TIFF 的一种扩展，在 TIFF 的基础上定义了一些 GeoTag(地理标签)，从而对各种坐标系统、椭球基准、投影信息等进行定义和存储，使图像数据和地理数据存储在同一图像文件中，这样就为广大用户制作和使用带有地理信息的图像提供了方便的途径。

3) HDF

HDF (hierarchical data format)是美国国家超级计算应用中心为了满足各领域研究需求而研制的一种能高效存储和分发科学数据的新型数据格式，是一种分层式数据管理结构，被地球观测数据和信息核心系统用作标准数据格式(景毅刚等，2005)。它是一种多目标的文件格式，目的是在分布式环境中共享科学数据。HDF 格式的优势在于可移植性强，独立于操作平台，可以存储并处理大数据量，一个文件集可以管理多种类型的数据结构，具有可扩展性。HDF 格式的数据结构可以综合管理一维、三维、矢量、属性、文本等多种信息，能够帮助人们摆脱不同数据格式之间相互转换的烦琐。HDF 格式能够存储不同种类的科学数据，包括图像、多维数组、指针及文本数据；HDF 格式还提供命令格式，分析现存 HDF 文件的结构，并即时显示图像内容。HDF 格式的诸多优点已经使其成为国外各种卫星传感器的标准数据格式，如大部分的中分辨率成像光谱仪数据产品均采用 HDF 格式。

4) HDF-EOS

1993 年美国国家航空航天局(NASA)把 HDF 格式作为存储和发布 EOS(earth observation system)数据的标准格式(黄春林和李新，2001)。在 HDF 标准基础上，开发了另一种 HDF 格式，即 HDF-EOS，专门用于处理 EOS 产品，使用标准 HDF 数据类型定义了点、条带、栅格 3 种特殊数据类型，并引入了元数据(metadata)。HDF-EOS 是 HDF 的扩展，它主要扩充了两项功能：一是提供了一种系统宽搜索服务方式，它能在没有读文件本身的情况下搜索文件内容；二是提供了有效的存储地理定位数据，将科学数据与地理点捆绑在一起。随着 EOS 数据的广泛应用，许多 HDF-EOS 数据格式已逐步被广大遥感、地理信息系统的用户和软件开发商所接受。

5) IMG 格式

IMG 是一种文件压缩格式，主要是为了创建软盘的镜像文件(朱政等，2003)。IMG 文件可存储栅格、矢量、数字高程模型等多种数据，支持用户自定义数据。IMG 文件采用层级文件结构组织数据。HFA 是一种树状结构，各种数据(图像数据、统计数据、投影信息、地理数据等)占据“树”中的各个节点。IMG 数据的几个最重要特点如下：①图像的多种信息一并存储。遥感数据包括图像数据、定位数据、传感器信息等多种信息，一般采用文件头与图像数据分开存储，而 IMG 文件将各类数据存储在同一个文件中。②数据分节点存储。各种数据在文件中的位置不固定，是通过节点的相互关系组织的。③图像数据分块存储。分块存储降低了图像读入对系统资源的消耗，从而大大加快了图像显示的速度，同时避免了大数据量对图像处理算法效率的影响。

5.3　遥感数字图像的显示

遥感数字图像包含着丰富的信息。为了突出相关的专题信息，提高图像的识别能力和视觉效果，可以通过合成彩色图像等方法有选择地突出某些对人或机器分析感兴趣的信息，抑制一些无用的信息，以提高图像的使用价值，使分析者能更容易地识别图像内容，从图像中提取更有用的定量化信息。

5.3.1　伪彩色图像合成

伪彩色图像合成是把黑白图像的各个不同灰度级按照线性或非线性的映射函数变换成不同的彩色，得到一幅彩色图像的技术(周廷刚，2015)。伪彩色图像合成的目的是使原图像的细节更易辨认，目标更易识别。

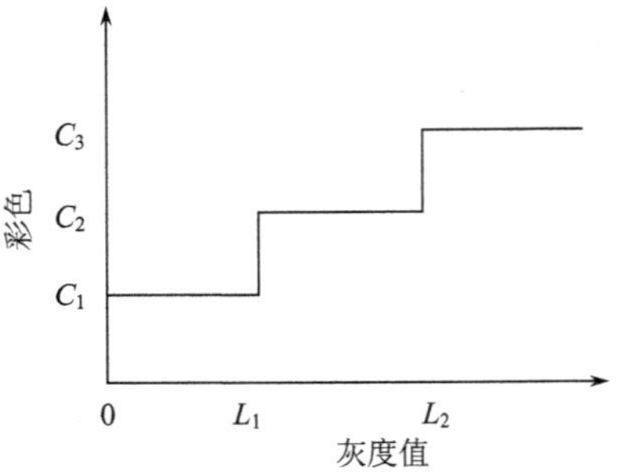

图 5-2　密度分割法

伪彩色增强的方法主要通过密度分割法实现。对于一张灰度图像，每一个像素点都对应一个灰度值。例如，我们在灰度轴上设置一个阈值，低于该阈值的像素点对应一种颜色，高于该阈值的像素点对应另一种颜色(理解为将图像二值化)。密度分割法也可以设置多个阈值，函数呈现阶梯式。如图 5-2 所示，把黑白图像的灰度值从 0(黑)到 255(白)设置 N 个区间 L_i($i = 1, 2, 3, \cdots, N$)，给每个 L_i 指定一种彩色 C_i，这样便可以把灰度图像变成一幅伪彩色图像。伪彩色图像合成方法简单、直观，但是与地物的真实色彩无关。

5.3.2　图像真彩色合成

在组成一幅彩色图像的每个像素值中，有 R(红色)、G(绿色)、B(蓝色)三个基色分量，每个基色分量直接决定显示设备的基色强度产生彩色。

图像真彩色合成指对多光谱遥感图像进行彩色合成处理时，如果参与合成的三个波段为可见光中的红光、绿光、蓝光波段并且分别对应 R、G、B 这 3 个通道，那么合成图像的颜色就会近似于地面景物的真实颜色的一种合成。如图 5-3 所示，Landsat-8 OLI 影像的 4、3、2 波段分别对应 R、G、B 通道时，合成图像为真彩色图像。图像真彩色合成显示真实颜色能真实反映实际地物的颜色特征，符合人的认知习惯。

5.3.3　图像假彩色合成

图像假彩色合成是指对多光谱遥感图像进行彩色合成处理时，R、G、B 这 3 个通道不再是 R、G、B 波段的信息，而是用其他的波段来组成的 3 通道图像。图像的假彩色合成不是天然色彩，而是强调突出某些在真彩色图像中难以识别的信息。其中，标准假彩色图像是使用了人眼所无法观测的近红外波段对应 R 通道，红色波段对应 G 通道，绿光对应 B 通道而形成的彩色图像。如图 5-4 所示，Landsat-8 OLI 影像的 5、4、3 波段分别对应 R、G、B 通道时，合成图像为标准假彩色图像。标准假彩色图像，植被呈红色，水体显现蓝黑色，与人的习惯不同，能分辨出特别的地物，突出某种特征。

图 5-3* Landsat-8 OLI 影像的真彩色图像(Landsat-8 OLI 真彩色图，R、G、B 通道分别为红色波段 4、绿色波段 3 和蓝色波段 2)

图 5-4* Landsat-8 OLI 影像的标准假彩色图像(Landsat-8 OLI 标准假彩色图，R、G、B 通道分别为近红外波段 5、红色波段 4 和绿色波段 3)

5.3.4 图像拉伸显示

拉伸以波段为处理对象，它通过处理波段中单个像素值来实现增强的效果。在此过程中，图像直方图是选择拉伸具体方法的基本依据。对于多波段图像，往往需要对每个波段分别进行拉伸后再进行彩色合成显示。

拉伸可分为线性拉伸、非线性拉伸。线性拉伸是最常用的方法，通过对像素值进行比例变化来实现；非线性拉伸是利用非线性拉伸函数(指数函数、对数函数、平方根、高斯函数等)进行拉伸。图 5-5 展示了线性拉伸 2%、线性拉伸 5%和高斯函数非线性拉伸后的图像。

图 5-5* 线性拉伸 2%、线性拉伸 5%和高斯函数非线性拉伸后的图像显示

5.4 遥感数字图像的特征

遥感图像是遥感器探测地物电磁辐射能量所得到的图像，是特定时空尺度下、特定波长

*彩图请扫描封底二维码浏览，后同。

范围内、特定探测方向上地物发射和反射电磁辐射能量的客观记录。了解遥感数字图像的特征可以帮助我们获取遥感数字图像记录的特定信息。

5.4.1 分辨率特征

遥感技术利用搭载在遥感平台上面的传感器将目标地物发射或反射的电磁波信息记录下来从而形成遥感影像。其中分辨率作为传感器成像系统对输出影像细节辨别能力的一种度量，是遥感影像应用价值的重要技术指标，而对“影像细节”的不同度量则形成了多种不同类型的分辨率，主要有空间分辨率、时间分辨率、光谱分辨率和辐射分辨率(赵英时，2003)。

空间分辨率是指图像中每一个像元所对应地面范围的大小，大致上相当于传感器探测地面的瞬时视场的大小。空间分辨率是用来表征影像分辨地面目标细节的指标。通常用像元大小、像解率或视场角来表示。空间分辨率越高，一个像元地面范围越小，图像所表现的地物细节越多。高空间分辨率图像对于影像目标地物的识别和目视解译等具有重要的作用。TM 多光谱扫描仪的空间多分辨率为 30m，指的是影像中的一个像素所对应的实际地面大小为 30m×30m。空间分辨率可以理解为在图像上显示出地面上的最小地物的尺寸(也就是像元)的大小。一般讲，凡是大于分辨率的地物较为容易辨认；小于分辨率的地物辨认就比较困难。

时间分辨率是指传感器获取某一特定区域图像的频率，即在同一区域进行的相邻两次遥感观测的最小时间间隔。时间间隔大，时间分辨率低，反之时间分辨率高。对于轨道卫星，时间分辨率亦称覆盖周期。如 Landsat 卫星 16d 完成一次全球扫描，SPOT 是 3d。小卫星群 12h 便有一颗卫星到访地球上任何一点。高时间分辨率对于地物的动态变化检测等具有重要作用。

光谱分辨率是指传感器在接收目标辐射的波谱时能分辨的最小波长宽度，表示成像光谱仪细分电磁谱段的能力与程度。能分辨的最小波长宽度越小，分辨率越高。在同样的波谱范围下，通常影像波段数越多，光谱分辨率越高，如高光谱影像往往比多光谱影像具有更高的光谱分辨率。高光谱分辨率对于影像地物的分类识别等具有重要意义。不同光谱分辨率的传感器对同一地物探测效果有很大区别。一般传感器的波段越多，波段宽度越窄，所包含的光谱信息量就越多，针对性越强。TM 多光谱扫描仪的波段数为 6 个，波段宽度介于 100～200nm；而成像光谱仪 AVIRIS 的波段数为 224 个，波段宽度介于 5～10nm，AVIRIS 所包含的光谱信息量多，可针对性强。

辐射分辨率是指传感器区分地物辐射能量细微变化的能力，即传感器的灵敏度。传感器的辐射分辨率越高，其对地物反射或发射辐射能量的微小变化的探测能力越强。在遥感图像上表现为每一像元的辐射量化级。

表 5-4 列出了 Landsat-8 卫星携带的陆地成像仪(operational land imager, OLI)的 9 个波段信息，从中我们可以了解到 Landsat-8 OLI 遥感数字图像的分辨率信息。

表 5-4 Landsat-8 OLI 的波段信息

波段	波长范围/μm	空间分辨率/m	时间分辨率/d	辐射分辨率/bit
Band 1 Coastal	0.433～0.453	30	16	12
Band 2 Blue	0.450～0.515	30	16	12
Band 3 Green	0.525～0.600	30	16	12
Band 4 Red	0.630～0.680	30	16	12
Band 5 NIR	0.845～0.885	30	16	12

续表

波段	波长范围/μm	空间分辨率/m	时间分辨率/d	辐射分辨率/bit
Band 6 SWIR 1	1.560～1.660	30	16	12
Band 7 SWIR 2	2.100～2.300	30	16	12
Band 8 PAN	0.500～0.680	15	16	12
Band 9 Cirrus	1.360～1.390	30	16	12

5.4.2　数值统计特征

数字图像同时给出了物体的空间位置信息和亮度信息。我们处理数字图像时，尤其是提取图像信息时，不但要考虑物体的空间位置，还要考虑物体的亮暗程度、目标物与背景在亮度上的差异等信息，因此我们有必要对图像的灰度分布进行统计分析(朱文泉和林文鹏，2015)。

图像的灰度直方图就是用来描述一幅数字图像的灰度分布，其横坐标为灰度级，纵坐标为各灰度级在图像中出现的像元个数总和。当一幅图像用直方图来描述时，图像所有的空间信息都丢失了，直方图仅仅表达了一个灰度分布的统计信息，也就是说，直方图描述了每个灰度级具有的像元个数，但不能为这些像元在图像中的位置提供任何线索。因此，任何一幅图像都有自己对应的直方图，但相同的直方图可能对应不同的图像。例如，一幅白色背景中有块黑斑的图像，移动黑斑的位置并不会改变黑斑的像元个数，所以其直方图是没有变化的。

对于每幅图像都可做出其灰度直方图，根据直方图的形态可大致推断图像的质量。由于图像包含有大量的像元，其像元灰度值的分布应符合概率统计分布规律。假定像元的灰度值是随机分布的，那么其直方图应该是正态分布。图像的灰度值是离散变量，因此直方图表示的是离散的概率分布。若以各灰度级的像元数占总像元数的比例值为纵坐标做出图像的直方图，将直方图中各条形的最高点连成一条外轮廓线，纵坐标的比例值即为某灰度级出现的概率密度，轮廓线可近似看成图像相应的连续函数的概率分布曲线。一般来说，如果图像的直方图轮廓线越接近正态分布，则说明图像的亮度接近随机分布，适合用统计方法处理，这样的图像一般反差适中；如果直方图峰值位置偏向灰度值大的一边，则图像偏亮；如果峰值位置偏向灰度值小的一边，则图像偏暗；峰值变化过陡、过窄，则说明图像的灰度值过于集中，后 3 种情况均存在反差小、质量差的问题。直方图分析是图像分析的基本方法，通过有目的地改变直方图形态可改善图像的质量。

5.4.3　空间分布特征

任何地学研究对象均有一定的空间分布特征。根据空间分布的平面形态，可以把地面对象分为三类：面状、线状、点状。可以从四个方面来确定地物的空间分布特征：空间位置、大小(对于面状目标)、形状(对于面状或线状目标)和空间关系(对于集合体)(李小文，2008)。

数字图像是通过二维数字阵列来表达物体信息。数字阵列的行列号决定了每一个像元的位置，像元的属性是目标物体的电磁辐射强度或者像元的灰度值。数字图像可以直观地表现物体的空间分布特征，而像元的灰度值可以是随机变量，具有可统计性，因而有利于图像分析和处理。

1. 空间位置

数字图像是以二维矩阵结构的数据来描述物体。矩阵按照行列的顺序定位数据，所以物体的位置也是用行列号表示。如果物体是由多个像元组成，那么物体的中心位置则由所有像元行号和列号的平均值来确定。

2. 形状

物体的形状在数字图像上是利用像元组合来近似描述。我们一般把现实中的物体分为点状、线状和面状 3 类。对于点状物体，数字图像一般表达为一个像元或者几个相邻像元的规则组合。线状物体一般表现为一系列的条形的像元组合，如道路、河流等，它们在低分辨率的图像上是链条状的像元组合，在高分辨率的图像上是带状的像元组合。面状物体则是利用大量连续块状分布的像元组合而成。

3. 大小

物体的大小指线状物体的长度或者面状物体的面积，在图像上表现为像元的集聚数量，通常利用描述物体的像元个数来表达。在同一幅图像上，像元集聚个数越多，说明物体越大；像元集聚个数越少，说明物体越小。

4. 空间关系

物体通常由多个像元组合构成，它们在空间分布上也呈现一定的组合关系，如湖面和湖中小岛的关系(包含)、海洋和陆地的关系(相邻)等，这称为拓扑关系，不会随着物体的形状变化而变化。根据物体的接触状态，数字图像上的空间关系可分为相邻、包含、相离 3 种。

思　考　题

1. 遥感图像的分辨率有几种描述？其意义各是什么？

2. 多波段遥感图像通常采用哪三种数据存储方式？经过处理后计算机中常用的图像文件存储格式又有哪些？

3. 需要显示真彩色遥感图像，那么 R、G、B 三个通道分别对应哪些波段？

第 6 章　遥感图像校正

6.1　遥感图像辐射校正

传感器在接收地物反射或辐射电磁波时，由于环境因素的影响或其传感器本身存在的仪器误差，导致传感器接收到的测定值与目标地物实际的光谱反射率或辐射亮度等物理量存在一定的差异，这个现象被称为辐射畸变。消除辐射畸变的过程称为辐射校正。辐射校正旨在将传感器接收到的数字信号(即 DN 值)转变为地物的反射率或辐射亮度，具体包括：辐射定标、大气校正、地形校正、太阳高度角校正等，如图 6-1 所示。需要注意的是，辐射校正与辐射定标并不同。辐射定标的目的是将图像 DN 值转换为大气外表层反射率(即表观反射率)，用来消除传感器本身的误差。辐射校正包括辐射定标，并在辐射定标的基础上根据一定的算法消除大气、地形、太阳高度角等的影响，从而得到最真实的地表反射率或辐射亮度值。

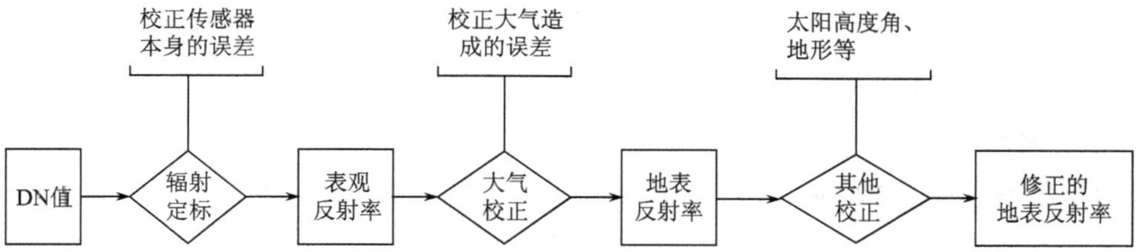

图 6-1　遥感图像辐射校正流程

6.1.1　辐射畸变来源

电磁辐射与大气、地物经过一系列复杂的相互作用后进入到传感器中，其过程经历了吸收、散射、反射、发射等交互作用，如图 6-2 所示。传感器接收到的电磁辐射主要由以下四部分组成，其中程辐射指的是所有目标地物反射或发射辐射之外的辐射能量。

(1) 太阳辐射经大气衰减后照射到地表，经地表反射后，再经大气二次衰减被传感器接收。

(2) 地表本身发射辐射，经过大气衰减后被传感器接收。

(3) 大气本身的后向散射、反射以及辐射能量。

(4) 其他地物的反射能量。

根据传感器接收能量的组成部分来看，引起辐射畸变的原因主要有两个：一是传感器本身存在的误差，二是辐射传输过程中环境因素造成的影响(梅安新等，2001)。一般来说，传感器本身产生的误差，会在遥感平台发射之前由仪器生产部门根据相应的参数进行校正，并给出相应的修改方法。辐射校正过程中着重考虑的是大气造成的影响。

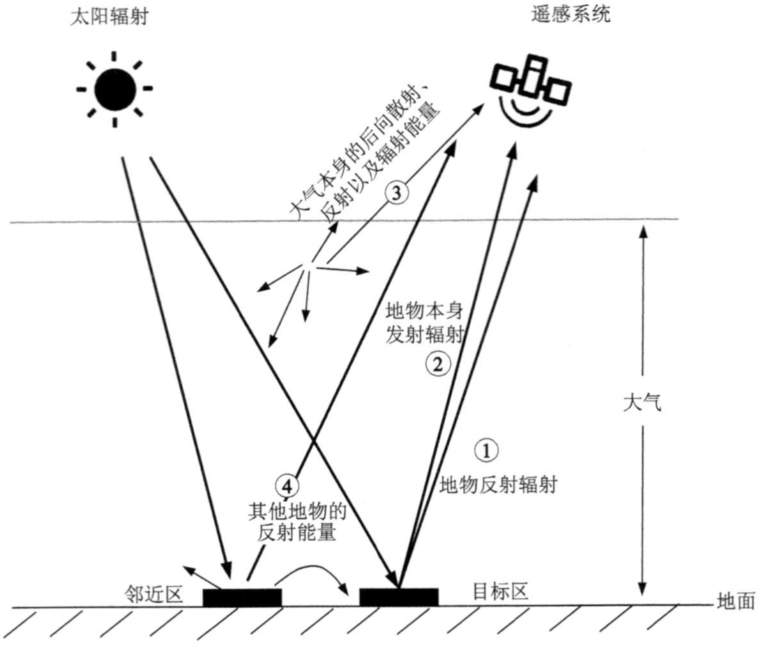

图 6-2　辐射传输示意图

6.1.2　辐射校正方法

1. 辐射定标

辐射定标就是建立传感器输出值与地物辐射亮度之间的定量关系的过程。它是定量遥感的前提。常见的辐射定标方式有实验室定标、星上定标和地面定标。实验室定标是指在传感器发射前进行的实验室光谱定标与辐射定标，构建传感器输出值与辐射亮度值之间的函数关系。传感器在星上运行之后，由于感应元件的老化、污染等会使传感器的响应情况发生变化，如电子元件老化会影响电子线路的放大增益。这会导致实验室校正的辐射定标参数不再适用，必须对传感器进行二次校准，常见的方法包括星上定标与地面定标场定标(Dinguirard and Slater，1999)。

对于星上定标，可见光、近红外波段常使用太阳、月亮或者内部的钨丝灯等作为标准源(高海亮等，2010)，热红外波段常使用黑体作为标准进行定标(郝小鹏等，2015)。标准源的光谱辐照度与波长是精确已知的，因此可以根据标准源来进行校准。星上定标的优点是实时、连续。一般星上定标数据可以与遥感图像一一对应，但大气层外的太阳辐射特性以及星上定标系统的稳定性是未知的，这会对星上定标的精度产生影响。

因为实验室定标与星上定标都不能完全确定传感器在实际工作中各种可能变化所造成的定标结果的变化，所以地面定标场定标就显得十分重要(Slater et al.，1987)。地面定标是指在卫星运行轨道中设定定标场(要求场地均匀如沙漠、湖面等)，与卫星进行同步或者近同步的观测，通过建立地空数学关系，将遥感图像直接转化为地面有效辐射亮度值，这种方法能够直接消除大气与仪器等的误差。然而，这种方法需要有多种同步测量数据(包括气溶胶厚度、大气廓线、地物反射率等)，在这个过程中极易产生误差。

星上定标与地面定标各有优点，一般会结合两者的优势提高辐射定标精度。实际应用中，

通过定期的地面测定，建立地表测量值与传感器输出值之间的线性关系。线性模型的一般形式为

$$L_b = A \cdot DN_b + B \tag{6-1}$$

式中：L_b 为各个波段的辐射值；A 为增益系数；B 为偏差值；DN_b 为遥感图像输出值。部分遥感数据会将 A、B 存放于数据集的头文件中以便于进行辐射定标。

2. 大气校正

辐射能量在经过大气层时会与气溶胶介质发生反射、散射、吸收、折射、透射等相互作用，导致辐射能量产生变化。总体来说大气对于辐射亮度的作用分为增强与减弱两种情况，不论哪种情况的发生都改变了遥感图像上地物原本的光学特征，因此需要对遥感图像进行大气校正，尽可能降低大气影响，得到地物的实际亮度值。消除大气对遥感图像的影响的过程被称为大气校正，是整个辐射校正过程中极其重要的一步，直接关系到遥感定量反演的精度(部分定性分析中大气校正并不是必要的)。目前常用的大气校正方法可以归纳为以下三大类。

1)基于图像特征的大气校正

基于图像特征的方法是在假设整幅遥感图像的大气条件均一的情况下，不需要实测的地面光谱与气溶胶参数，仅利用图像自身的信息进行大气校正的算法。常见的方法包括暗目标法、直方图最小值去除法、回归分析法(Kaufman and Sendra，1988；梅安新等，2001)等。

暗目标法：又称零反射地表假设法。它的基本原理是假设待校正的影像存在理论上反射率为 0 的地物，即暗像元，地表为朗伯面(即漫发射面，当入射辐照度一定时，任何角度观测的反射亮度都是一个常数)，大气性质均一，大气多次散射辐照作用和邻近像元漫反射作用可以忽略。反射率或辐射亮度很小的暗像元，由于大气的影响使得这些像元的亮度值相对增加，这部分增加的亮度可以认为是由于大气的程辐射的影响而产生的。大气的程辐射也称路径辐射，指太阳辐射在传输过程中，经大气中的各组分散射后直接到达传感器的辐射，即传感器接收的来自大气散射部分的电磁波辐射。因此，逐波段将其他像元的亮度值减去暗目标在对应波段的亮度值，就可以减少大气对整幅图像的影响，从而达到大气校正的目的。常见的暗目标包括水体、阴影、浓密的植被、黑土等。

直方图最小值去除法：该方法的基本假设也是待校正的影像上存在理论上反射率为 0 的地物，各波段亮度的最小值被认为是程辐射增值。因此，基于统计学的原理，按照亮度值对整幅图像进行直方图统计，以最小亮度值作为大气程辐射值，将每一波段中每个像元的亮度值都减去本波段的最小亮度值。

回归分析法：程辐射主要来自米氏散射，其散射强度随波长的增加而减小，到红外波段可能接近 0。假设对于图像的某红外波段，所受大气影响主要是程辐射，亮度增值最小，接近于 0，可以通过建立该波段与其他待校正波段之间的回归方程来进行大气校正。具体做法是以红外波段为 x 轴，以待校正波段为 y 轴，以两个波段像元的亮度值为坐标，作二维光谱空间，进行线性拟合，将线性回归方程的截距 a(a 是红外波段亮度为 0 处在待校正波段的亮度)视作红外波段的程辐射，将待校正波段中每个像元的亮度值减去 a 来消除程辐射的影响。

此类方法的一般假设为：存在某波段上反射率为 0 的地物、地表为朗伯体、大气条件均一且不同波段间存在线性关系、程辐射对某波段影响很小，因此这种方法仅在少量的情况下适用。但在气溶胶条件未知的情况下，这种基于图像本身的相对校正往往可以满足一定的生产需求。

2) 地面同步法

地面同步法与地面定标场的基本理论相似，即在卫星过境时获取同步或准同步的地表实测光谱亮度值，基于遥感图像输出值与地表实测亮度值进行数学建模，构建线性方程，从而对整幅图像进行校正。优势在于计算简单且效果好，但需要对地物进行精确的定点、对采样的环境要求也比较严格(如无云条件)、采样时间需要做到同步或准同步(前后不超过一小时)。采样地物一般要求反射率变化不大的目标，如裸露沙地、均匀草地、水体等。采样间隔需要根据不同传感器空间分辨率的大小进行调整，因此进行较低空间分辨率遥感图像的校正时采样环境需要足够大。

除同步采样外，还可以通过图像内已知的稳定地物作为参考，以理论值代替实测值。需要注意的是所选地物需要设置高、中、低不同反射率区间，保证在数学建模过程中能考虑到整幅图像的反射率跨度且不会出现某个区间过拟合的现象。

3) 大气辐射传输理论模型

大气对于电磁波的作用发生在电磁波传输的全过程(图 6-2)。构建大气辐射传输方程，描述电磁波在大气中传输的数学形式，对于大气校正有着十分重要的作用。在考虑大气的单次后向散射及地物相互作用的多次散射后，各部分的辐射方程表达如下。

大气吸收与散射作用：

$$\frac{\mathrm{d}I}{\mathrm{d}s} = -\rho \cdot k \cdot I \tag{6-2}$$

式中：dI 为辐射亮度的变化，单位为 W/m^2；I 为入射辐射亮度，单位为 W/m^2；ρ 为吸收/散射气溶胶的密度，单位为 kg/m^3；k 为消光系数(包括吸收系数与散射系数之和)，单位为 m^2/kg；ds 为电磁波传输的路径长度，单位为 m。

大气热辐射作用：

$$\frac{\mathrm{d}I}{\mathrm{d}s} = \rho \cdot j = \rho^2 \cdot B(T) \tag{6-3}$$

式中：B 为普朗克方程；ρ 为发生热辐射的气溶胶的密度；T 为大气的热力学温度，单位为K；j 为发射系数，$j = \rho B(T)$。

天空散射作用：

$$\frac{\mathrm{d}I}{\mathrm{d}s} = \omega_0 \frac{k}{4\pi} \rho^2 \int_0^{4\pi} P(\Omega, \Omega') I(\Omega') \mathrm{d}\Omega' \tag{6-4}$$

式中：ω_0 为单次散射反照率；ρ 为散射气溶胶密度；P 为散射相函数；Ω 为入射方向立体角；Ω' 为散射方向立体角，单位为sr；k 为消光系数。

对式(6-2)至式(6-4)进行归纳得出大气辐射传输模型：

$$\frac{\mathrm{d}I}{\mathrm{d}s} = \rho^2 \cdot B(T) + \omega_0 \frac{k}{4\pi} \rho^2 \int_0^{4\pi} P(\Omega, \Omega') I(\Omega') \mathrm{d}\Omega' - \rho \cdot k \cdot I \tag{6-5}$$

根据大气辐射传输模型，在已知成像时间的大气光学厚度、温度、气压、湿度、大气分布状况等条件的情况下，可以反演出被探测的参数数值或沿路径的分布。在实际应用中，往往假设大气是水平均匀的、地表面为朗伯体、不考虑云的影响、使用多种经验大气气溶胶模式等。输入大气气溶胶模型，便可以计算出大气程辐射等重要的大气校正参数，结合反射率进行大气校正。

目前国内外学者已经研究出了多种不同类型的大气辐射传输模型，常见的如：LOWTRAN、MODTRAN、6S、FLAASH、ATCOR 等(Vermote et al.，1997; Berk et al.，1998; 吴北婴等，1998; 王建等，2002)。FLAASH 在 ENVI 软件中，ATCOR 模块在 ERDAS 软件中，能够满足一般的生产需求，当需要更高精度的大气校正时可以考虑 MODTRAN 模型与 6S 模型，除此之外部分卫星会编写适用于本卫星的辐射校正插件，如 SNAP 的 Sen2cor。

3. 太阳高度与地形的校正

如图 6-3 所示，太阳高度角引起的辐射畸变校正是将太阳光线倾斜照射时获取的图像校正为太阳光垂直照射时获取的图像，因此在做辐射校正时，需要知道成像时刻的太阳高度角(谈小生和葛成辉，1995)。太阳高度角可以根据成像时刻的时间、季节和地理位置确定。太阳高度角校正可以消除不同地方、不同季节、不同时期图像之间的辐射差异，通常通过调整图像的平均亮度加以实现。其基本校正公式为

$$\mathrm{DN}' = \mathrm{DN} / \sin\sigma \tag{6-6}$$

$$\mathrm{DN}' = \mathrm{DN} / \cos\theta \tag{6-7}$$

式中：DN′为校正后的亮度值；DN 为原始亮度值；σ为太阳高度角，即对地球上的某个地点太阳光入射方向和地平面的夹角；θ为太阳天顶角，即太阳光线入射方向和天顶方向的夹角，是高度角的余角。

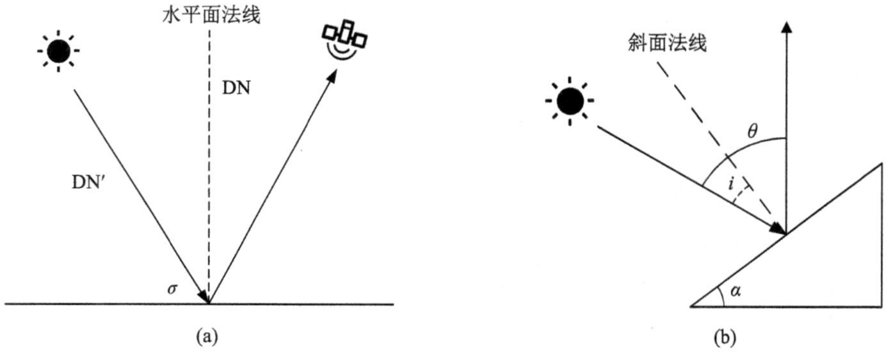

图 6-3　太阳高度角与地形

如图 6-3 所示，由于地形原因入射辐射的反射方向并不一定为传感器方向，导致在图像中出现阴影问题，地形校正是为了消除由地形引起的辐射亮度误差，使坡度不同但反射性质相同的地物在图像上具有相同的亮度值(Jensen，2007)。地形校正通常需要数字高程模型(DEM)或数字表面模型(DSM)作为参考。以余弦校正为例，其基本公式为

$$L_{\mathrm{H}} = L_{\mathrm{T}} \frac{\cos\theta}{\cos i} \tag{6-8}$$

$$\cos i = \cos\theta\cos\alpha + \sin\theta\sin\alpha\cos(\beta - \phi) \tag{6-9}$$

式中：L_{H}为水平面上像元的等效观测值，即校正后的值；L_{T}为倾斜面上像元的观测值，即原始像元值；θ为太阳天顶角；i为太阳入射角；α为坡度；β为坡向；ϕ为太阳方位角，即太阳所在的方位，定义为太阳光线在地平面上的投影与当地子午线的夹角，正北方向为 0，顺时针增加，可以近似看作是树立在地面上的杆子在阳光下的阴影与正南方向的夹角。

6.2　遥感图像几何校正

原始的遥感图像通常存在严重的几何畸变，这是由于遥感图像的空间位置发生了变化。遥感图像的几何畸变是平移、缩放、旋转、扭曲等综合作用下的结果。几何畸变的产生导致遥感图像的定量反演和空间定位存在极大的困难。因此，地面数据接收部门会对原始的遥感图像进行初步校正，基本消除由于遥感平台因素、地球因素、传感器因素等产生的几何误差。用户从地面站获取经过初步校正的产品之后，根据使用目的、地图投影、比例尺等因素对数据进行进一步的几何校正。以被动遥感为例对几何畸变产生的原因、几何校正的原理以及几何校正的基本流程进行介绍(主动式遥感的几何畸变需要根据发射电磁波的情况、遥感平台、后向散射模式等具体分析，这里不做讨论)。

6.2.1　几何畸变来源

导致图像发生几何畸变的因素有很多(汤国安等，2004; 孙家抦，2003)，按照地物至遥感平台的顺序主要包括：地球本身对遥感图像的影响，如地球曲率因素、地球自转因素、地形因素、大气因素等引起的图像畸变；遥感平台空间位置与运动状态的影响，如由于平台的高度变化、速度变化、轨道偏移及姿态变化引起的图像畸变；传感器内部畸变以及由传感器结构设置引起的畸变，如传感器扫描运动中的非直线运动等。

1. 地球表面曲率的影响

以大地水准面为标准来看，地球是一个两极稍扁赤道略鼓的椭球体，因此遥感图像的成像面实际上是一个曲面(汤国安等，2005)。在这个曲面上获取数据的时候会受到地球表面曲率的影响，主要表现在两个方面：一方面是像点的位移；另一方面是在扫描过程中相同大小像元对应地表面积不等。成像面相对于地表呈现切平面状态，导致图像内除切点外均存在一个高度上的位移，如图 6-4(a)所示，点 P 相对于投影面的 P'存在高差 Δh。传感器在扫描过程中，视场角间隔等分，如图 6-4(b)的 L_1 至 L_4 所示。理想情况下地表为平面，则 L_1、L_2、L_3 和 L_4 代表相同的地表面积。实际上地球具有一定的曲率，导致实际上代表的面积从星下点向外逐渐增大。以传统的扫描式传感器为例，扫描角度越大影响越突出，这种情况下也造成

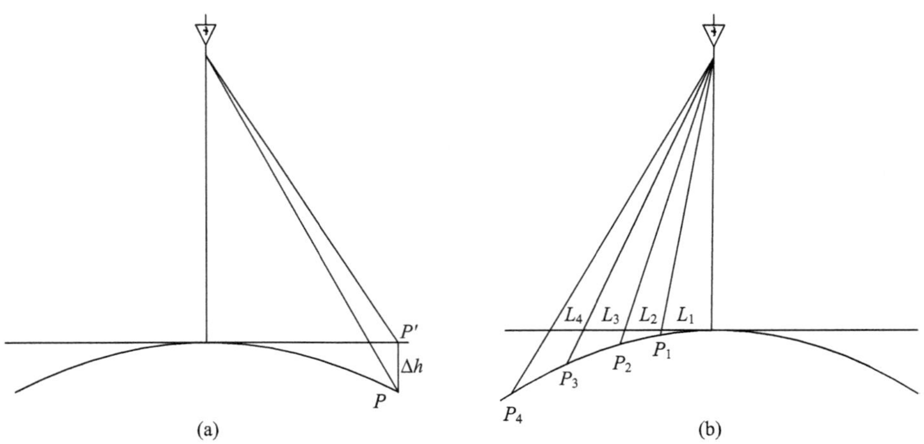

图 6-4　地球曲率影响

边缘景物被压缩失去了原始的形态。现阶段主要采用的推扫式 CCD 多元阵列探测器能够在一定程度上减小由于地球曲率造成的畸变。CCD 扫描成像时地球曲率的影响主要反映在单个像元内，当空间分辨率较小的时候地球曲率造成的畸变能够被尽量地抑制。

2. 地球自转的影响

如 Landsat 系列的极轨卫星，在图像获取的过程中，受地球自转影响会产生图像偏离。大多数卫星在轨道运行的降段(即卫星自北向南运动)接收图像，这时地球自西向东运转。相对运动下导致图像变形，如图 6-5 所示。

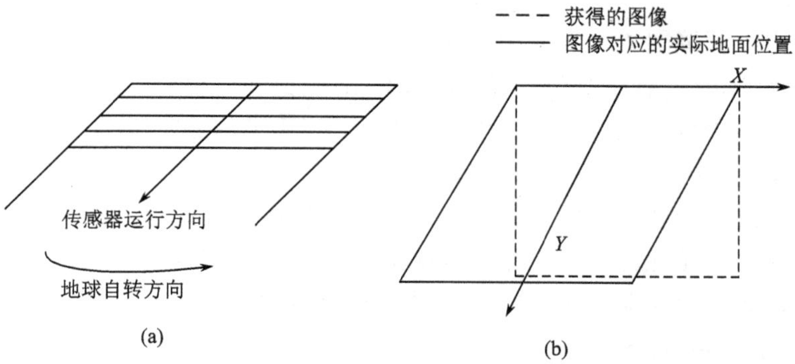

图 6-5　地球自转引起的畸变

3. 地形的影响

与地球曲率造成的几何畸变类似，当地形存在起伏时，会产生局部像点的位移。如图 6-6 所示，具有一定高程的 P 点在非中心投影的情况下，实际投影点 P 与理论投影位置 P' 存在 Δr 的位移。

4. 大气折射的影响

大气层并不是一个均匀的介质，它的密度随着地面高度的增加而降低，电磁辐射在大气中的折射率也在不断地变化，因此电磁波的传播路径并不是一条直线，从而导致像点位移。如图 6-7 所示，理论像点 P 与实际像点 P'之间存在 Δr 的偏移。

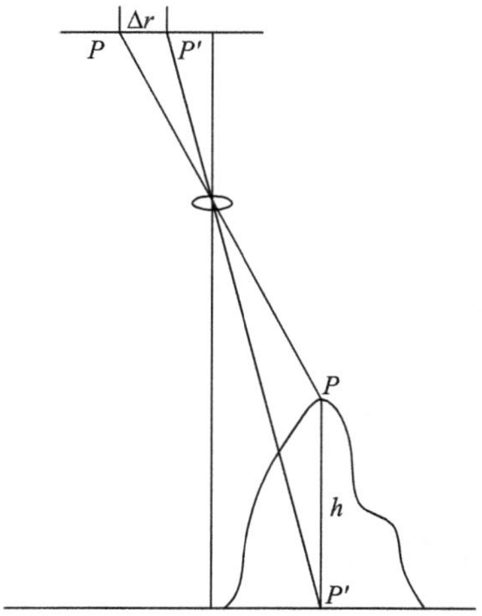

图 6-6　高程引起的畸变

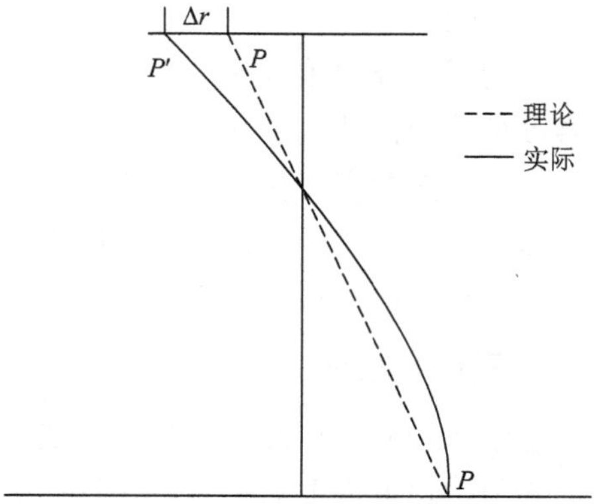

图 6-7　大气折射引起的畸变

5. 遥感平台空间位置与运动状态的影响

传感器在运动过程中，受到各种因素的影响产生了姿态的变化从而导致图像畸变(徐青，2007)。主要的影响因素包括：高度、速度、俯仰、翻滚以及偏航。这些因素导致的误差均属于外部误差，是成像过程中，传感器相对于地物产生的与预设不一致的空间位置上的变化而导致的几何误差。

(1)高度：遥感平台在运动的过程中，受到环境因素的影响传感器高度相对于设定高度产生了偏离，或卫星的运动轨道本身为椭圆形，传感器高度在运动的过程中不断发生变化，而传感器的扫描视场角不变，进而导致图像扫描行对应的地面高度发生变化[图 6-8(a)]。

(2)速度：由于环境因素、人为操作因素、轨道形状等因素的影响导致遥感平台的飞行速度产生变化，使图像在航行方向上产生位置的错动[图 6-8(b)]。

(3)俯仰：遥感平台的俯仰变化会引起图像上下方位的变化，即星下点发生位移，行间位置发生错动[图 6-8(c)]。

(4)翻滚：遥感平台姿态翻滚是指以前进方向为轴旋转了一个角度。遥感平台的翻滚会引起星下点在扫描方向的偏移，使图像行向翻滚角引起偏离方向的错动[图 6-8(d)]。

(5)偏航：遥感平台在前进过程中，相对于原航向发生了偏离，从而引起扫描行方向的变化，导致图像发生倾斜[图 6-8(e)]。

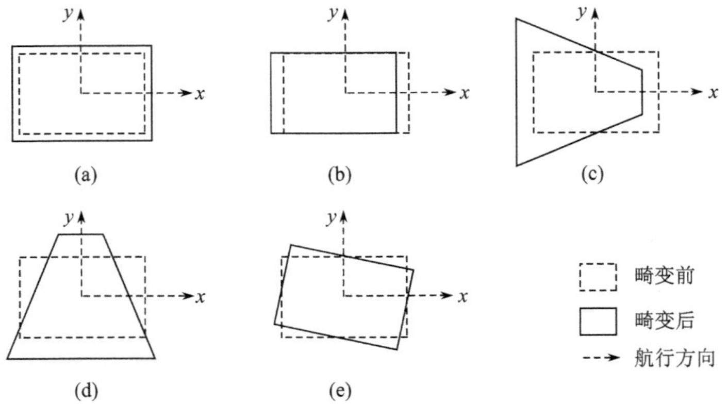

图 6-8　遥感平台空间位置与运动状态引起的畸变

6. 传感器畸变

上述误差均属于外部因素造成的误差，与上述误差不同传感器畸变属于内部误差，它是由于传感器自身的硬件性能变化引起的(潘红播等，2013)，基本上分为以下几种情况：①透镜的径向畸变：径向曲率变化；②透镜的切向畸变：装配误差；③透镜的焦距误差；④透镜的光轴与投影面不正交；⑤探测元件不整齐；⑥采样速率的变化；⑦扫描镜的扫描速度变化。这类误差一般较小或在卫星发射之前会进行实验室校准尽量消磨，因此一般不做讨论。

6.2.2　几何校正的原理

随着遥感技术的应用日渐多元化，完成一项工程往往需要不同来源、不同时间的遥感数据互相配合使用，这就需要对多源图像进行高精度的几何校正。几何校正的目的是确定校正后图像格网的行列数，然后找到新图像中每个像元对应的新的亮度值。

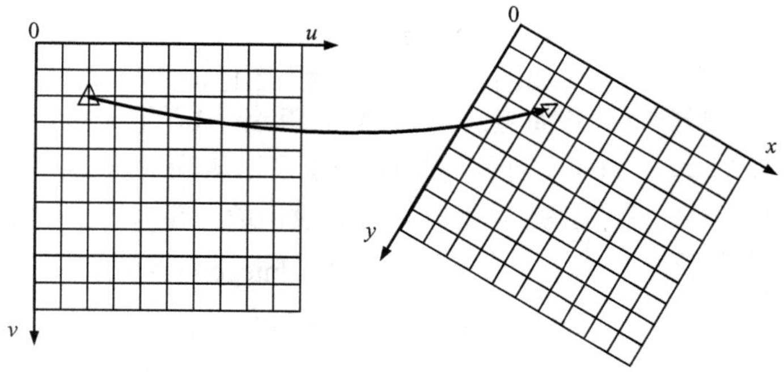

图 6-9　校正前后图像对比

几何校正的原理是找到一种数学模型，构建变换前图像坐标 (x,y) 与变换后图像坐标 (u,v) 之间的关系（王学平，2008），通过每一个变换后图像像元的中心位置（u 代表行数，v 代表列数，均为整数）计算出变换前对应的图像的坐标 (x,y)（图 6-9）。一般来说，整数坐标 (u,v) 的格网点在原图像中一般不在整数坐标 (x,y) 上。计算校正后图像中的每一点所对应原图中的位置 (x,y) 的方法如下：

建立两图像坐标之间的对应关系：

$$\begin{cases} x = f_x(u,v) \\ y = f_y(u,v) \end{cases} \tag{6-10}$$

通常数学关系 f 表示为二元 n 次多项式：

$$\begin{cases} x = \sum_{i=0}^{n}\sum_{j=0}^{n-1} a_{ij}u_i v_i \\ y = \sum_{i=0}^{n}\sum_{j=0}^{n-1} b_{ij}u_i v_t \end{cases} \quad n = 1,2,3,\cdots \tag{6-11}$$

以实际计算中常见的二元二次多项式为例，对式（6-11）进行数学展开：

$$\begin{cases} x = a_{00} + a_{10}u + a_{01}v + a_{11}uv + a_{20}u^2 + a_{02}v^2 \\ y = b_{00} + b_{10}u + b_{01}v + b_{11}uv + b_{20}u^2 + b_{02}v^2 \end{cases} \tag{6-12}$$

为了通过 (u, v) 找到 (x, y)，必须计算出上式中的 12 个系数，即找到 6 个坐标已知的对应点，构建 12 个方程求解 a、b 系数值。这些已知坐标的对应点被称为控制点。而实际工作时，6 个控制点 12 个方程只是解线性方程组所需的最低数量，这个数量的控制点校正后的图像效果往往很差，因此还需要增加控制点的数量，来提高几何校正的精度。增加控制点之后，方法也有所改变，采用最小二乘法，通过对控制点进行曲面拟合来求解系数。套用模型进行逐点计算，直到全图结束。

这种算法在地形起伏较大的区域，尤其是传感器侧视角较大的情况下，精度会有所下降，一般需要引入地面高程数据对模型进行修正。

因为计算后的 (x, y) 多数不在原图的像元中心处，所以必须重新计算新位置的亮度值。一般来说，新点的亮度值介于邻近点亮度值之间，因此需要采用内插法对计算后的 (x, y) 位置处的亮度值进行计算。常用的内插方法有三种：最邻近法、双线性内插法和三次卷积内插法。

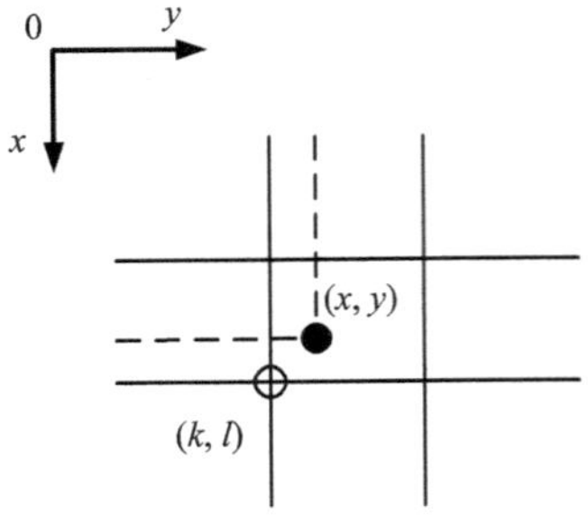

图 6-10　最邻近法

1. 最邻近法

如图 6-10 所示，假定图像中两相邻点的距离为 1（无量纲），即行间距 $\Delta x = 1$，列间距 $\Delta y = 1$，取与所计算点 (x, y) 相邻的 4 个点，计算与目标点的距离，取距离最近点的亮度值作为 (x, y) 点的亮度值 $f(x, y)$。设该最近邻点的坐标为 (k,l)，则

$$\begin{cases} k = \text{Integer}(x + 0.5) \\ l = \text{Integer}(y + 0.5) \end{cases} \tag{6-13}$$

式中：Integer 为取整。最邻近法最大的优点是计算简单，但精度较低，在亮度不连续或线状特征的块状化的情况下效果较差。

2. 双线性内插法

为提高内插的精度，在最邻近法的基础上提出了双线性内插法，如图 6-11 所示。其基本思路是取 (x, y) 点周围的 4 个邻近点，在 y 方向（或 x 方向）内插两次，再在 x 方向（或 y 方向）内插一次，得到 (x, y) 点的亮度值 $f(x, y)$。

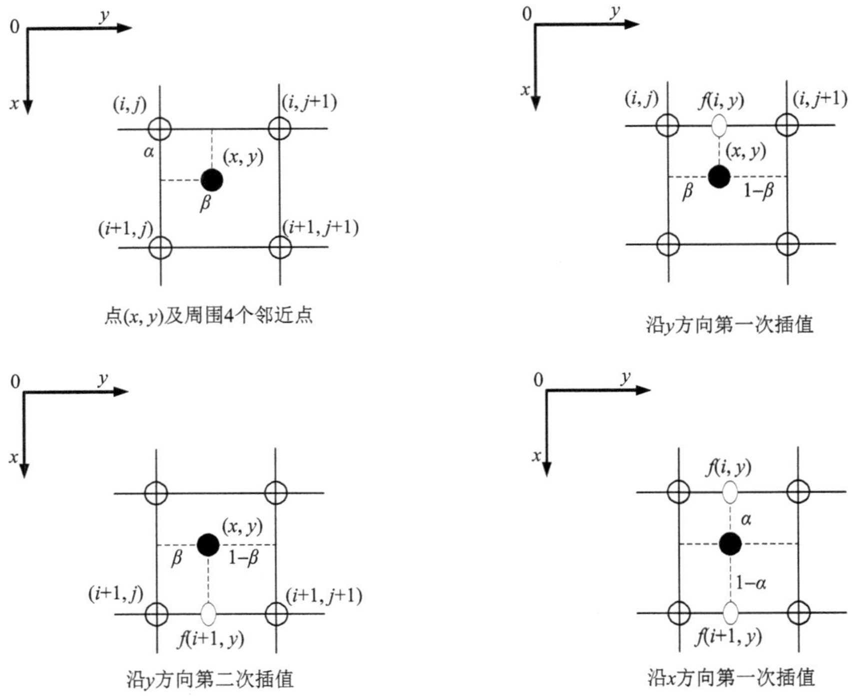

图 6-11　双线性内插法

具体的计算步骤为：设 4 个邻点分别为 $(i, j), (i, j+1), (i+1, j), (i+1, j+1)$，$i$ 代表左上角为原点的行数，j 代表列数。设待插值点的坐标为 (x, y)，过 (x, y) 分别做直线与 x 和 y 轴平行，设 $\alpha = x - i, \beta = y - j$。先在 y 方向进行第一次内插，计算交点的亮度 $f(i, y)$ 和 $f(i+1, y)$。如图 6-11 所示，$f(i, y)$ 可由 $f(i, j+1)$ 与 $f(i, j)$ 内插计算得到，具体为

$$\frac{f(i, j) - f(i, y)}{\beta} = \frac{f(i, y) - f(i, j+1)}{1 - \beta} \tag{6-14}$$

$$f(i,y)=\beta f(i,j+1)+(1-\beta)f(i,j) \tag{6-15}$$

再在 y 方向进行第二次内插，同理可以得到

$$f(i+1,y)=\beta f(i+1,j+1)+(1-\beta)f(i+1,j) \tag{6-16}$$

最后在 x 方向内插来得到 $f(x,y)$

$$f(x,y)=\alpha f(i+1,y)+(1-\alpha)f(i,y) \tag{6-17}$$

综合式(6-14)～式(6-16)得到

$$\begin{aligned} f(x,y)=&\alpha[\beta f(i+1,j+1)+(1-\beta)f(i+1,j)] \\ &+(1-\alpha)[\beta f(i,j+1)+(1-\beta)f(i,j)] \end{aligned} \tag{6-18}$$

其中，i,j 的值由 x,y 取整得到

$$\begin{cases} i=\text{Integer}(x) \\ j=\text{Integer}(y) \end{cases} \tag{6-19}$$

式中：Integer 为取整数。双线性内插法比起最近邻法虽然计算量增加，但精度明显提高，特别是在亮度不连续或线状特征的块状化的情况下结果会显著改善。但这种内插法会对图像产生平滑的效果，从而使对比度明显的分界线变得模糊。

3. 三次卷积内插法

当双线性内插法的精度达不到要求时，基于卷积理论提出了一种新的插值方式，即三次卷积内插法。其基本思想是增加插值点来获得更好的插值函数。

如图 6-12 所示，取计算点 (x,y) 周围的 16 个点作为参考(即图中标记的最外围四个点所包围的 16 个点)，插值计算方式与双线性内插法类似，先在 x 方向上，每 4 个值依次内插 4 次(原理同图 6-11 所示)，求出 $f(x,j-1), f(x,j), f(x,j+1), f(x,j+2)$，再根据这 4 个计算结果在 y 方向上插值，得到 $f(x,y)$。

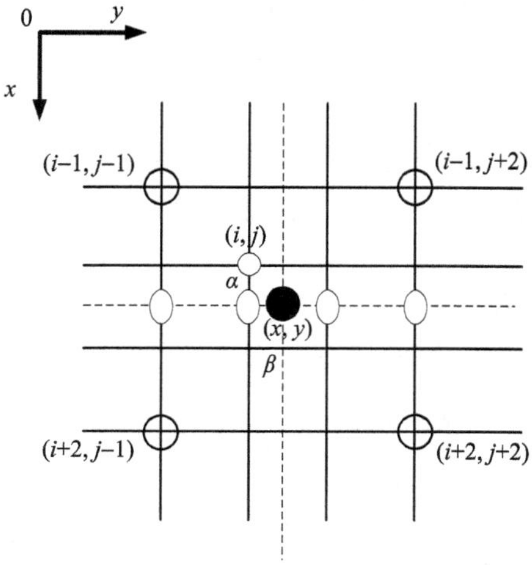

图 6-12　三次卷积内插法

在 x 方向上，设 $m=j-1,j,j+1,j+2$。计算公式为

$$\begin{aligned} f(x,m)=&\alpha^2(\alpha-1)f(i+2,m)+\alpha(1+\alpha-\alpha^2)f(i+1,m) \\ &+(1-2\alpha^2+\alpha^3)f(i,m)-\alpha(1-\alpha^2)f(i-1,m) \end{aligned} \tag{6-20}$$

令

$$\alpha = x - i, \beta = y - j, i = \text{Integer}(x), j = \text{Integer}(y) \tag{6-21}$$

共计算 4 次，再用相同的方法计算 y 方向上的值：

$$\begin{aligned} f(x,y) = {} & \beta^2(\beta-1)f(x,j+2) + \beta(1+\beta-\beta^2)f(x,j+1) \\ & + (1-2\beta^2+\beta^3)f(x,j) - \beta(1-\beta)^2 f(x,j-1) \end{aligned} \tag{6-22}$$

以上过程对全图每一点 (x, y) 进行计算，计算量远大于双线性内插法，但以此换来了更好的图像质量，细节表现更为清楚。缺点在于，要想三次卷积内插法获得好的图像效果，就要求位置校正过程更准确，即对控制点选取的数量、均匀性等的要求更高。

6.2.3　几何校正的过程

按照几何校正的理论，对原始数据进行初步的几何校正，基本步骤包括：选取控制点、构建方程进行像元坐标的转换以及像元亮度插值。

1. 控制点的选取

以标准地形图为例，在地形图与待纠正图像上分别选取若干的地面控制点，控制点的最低数量按照求解线性方程的未知数的多少来确定。如上述理论中使用二元二次多项式，共计 12 个未知数则需要至少 6 个控制点进行计算。

实际工作表明，最低要求的控制点数量极难保证转换的精度，且一般情况下遥感图像框幅较大，少量的控制点难以覆盖到整个区域，使得地面特征变化较大的区域会产生变形。因此，控制点的选取要符合以下原则：①地面控制点要有一定的数量保证，一般要大于最低限度；②因为图像的几何畸变是非线性的，部分畸变还具有周期性，所以控制点需要均匀地分布在整幅图像中；③地面控制点需要具有明显的、清晰的定位、不随时间或不易随时间变化的特征；④在未做过地形纠正的图像上，要尽量选取同一高度的控制点。

控制点的选取途径不唯一，如标准地形图、已校正图像、实测控制点等都可以作为控制点的选取途径，需要根据具体要求做出相应的选择。

2. 像元坐标的转换

确定完地面控制点之后，代入到预选模型中对模型参数进行求解。从理论角度上讲，任何曲面都可以用适当的高次多项式去求解，但是更高次的多项式代表了更多的未知系数与地面控制点，实际工作中一般二次多项式即可，少数会采用三次多项式。在确定模型与地面控制点之后，按照最小二乘法的原则计算多项式系数。依据以下公式计算每个地面控制点的均方根误差(RMSE)，来验证校正方法及模型的有效性。

$$\text{RMSE} = \sqrt{(x'-x)^2 + (y'-y)^2} \tag{6-23}$$

式中：x、y 为地面控制点在原图像中的坐标；x'、y'为通过校正公式估算的控制点坐标。估算坐标和原坐标之间的差值大小代表了其每个控制点几何纠正的精度。通过计算每个控制点的均方根误差，既可检查有较大误差的地面控制点，又可得到累积的总误差。通常情况下，会有一个指定的最大总均方根误差，如果误差超过限度，需要适当的增加或删除地面控制点来提高精度。

利用校正好的模型对全幅图像进行坐标变换，对每个像元进行重新定位，以达到纠正的目的。

3. 像元亮度插值

原变形图像经坐标变换、重新定位后因为校正后图像所对应的原图像位置并不是整数位，所以需要对校正后图像对应原图像位置进行亮度值的重采样，即按照一定的方法对非中心点位处的像元点进行插值。在几何校正原理部分叙述了三种常用的内插方法(最邻近法、双线性内插法以及三次卷积内插法)，依据图像的具体情况选择合适的线性内插方法对图像进行空间线性内插，得到最终的几何校正结果。

思　考　题

1. 简述“辐射定标”与“辐射校正”的关系。
2. 什么情况下不需要进行大气校正?
3. 一般情况下，如何评价大气校正的准确性?
4. 为什么要对遥感图像进行几何校正?
5. 几何校正的基本流程是什么?
6. 重采样的方法有哪些? 其基本原理是什么? 如何选取重采样方法?

第 7 章　遥感数字图像增强与变化

7.1　灰 度 变 换

图像的灰度变换处理是一种空间域的图像增强技术(杨可明，2016)。灰度变换是指根据需要按一定变换关系逐点改变图像中每一个像素亮度值的方法。其目的是改善画质，变换图像对比度，使图像的显示效果更加清晰(刘丹丹和张玉娟，2016)。

7.1.1　线性变换

图像像元亮度值的改变需符合一定数学规律，即在变换过程中需要使用一个变换函数。如果变换函数是线性的，这种变换就是线性变换(赵英时等，2003)。线性变换是图像增强处理最常用的方法，通过一个线性函数，按比例拉伸原始图像的灰度等级范围，变化前后图像每个像元一一对应(图 7-1)。线性变换的数学表达式为

$$\frac{x_b - b_1}{b_2 - b_1} = \frac{x_a - a_1}{a_2 - a_1}, \quad x_a \in [a_1,\ a_2],\ x_b \in [b_1,\ b_2] \tag{7-1}$$

即

$$x_b = \frac{b_2 - b_1}{a_2 - a_1}(x_a - a_1) + b_1 \tag{7-2}$$

式中：x_a 为变换前图像的亮度；x_b 为变换后图像的亮度，以下同；a_1，a_2 为原图像的灰度范围；b_1，b_2 为变换后图像的灰度范围。

7.1.2　分段线性变换

在实际中，遥感图像往往是复杂的，简单的线性变换无法满足需求。为了突出感兴趣的目标或灰度区间，相对抑制那些不感兴趣的目标或灰度区间，需要在不同的亮度区间采用不同的变换函数，对一些亮度区间进行拉伸，而对另一些亮度区间进行压缩，但其函数关系仍然是线性的，这种变换称为分段线性变换(朱文泉和林文鹏，2015)。

图 7-2 展示了分段线性变换的一个示例，其中，①②③段的表达式如下。

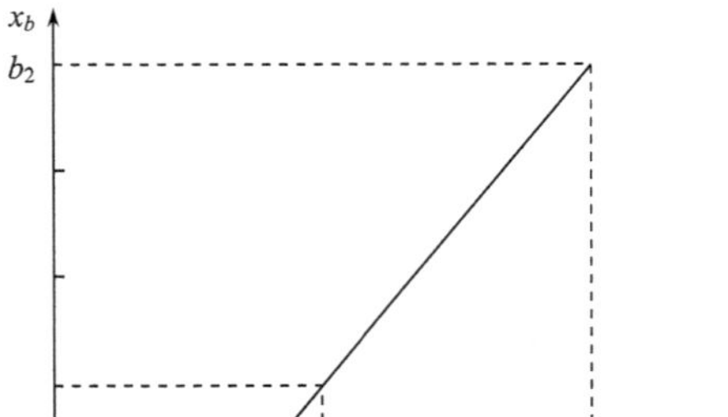

图 7-1　线性变换示意图

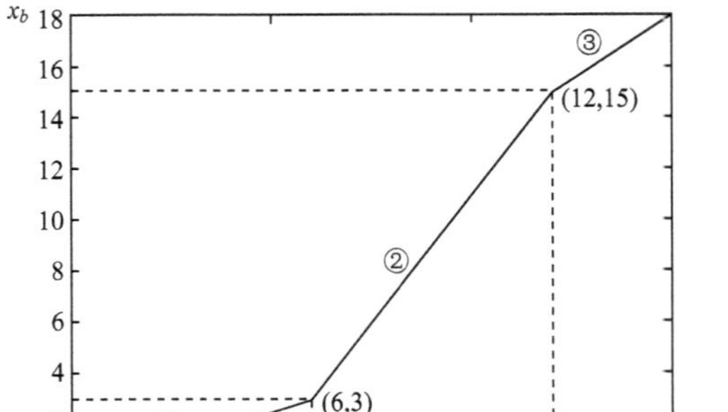

图 7-2　分段线性变换示意图

第①段：$x_b = \frac{1}{2}x_a, x_a \in [0,6], x_b \in [0,2]$　　　　(7-3)

第②段：$x_b = 2x_a - 9, x_a \in [6,12], x_b \in [3,15]$　　　　(7-4)

第③段：$x_b = x_a + 3, x_a \in [12,+\infty), x_b \in [15,+\infty)$　　　　(7-5)

从图 7-2 中可以看出，第①段为压缩，第②段为拉伸，第③段既不压缩，也不拉伸。分段线性变换往往适用于在黑色或白色附近有噪声干扰的情况。

7.1.3　非线性灰度变换

当变换函数是非线性时，即为非线性变换。灰度的线性变换不利于突出感兴趣区域，且容易出现饱和、截止等情况。解决办法是对图像进行非线性变换。非线性变换的函数很多，常用的有指数变换、对数变换、平方根变换、标准偏差变换、直方图周期性变换等。

指数变换能够压缩亮度值较低的像元，拉伸亮度值较高的像元，使图像的对比度更加明显。其数学表达式为

$$x_b = b\mathrm{e}^{ax_a} + c \tag{7-6}$$

式中：a、b、c 为可调参数，可以改变指数函数曲线的形态，从而实现不同的拉伸比例。

对数变换能够拉伸亮度值较低的像元，压缩亮度值较高的像元，从而达到增强图像的暗部细节，使得图像分布符合人的视觉特性。对数变换对于整体对比度偏低并且灰度值偏低的图像增强效果较好。其数学表达式为

$$x_b = b\lg(ax_a + 1) + c \tag{7-7}$$

式中：a、b、c 仍为可调参数，由使用者决定其值。

指数变换和对数变换的变换函数如图 7-3 所示。不同灰度变换方法的对比效果示例如图 7-4 所示。

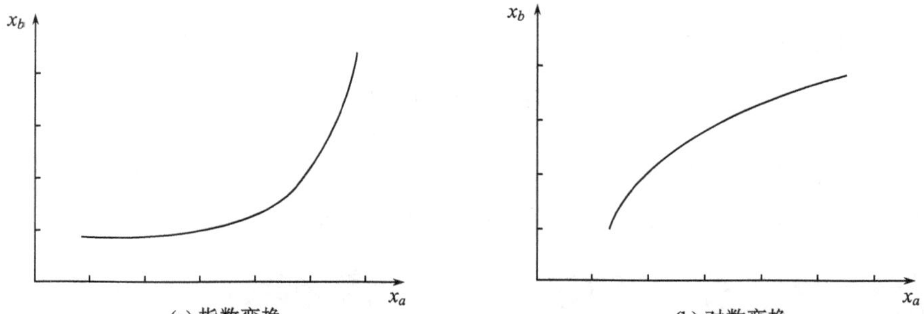

(a) 指数变换　　　　(b) 对数变换

图 7-3　指数变换与对数变换示意图

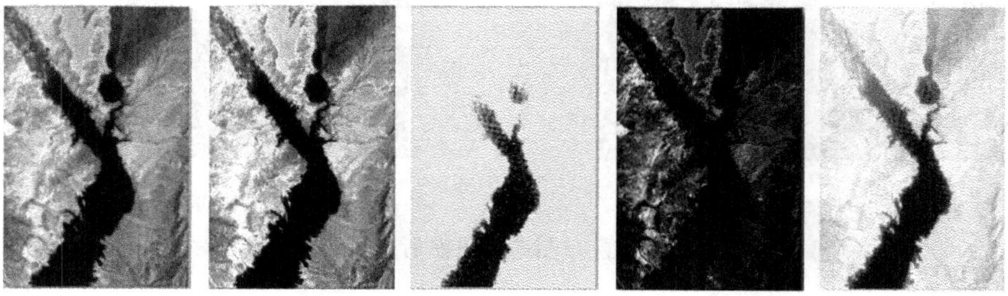

(a) 原始图像　(b) 线性变换　(c) 分段线性变换　(d) 指数变换　(e) 对数变换

图 7-4　不同变换方法效果对比

(Landsat ETM+ data of Lake Mead)

7.2　直方图变换

图像的灰度分布情况是图像的一个重要特征。图像的灰度直方图描述了图像中灰度分布情况，能够很直观地展示出图像中各个灰度级所占的多少(张继超，2018)。灰度直方图中，横坐标代表灰度级，纵坐标代表该灰度级出现的频率。

有些图像的灰度分布集中，图像细节不够清晰，对比度较低。为了增强图像，可以采用直方图均衡化和直方图规定化两种变换，增大图像对比度，使图像细节清晰。

7.2.1　直方图均衡化

直方图均衡化是将原图像的直方图按照一定的变换函数修正为均匀分布的直方图，然后按均衡直方图修改原图像，从而增大图像对比度，达到增强图像的目的(孙家抦，2003)。如图 7-5 所示，其实质是对图像进行非线性拉伸，重新分配图像像元值，使每个灰度级的像元数量大致相等。

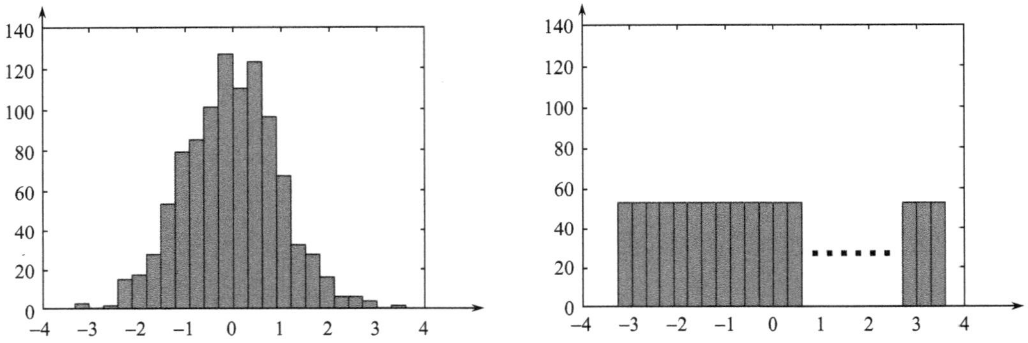

(a) 直方图均衡化前　　(b) 直方图均衡化后

图 7-5　直方图均衡化前后对比示意图

直方图均衡化对处理的数据不加选择，适用于图像整体偏暗或者偏亮的情况。因为均衡化后图像灰度级减少，所以可能会造成某些细节消失。图 7-6 是直方图均衡化的实例。

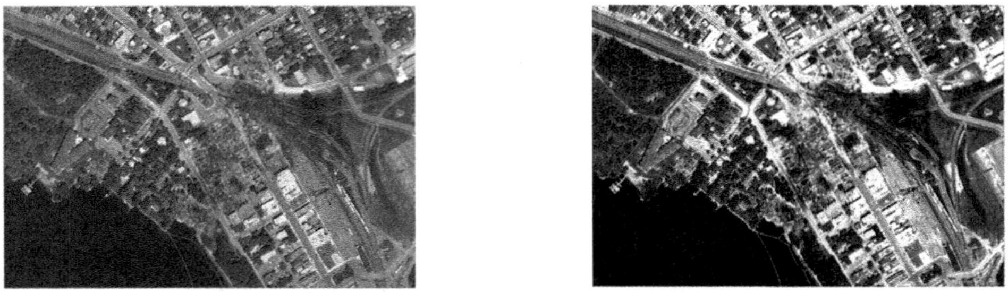

(a) 原始图像　　(b) 直方图均衡化后的图像

图 7-6　直方图均衡化前后效果对比

7.2.2　直方图规定化

在有些应用中，采用直方图均衡化的方法来增强图像并不能达到最佳效果，这时候可以使用直方图规定化。直方图规定化，也称为直方图匹配，是指将原图像的灰度直方图变成规定形状的直方图，然后按照新的灰度直方图重新分配图像像元值(朱文泉和林文鹏，2015)。

直方图均衡化是直方图规定化的一个特例，能够有选择地增强某个灰度值范围内的对比度，比直方图均衡化更加灵活。

将原始图像按照另一幅图像的直方图进行匹配，可以得到如图 7-7 所示的效果。图 7-8 呈现了直方图规定化前后直方图的对比。

(a) 原始图像　　　　　　　　　　(b) 直方图规定化后的图像

图 7-7　直方图规定化前后效果对比

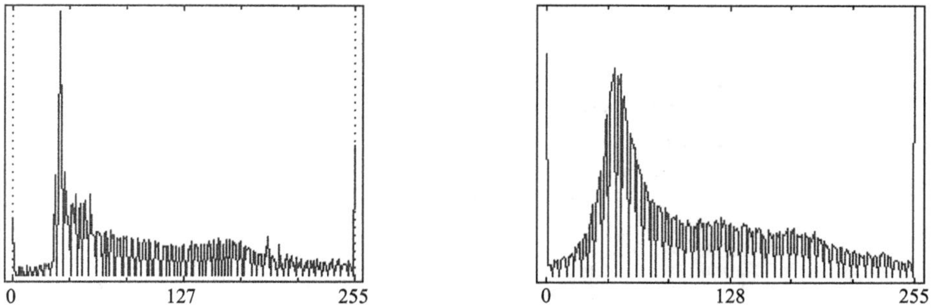

(a) 原始图像的直方图　　　　　　　　　　(b) 直方图规定化后图像的直方图

图 7-8　直方图规定化前后直方图的对比

7.3　空间域增强

7.3.1　邻域处理

邻域运算和点运算构成了最基本、最重要的图像处理手段(张继超，2018)。与对单个像元的处理不同，邻域运算是指利用像元与其周围相邻像元的关系，采用空间域中的邻域处理方法来突出图像的边缘或纹理信息，以达到增强视觉效果的目的。输出的像素值由包含当前像素的一个邻域中的几个像素的像素值决定。一般采用一个行列数是奇数的小矩阵作为邻域。

邻域运算在遥感数字图像处理中可以表现为平滑和锐化两种处理方式，平滑一般用于图像去噪声，而锐化可以增强图像的边缘及纹理信息。

7.3.2　平滑

消除图像中的噪声的运算称为图像平滑。图像平滑常用的方法有邻域平均、中值滤波、卷积运算等方法(杜培军，2006)。

1. 邻域平均

邻域平均法即将每个像元在以其为中心的邻域内取平均值来代替该像元值，以达到去噪(平滑突变的灰度)和平滑图像的目的。

对于离散数字的图像，其平滑公式为

$$g(x,y)=\frac{1}{M}\sum_{(n,m)\in S}f(n,m) \tag{7-8}$$

式中：$g(x,y)$为点(x,y)平滑后的灰度值；$f(x,y)$为邻域S中各像元的灰度值；M为邻域S中的点数；S为(x,y)的邻域；n和m为邻域S的行数和列数。

邻域平均的优点是算法简单，缺点是会造成图像中物体边缘的模糊。

2. 中值滤波

中值滤波是指将每个像元在以其为中心的邻域内取中值来代替该像元值，以达到去尖锐"噪声"和平滑图像的目的。

运算过程与邻域平均的方法类似，采用滑动窗口，逐像元参与邻域运算。计算时，将窗口内所有像元按亮度值的大小排列，取中间值作为滑动窗口中间像元的值。常用的几种采样窗口如图 7-9 所示。

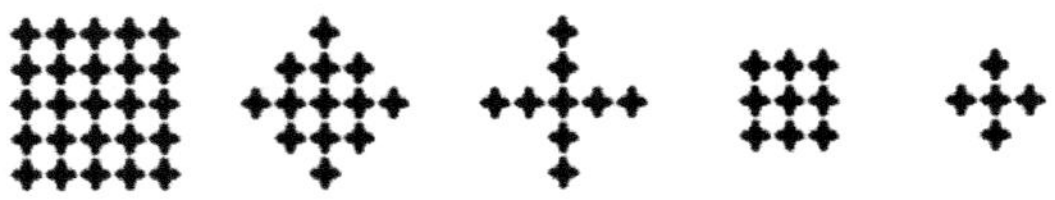

图 7-9　中值滤波采样窗口

对于一些细节多，特别是点、线、尖顶细节多的图像不宜采用中值滤波。有时考虑平滑效果，需对图像采用多种平滑方法进行多次平滑运算。

3. 卷积运算

卷积运算是一种空间域的运算，采用不同的模板，既可以实现图像平滑，也可以实现图像锐化。具体作法是：首先选定一个卷积"模板"，然后在图像中逐像元选取与模板同样大小的活动窗口，将图像窗口与模板像元的亮度值对应相乘再相加作为新的像元值。每次运算的结果都将放在窗口的中心位置，直至处理完整幅图像。假定模板大小为 $M\times N$，窗口为$\phi(m,n)$，模板为$t(m,n)$，如图 7-10 所示，则模板运算为

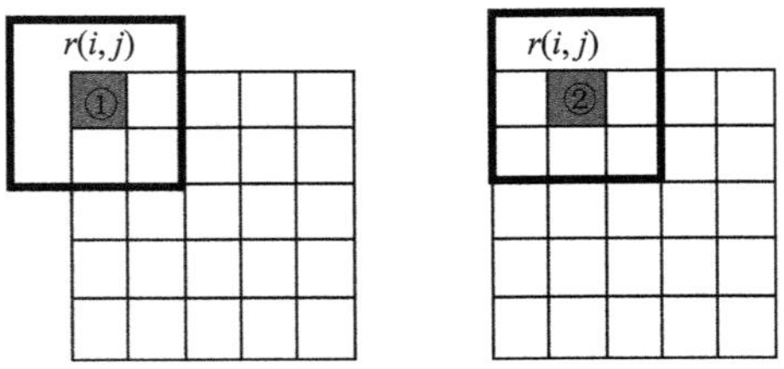

图 7-10　模板移动示意图

$$r(i,j)=\sum_{m=1}^{M}\sum_{n=1}^{N}\phi(m,n)t(m,n) \tag{7-9}$$

7.3.3　锐化

图像锐化是一种增强图像灰度反差的操作。其目的是突出图像边缘、增强图像细节、减少图像中的模糊。值得注意的是，锐化处理在增强图像边缘的同时也增加了图像的噪声。锐化的方法通常有微分法和模板匹配法(张继超，2018)。

1. 微分法

1) 罗伯特梯度

罗伯特(Roberts)梯度算子法算法简单，无方向性，采用对角相差的差分法来代替微分(孙家抦，2003)。梯度的方向是图像中最大变化率的方向，梯度反映了相邻像元的亮度变化率。一般来说，图像的边缘或突出细节处有较大的梯度值，如湖泊、河流的边界，山脉和道路等；图像亮度值较平滑的部分，亮度梯度值较小。因此，可以用不同的梯度计算值代替边缘处像元的值，实现图像的锐化。

罗伯特梯度方法计算过程示意图如图 7-11 所示。

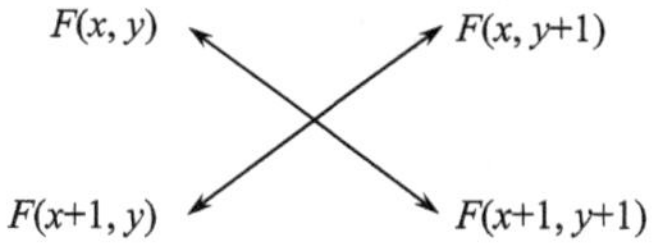

图 7-11　罗伯特梯度方法计算过程示意图

用公式表示为

$$\begin{aligned}\nabla F(x,y)&=\sqrt{\left[F(x,y)-F(x+1,y+1)\right]^2+\left[F(x+1,y)-F(x,y+1)\right]^2}\\&\approx\left|\left[F(x,y)-F(x+1,y+1)\right]\right|+\left|\left[F(x+1,y)-F(x,y+1)\right]\right|\end{aligned} \tag{7-10}$$

在模板卷积运算中，罗伯特梯度模板有两种：

$$t_1=\begin{bmatrix}-1 & 0\\ 0 & 1\end{bmatrix}\qquad t_2=\begin{bmatrix}0 & -1\\ 1 & 0\end{bmatrix} \tag{7-11}$$

这种算法的意义在于用交叉的方法检测出像元与其领域在上下之间或左右之间或斜方向之间的差异，最终产生一个梯度影像，达到提取边缘信息的目的。有时为了突出主要边缘，需要将图像的其他亮度差异部分模糊掉，故采用设定阈值的方法，只保留较大的梯度值来改善锐化后的效果。

2) 拉普拉斯算法

拉普拉斯算法是线性二次微分算子，与梯度算子一样，也没有方向性，从而满足了不同方向的图像边缘锐化要求(孙家抦，2003)。相比罗伯特梯度，拉普拉斯算法能获得更细的边界，但不清晰。

拉普拉斯算子可以用公式表示为

$$\nabla^2F(x,y)=\frac{\partial^2F(x,y)}{\partial x^2}+\frac{\partial^2F(x,y)}{\partial y^2} \tag{7-12}$$

其差分形式为

$$\nabla^2 F(x,y) = F(x+1,y) + F(x-1,y) + F(x,y+1) + F(x,y-1) - 4F(x,y) \tag{7-13}$$

可以看出，拉普拉斯算子取某像元上下左右 4 个邻点的值相加再减去该像元值的 4 倍，作为这一像元的新值。

在模板卷积运算中，常用的拉普拉斯算子模板有三种：

$$t_1 = \begin{bmatrix} 0 & -1 & 0 \\ -1 & 4 & -1 \\ 0 & -1 & 0 \end{bmatrix} \quad t_2 = \begin{bmatrix} -1 & -1 & -1 \\ -1 & 8 & -1 \\ -1 & -1 & -1 \end{bmatrix} \quad t_3 = \begin{bmatrix} 1 & -2 & 1 \\ -2 & 4 & -2 \\ 1 & -2 & 1 \end{bmatrix} \tag{7-14}$$

拉普拉斯算法是二阶微分算法，检测的是亮度变化率的变化率，使计算所得的图像亮度值突变的位置更加突出。

2. 模板匹配法

模板匹配法即将模板匹配算子作为权重，计算每个邻域内逐像元的加权平均值，并对结果进行排序，将结果的最大值作为窗口中心元素实现对图像的锐化(张继超，2018)。模板匹配算子一般为一个具有 8 个方向、大小为 3×3 的窗口。常用的模板匹配算子有两种，即 Sobel 算子和 Prewitt 算子。模板匹配法除了能增强图像边缘外还具有平滑噪声的优点，总体上效果优于梯度法。

1) Sobel 算子

Sobel 算子的模板为

$$t_1 = \begin{bmatrix} 1 & 2 & 1 \\ 0 & 0 & 0 \\ -1 & -2 & -1 \end{bmatrix} \quad t_2 = \begin{bmatrix} -1 & 0 & 1 \\ -2 & 0 & 2 \\ -1 & 0 & 1 \end{bmatrix} \tag{7-15}$$

Sobel 算子能够检测出较强的边缘信息。

2) Prewitt 算子

Prewitt 算子有一定的抗干扰性，图像效果比较干净。它有 8 个方向，分别对应 8 个模板：

$$\begin{aligned}
&\uparrow: \begin{bmatrix} 1 & 1 & 1 \\ 1 & -2 & 1 \\ -1 & -1 & -1 \end{bmatrix} \quad \nearrow: \begin{bmatrix} 1 & 1 & 1 \\ -1 & -2 & 1 \\ -1 & -1 & 1 \end{bmatrix} \quad \rightarrow: \begin{bmatrix} -1 & 1 & 1 \\ -1 & -2 & 1 \\ -1 & 1 & 1 \end{bmatrix} \quad \searrow: \begin{bmatrix} -1 & -1 & 1 \\ -1 & -2 & 1 \\ 1 & 1 & 1 \end{bmatrix} \\
&\downarrow: \begin{bmatrix} -1 & -1 & -1 \\ 1 & -2 & 1 \\ 1 & 1 & 1 \end{bmatrix} \quad \swarrow: \begin{bmatrix} 1 & -1 & -1 \\ 1 & -2 & -1 \\ 1 & 1 & 1 \end{bmatrix} \quad \leftarrow: \begin{bmatrix} 1 & 1 & -1 \\ 1 & -2 & -1 \\ 1 & 1 & -1 \end{bmatrix} \quad \nwarrow: \begin{bmatrix} 1 & 1 & 1 \\ 1 & -2 & -1 \\ 1 & -1 & -1 \end{bmatrix}
\end{aligned} \tag{7-16}$$

图像锐化有两方面的应用：一是增强图像边缘，使模糊的图像更加清晰，在处理方式上一般是将图像锐化结果与原图像相加以突出原图像的细节信息；二是用于目标物的边缘提取，并可进一步利用这些提取的边缘信息对图像进行分割、目标区域识别、区域形状提取等，从而为进一步的图像理解与分析奠定基础。要注意的是在锐化时，图像中的噪声也会被增强，所以要求锐化处理的图像有较高的信噪比。

7.4　频率域增强

频域增强是利用某种图像变换方法，将原来的图像空间中的图像转换到频域空间中，然后在频域空间中，根据处理目的对图像的变换系数(频率成分)直接进行运算，最后再将图像反变换，转换回原来的图像空间中，达到图像增强的目的(朱文泉和林文鹏，2015)。频率域是一种间接增强的算法，常用的频率域增强算法有基于频率域转换的傅里叶变换，基于多尺度分割的小波变换等。

图 7-12 表示了频率域变换的主要步骤。

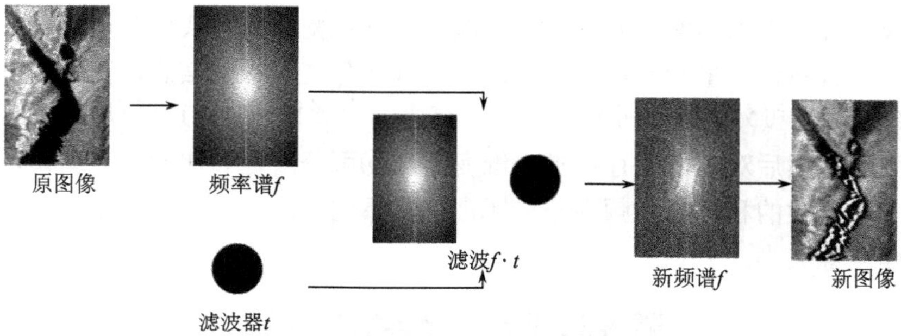

图 7-12　频率域变换的主要步骤

7.4.1　傅里叶变换

傅里叶变换是一种将影像分离成不同空间频率组分的数学方法。一般来说，图像的细节信息对应于频率域的高频部分，因此可以在频率域中先对高频部分进行增强(如乘以一个大于 1 的数值)再反变换到空间域，或者仅提取高频部分对应的信息(如频率域高通滤波)叠加到原图像。傅里叶理论认为，任何一个连续函数 $f(x)$ 都可以用一系列不同空间频率的正弦函数项之和来表示。这些项可以通过 $f(x)$ 的傅里叶变换来得到，其计算公式为

$$F(u)=\int_{-\infty}^{\infty} f(x)\mathrm{e}^{-2\pi iux}\mathrm{d}x \tag{7-17}$$

式中：u 为空间频率；$F(u)$ 为一个频率域函数。通过对 $F(u)$ 进行傅里叶逆变换得到。

$$f(x)=\int_{-\infty}^{\infty} F(u)\mathrm{e}^{2\pi iux}\mathrm{d}u \tag{7-18}$$

对于任意一景遥感图像，$f(x,y)$ 都是一个 $M\times N$ 的离散灰度矩阵，它的二维离散傅里叶变换为

$$F(u,v)=\frac{1}{MN}\sum_{x=0}^{M-1}\sum_{y=0}^{N-1}f(x,y)\exp\left[-i2\pi\left(\frac{ux}{M}+\frac{vy}{N}\right)\right] \tag{7-19}$$

式中：$u=0,1,\cdots,M-1$；$v=0,1,\cdots,N-1$。

对其进行傅里叶逆变换，可得

$$f(x,y)=\frac{1}{MN}\sum_{u=0}^{M-1}\sum_{v=0}^{N-1}F(u,v)\exp\left[i2\pi\left(\frac{ux}{M}+\frac{vy}{N}\right)\right] \tag{7-20}$$

式中：$x = 0,1,\cdots,M-1$；$y = 0,1,\cdots,N-1$。

$F(u,v)$ 包含有原始影像 $f(x,y)$ 的空间频率信息，称为频谱。

傅里叶变换后的影像包含了原始影像中的所有信息，为通过空间频率分析和处理影像提供了途径。

二维离散傅里叶变换具有以下性质。①变换域的周期性：对于傅里叶变换而言，时域的周期性导致频域的离散性，时域的连续函数在频域形成非周期频谱；而时域的离散性造成频域的周期延拓，时域的非周期性对应于频域的连续函数形式。那么对于时域和频域都是离散的二维离散傅里叶变换，它的时域和频域都表现为具有周期性的函数。这种特性称为变换域的周期性。②对称共轭性：在复数中，实部相等，虚部互为相反数的两个复数互为共轭复数。对于二维图像来说，因为图像值为实数，所以其傅里叶变换具有共轭对称性(图 7-13)。基于这一性质，在求解图像傅里叶变换时，只需要求解四分之一频谱信息，其他部分可通过共轭对称推导而得到。③可分离性：可分离性是指对于一个影像 $f(x,y)$，可以先沿着其每一列求一维傅里叶变换，然后对其每一行再求一维变换。④可分配性和比例性：傅里叶变换是一系列不同频率三角函数的和，每个频率分量所占比重不同，用不同系数表示，通过改变系数，可以直接压缩图像大小。

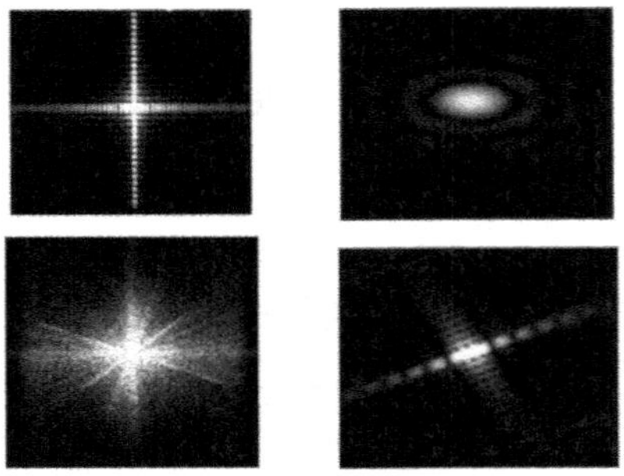

图 7-13　傅里叶变换的共轭对称性

基于以上性质，傅里叶变换可以用于去除遥感数据中的周期性噪声，对于图像压缩、图像去噪、图像增强、特征提取都很有用。

遥感图像处理中常采用快速傅里叶变换方法，将图像转换为一系列不同频率的二维正弦/余弦波，对变换结果进行处理后，再通过傅里叶逆变换转换到空间域，得到一个原始影像的增强影像。

快速傅里叶变换的计算公式为

$$F(u,v) = \sum_{x=0}^{N-1}\sum_{y=0}^{M-1}\left[f(x,y)\mathrm{e}^{-i2\pi(ux/N+vy/M)}\right] \tag{7-21}$$

式中：$u = 0,1,\cdots,M-1$；$v = 0,1,\cdots,N-1$。

快速傅里叶逆变换的计算公式为

$$f(x,y) = \sum_{u=0}^{N-1}\sum_{v=0}^{M-1}\left[F(u,v)\mathrm{e}^{i2\pi(ux/N+vy/M)}\right] \tag{7-22}$$

式中：$u = 0,1,\cdots,M-1$；$v = 0,1,\cdots,N-1$。

图 7-14 展示了一些典型地物的频率域图像。图中，白色亮斑是低频成分的集中区域，越向外频谱越高，亮斑中心为原始图像的平均亮度值。

(a) 铁路　(b) 城镇　(c) 沙漠　(d) 农田

图 7-14　几种典型地物及其频率域图像

通过傅里叶变换，可以在频率域上对原始图像进行处理，通常所用的操作包括平滑、锐化和周期性噪声去除等。其中平滑往往通过低通滤波器实现，锐化则通过高通滤波器实现，除此之外还有带通和带阻滤波器。带通滤波器是指能通过某一频率范围内的频率分量，而将其他范围的频率分量衰减到极低水平的滤波器。带阻滤波器是指能通过大多数频率分量，而将某些范围的频率分量衰减到极低水平的滤波器，与带通滤波器的概念相对，用以消除某种单一干扰频率。

各种滤波器如图 7-15 所示。

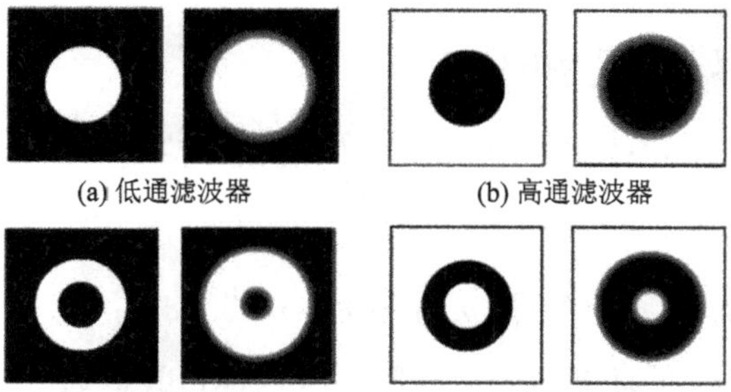
(a) 低通滤波器　(b) 高通滤波器　(c) 带通滤波器　(d) 带阻滤波器

图 7-15　频率域图像滤波器

1. 低通滤波

低通滤波器能够抑制高频成分，通过低频成分。在遥感数字图像中，噪声主要集中在高频部分，因此使用低通滤波器，可以滤除该领域内噪声，实现图像的平滑。

常用频率域低滤波器 $H(u,v)$ 有四种：理想低通滤波器、Butterworth 低通滤波器、指数低通滤波器和梯形低通滤波器。

1）理想低通滤波器

理想低通滤波器的传递函数为

$$H(u,v)=\begin{cases}1, & D(u,v)\leqslant D_0\\0, & D(u,v)>D_0\end{cases},\quad D_0\geqslant 0$$
$$D(u,v)=(u^2+v^2)^{\frac{1}{2}} \tag{7-23}$$

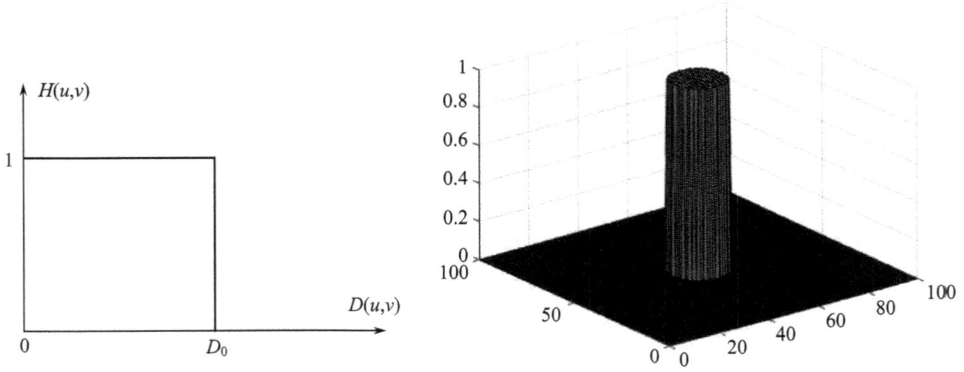

图 7-16　理想低通滤波器示意图

D_0 是低通滤波器的截止频率距原点的距离；对于低通滤波器，低于某个频率为通带，高于某个频率为阻带，这个临界频率即为截止频率。$D(u,v)$ 是从频率平面的中心原点到点 (u,v) 的距离，即 $D(u,v)=(u^2+v^2)^{1/2}$。D_0 的大小根据需要可具体确定，以下同。理论上，$D\leqslant D_0$ 的低频分量全部无损通过，$D>D_0$ 高频分量则全部除去，然后经傅里叶逆变换得到平滑图像。图 7-16 为理想低通滤波器示意图，因为高频部分包含大量边缘信息，所以，滤波处理后导致边缘损失，使图像边缘模糊。

2）Butterworth 低通滤波器

Butterworth 低通滤波器的传递函数为

$$H(u,v)=\frac{1}{1+\left[\dfrac{D(u,v)}{D_0}\right]^{2n}},\quad n=1,2,\cdots$$
$$D(u,v)=(u^2+v^2)^{1/2} \tag{7-24}$$

图 7-17 为 Butterworth 低通滤波器示意图。Butterworth 低通滤波器的特点是连续衰减，不像理想低通滤波器那样陡峭和具有明显的不连续性，因此用此滤波器处理后的图像中边缘的模糊程度大大降低。

3）指数低通滤波器

指数低通滤波器的传递函数为

$$H(u,v)=\mathrm{e}^{\left[-\frac{D(u,v)}{D_0}\right]^n},\quad n=1,2,\cdots$$

$$D(u,v)=(u^2+v^2)^{1/2} \tag{7-25}$$

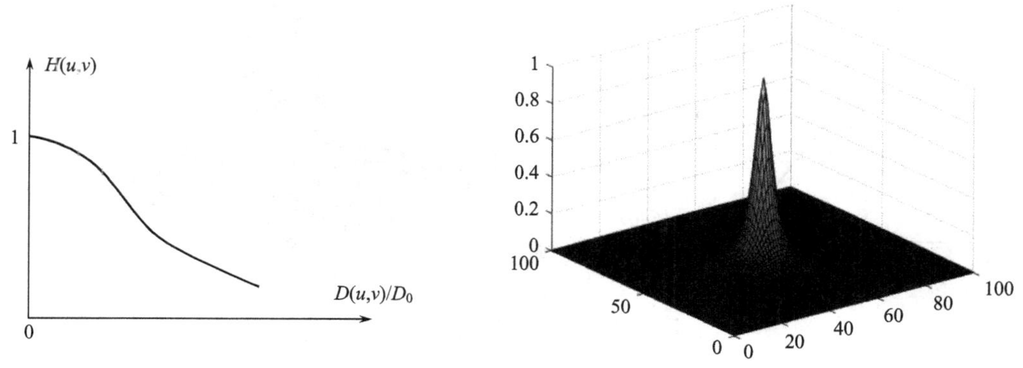

图 7-17　Butterworth 低通滤波器示意图

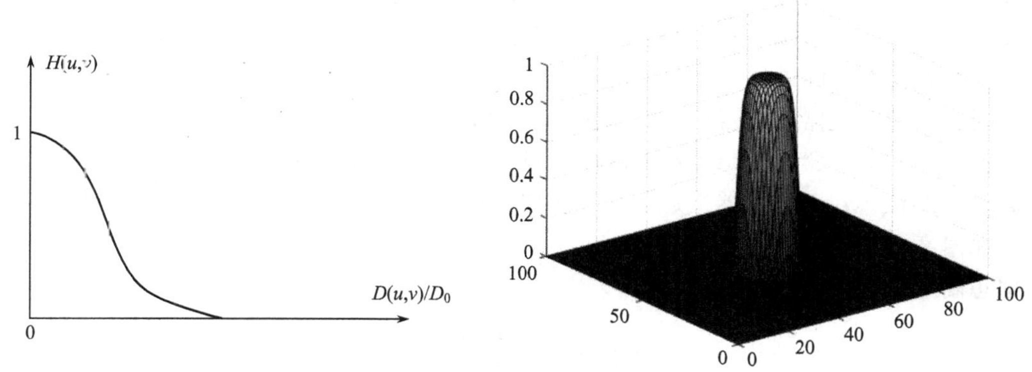

图 7-18　指数低通滤波器示意图

图 7-18 为指数低通滤波器示意图。指数低通滤波器在抑制噪声的同时，图像边缘的模糊程度比 Butterworth 滤波器大。

4) 梯形低通滤波器

梯形低通滤波器的传递函数为

$$H(u,v)=\begin{cases}1, & D(u,v)<D_0 \\ \dfrac{D(u,v)-D_1}{D_0-D_1}, & D_0 \leqslant D(u,v) \leqslant D_1 \\ 0, & D(u,v)>D_1\end{cases} \tag{7-26}$$

$$D(u,v)=(u^2+v^2)^{1/2}，\ D_1>D_0 \geqslant 0$$

图 7-19 为梯形低通滤波器示意图。D_0 是梯形低通滤波器的截止频率，D_1 为分段点。D_0 和 D_1 需按要求事先指定，且 $D_0<D_1$。

梯形低通滤波器滤波效果介于理想低通滤波器与指数低通滤波器之间，处理后的图像有一定的模糊和振铃效应(边缘抖动现象)。D_0 不变时，D_1 越大，图像越清晰；D_1 不变时，D_0 越大，振铃效应越明显。

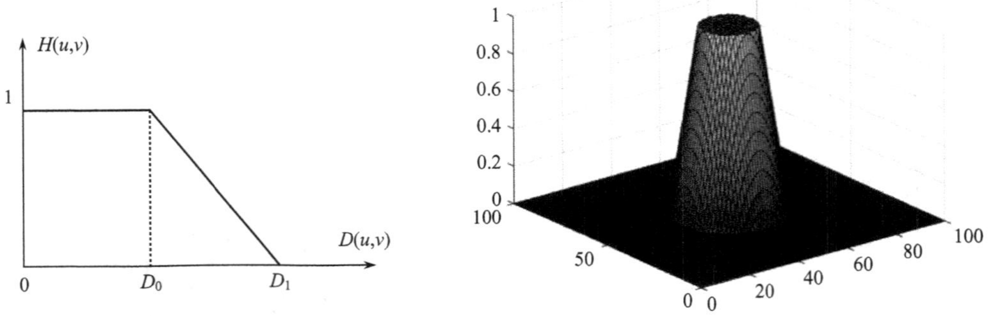

图 7-19　梯形低通滤波器示意图

2. 高通滤波

高通滤波器与低通滤波器的作用相反，它使高频分量顺利通过，而削弱低频分量。高通滤波图像增强即将空间域的图像通过傅里叶变换转换到频率域，然后利用高通滤波提取高频信息，从而实现图像的锐化。

常用的高通滤波器也有四种，即理想高通滤波器、Butterworth 高通滤波器、指数高通滤波器和梯形高通滤波器。Butterworth 滤波器有一个参数，称为滤波器“阶数”。当此参数的值较高时，Butterworth 滤波器接近理想滤波器，它可以看作是两种“极端”滤波器的过渡。

1) 理想高通滤波器

理想高通滤波器的传递函数为

$$H(u,v)=\begin{cases}0 & D(u,v)\leqslant D_0\\ 1 & D(u,v)>D_0\end{cases} \tag{7-27}$$

式中：D_0 是理想高通滤波器的截止频率距原点的距离；对于高通滤波器，高于某个频率为通带，低于某个频率为阻带，这个临界频率即为截止频率。$D(u,v)$ 是从频率平面的中心原点到点 (u,v) 的距离，即 $D(u,v)=(u^2+v^2)^{1/2}$。

图 7-20 为理想高通滤波器示意图。与理想低通滤波相反，理论上，值 $D\leqslant D_0$ 低频分量全部除去；$D>D_0$ 高频分量则全部通过，然后经傅里叶逆变换得到平滑图像。

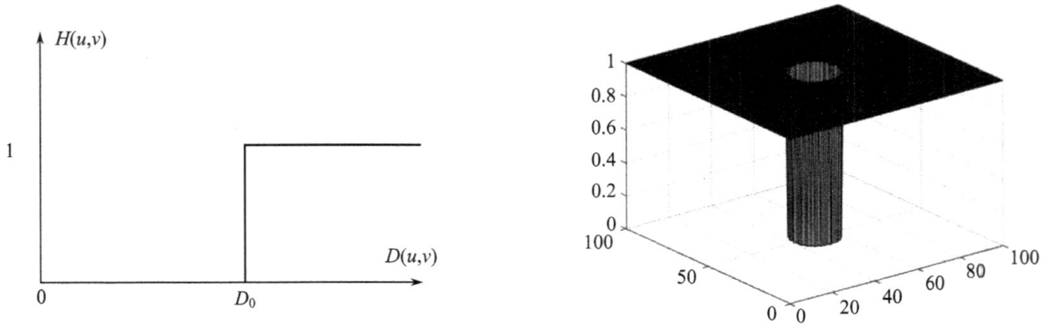

图 7-20　理想高通滤波器示意图

图 7-21(a)是理想高通滤波器对图像的增强效果。使用理想高通滤波器对频率域图像滤波并进行傅里叶逆变换得到空间域图像的边缘信息，再把高频信息与原图叠加，得到图像增强效果如图 7-21(b)所示。可以看出地物轮廓信息被突出，但轮廓外会产生晕圈(即振铃效应)。

(a)理想高通滤波器滤波结果　(b)理想高通滤波图像增强效果

图 7-21　理想高通滤波图像增强效果

2)Butterworth 高通滤波器

Butterworth 高通滤波器的传递函数为

$$H(u,v)=\frac{1}{1+\left[\dfrac{D_0}{D(u,v)}\right]^{2n}},\quad n=1,2,\cdots \tag{7-28}$$

$$D(u,v)=(u^2+v^2)^{1/2}$$

式中：D_0 为高通滤波器的截止频率距原点的距离；$D(u,v)$ 为从频率平面的中心原点到点 (u,v) 的距离，即 $D(u,v)=(u^2+v^2)^{1/2}$；n 为滤波器的阶数。以下同。

图 7-22 为 Butterworth 高通滤波器示意图。Butterworth 高通滤波器是把距原点的圆圈内的低频分量逐渐连续衰减，圆心处全部衰减，距离为 D_0 时衰减 1/2，所以其滤波效果比理想高通滤波器平滑。

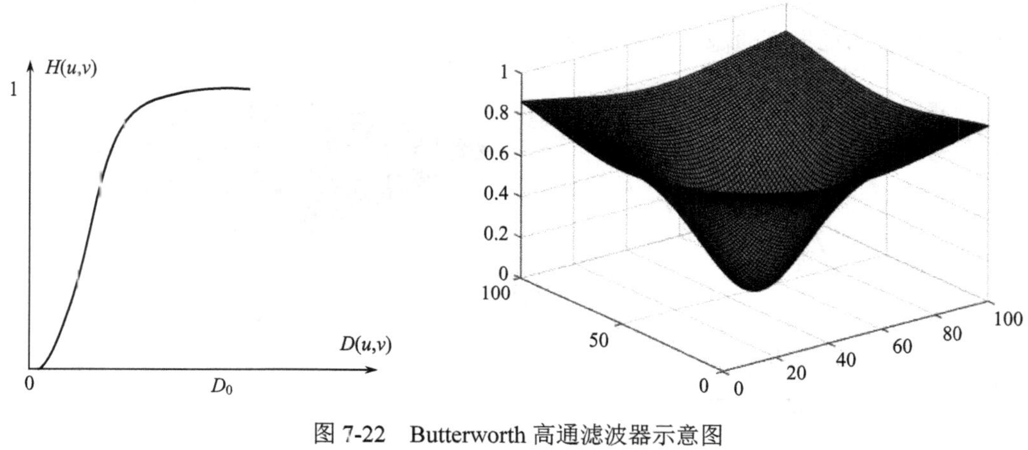

图 7-22　Butterworth 高通滤波器示意图

3）指数高通滤波器

指数高通滤波器的传递函数为

$$H(u,v)=e^{-\left[\frac{D_0}{D(u,v)}\right]^n},\quad n=1,2,\cdots \tag{7-29}$$
$$D(u,v)=(u^2+v^2)^{1/2}$$

图 7-23 为指数高通滤波器示意图。与 Butterworth 高通滤波器相比，指数高通滤波器效果差些，无边缘抖动现象。

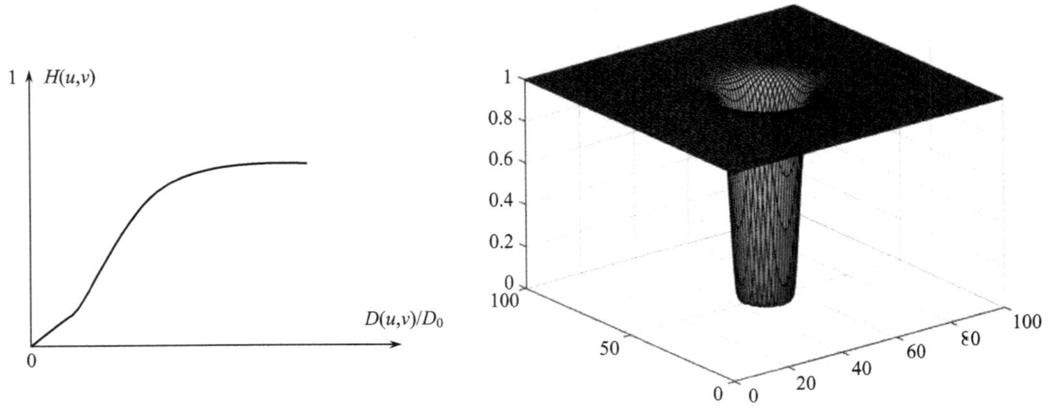

图 7-23　指数高通滤波器示意图

4）梯形高通滤波器

梯形高通滤波器的传递函数为

$$H(u,v)=\begin{cases}0, & D(u,v)<D_1\\ \dfrac{D(u,v)-D_1}{D_0-D_1}, & D_0\leqslant D(u,v)\leqslant D_1\\ 1, & D(u,v)>D_0\end{cases} \tag{7-30}$$
$$D(u,v)=(u^2+v^2)^{1/2},\quad D_1>D_0\geqslant 0$$

与梯形低通滤波器的传递函数一样，D_0 和 D_1 分别代表截止频率和分段点，需按要求事先指定。图 7-24 为梯形高通滤波器示意图。

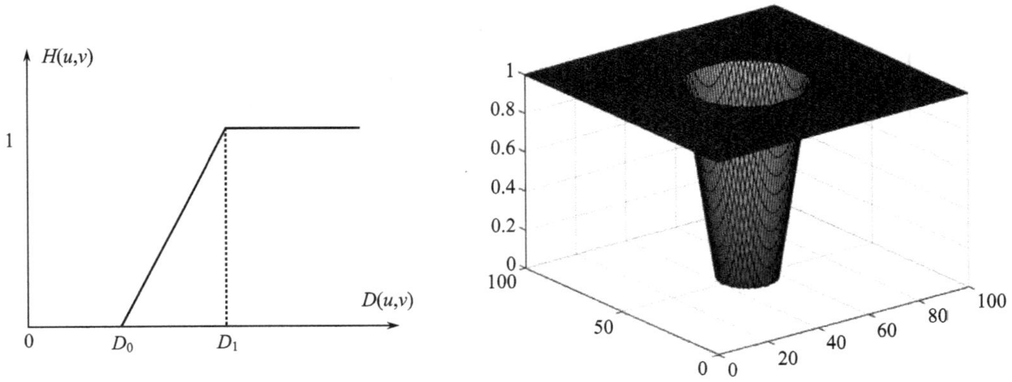

图 7-24　梯形高通滤波器示意图

理想高通滤波处理后的图像中边缘有抖动现象；Butterworth 锐化效果较好，边缘抖动不明显，但计算复杂；指数高通滤波器比 Butterworth 效果差些，边缘抖动现象不明显；梯形高通滤波器会产生轻微抖动现象，但计算简单，经常被使用。

3. 带通和带阻滤波器

带通滤波器容许一定频率范围信号通过，但减弱(或减少)频率低于下限截止频率和高于上限截止频率的信号通过。带阻滤波器减弱(或减少)一定频率范围信号，但容许频率低于下限截止频率和高于上限截止频率的信号通过。

7.4.2　小波变换

小波是一种具有有限时间、有限间隔而且其平均值为零的函数，其振幅和频率不一定恒定，波形也可以是不规则、不对称的(图 7-25)。小波变换是将一个信号分解成由原始小波经过移位和缩放后的一系列小波，由零开始由零结束，在时频两域都具有良好的定位能力。与傅里叶变换类似，它能将图像分解到不同方向、不同频率的子带上。此外，与傅里叶变换相比，小波变换是空间域和频率域的局部变换，因而能有效地从信号中提取信息。

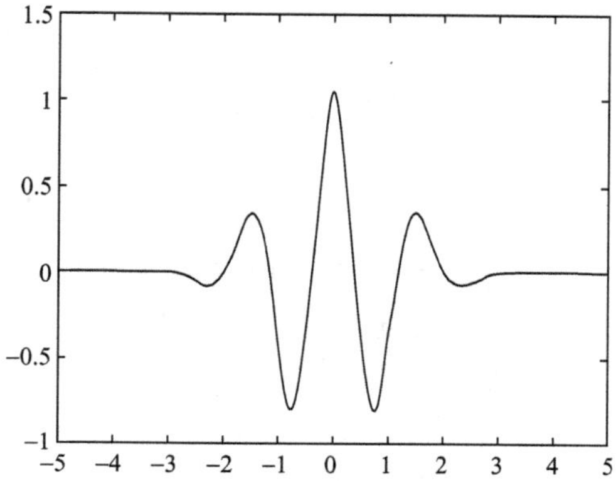

图 7-25　小波

遥感影像经过小波变换可分解为一些具有不同空间分辨率、频率特性和方向特性的图像，即低频分量和高频分量。其中，图像的主要信息体现在低频部分，图像边缘、细节信息部分体现在高频部分。在实际应用中，为了达到图像增强的目的，常对高频分量进行增强(如乘以一个大于 1 的系数)，然后再进行小波逆变换以达到图像锐化的效果。

小波变换分为连续小波变换和离散小波变换。连续小波变换是指时间、控制窗口大小的参数和时移参数都连续的小波变换。而离散小波变换是指时间、控制窗口大小的参数和时移参数都离散的小波变换。

1. 母小波

小波在数学上可以由一个定义在有限区间的函数 $\psi(x)$ 来构造，这个函数 $\psi(x)$ 称为母小波(mother wavelet)或者基本小波。小波基函数 $\psi_{a,b}(x)$ 可以通过缩放和平移母小波 $\psi(x)$ 来完成。

$$\psi_{a,b}(x)=\frac{1}{\sqrt{|a|}}\psi\left(\frac{x-b}{a}\right) \tag{7-31}$$

式中：a 为缩放参数，反映特定基函数的宽度(尺度)；b 为平移参数，反映沿 x 轴平移的位置，以下同。

2. 连续小波变换

函数 $f(x)$ 以小波 $\psi(x)$ 为基的连续小波变换可定义为函数 $f(x)$ 和 $\psi(x)$ 的内积，即

$$W_f(a,b)=\langle f,\psi_{a,b}(x)\rangle=\frac{1}{\sqrt{|a|}}\int_{-\infty}^{+\infty}f(x)\overline{\psi}\left(\frac{x-b}{a}\right)\mathrm{d}x \tag{7-32}$$

式中：$\langle f,\psi_{a,b}(x)\rangle$ 为函数 f 与 $\psi_{a,b}(x)$ 的内积；$\overline{\psi}\left(\dfrac{x-b}{a}\right)$ 为函数 $\psi\left(\dfrac{x-b}{a}\right)$ 的复共轭。$W_f(a,b)$ 的值越高，表示信号与该小波越相似。

3. 一维离散小波变换

连续小波变换中存在很多冗余信息，计算量大，且冗余信息不利于信号的分析和处理。因此在连续小波基函数中，将尺度参数和平移参数离散化（平移参数的离散化依赖于尺度参数的离散化），则连续小波基函数变为离散小波基函数。

$$\psi_{j,k}(x)=a_0^{-\frac{1}{2}}\psi\left[a_0^{-j}(x-ka_0^j b_0)\right]\quad j,k\in\mathbf{Z} \tag{7-33}$$

信号 $f(x)$ 的离散小波变换为

$$W_j(j,k)=a_0^{-\frac{j}{2}}\int_{-\infty}^{+\infty}f(x)\overline{\psi}(a_0^{-j}x-kb_0)\mathrm{d}x \tag{7-34}$$

执行离散小波变换的有效方法是使用滤波器。该方法由 Mallat 开发（Mallat，1991），因此被称为 Mallat 算法。这种方法实际上是一种信号的分解方法，在数字信号处理中称为双通道子带编码。通过两个互补的滤波器组将信号分解，其中一个滤波器为低通滤波器，通过该滤波器可得到信号的近似值；另一个为高通滤波器，通过该滤波器可得到信号的细节值。近似值 A 是大的缩放因子产生的系数，表示信号的低频分量，而细节值 D 是小的缩放因子产生的系数，表示信号的高频分量。

离散小波变换可以表示成由低通滤波器和高通滤波器组成的小波分解树（wavelet decomposition tree）。如图 7-26 所示，它对信号的高频分量不再分解，而对低频分量则持续分解，分解级数的多少取决于用户需要和待分析的数据，分级的层数越高，时间分辨率越低，频率分辨率越高。图 7-26 中给出的是四级分解。

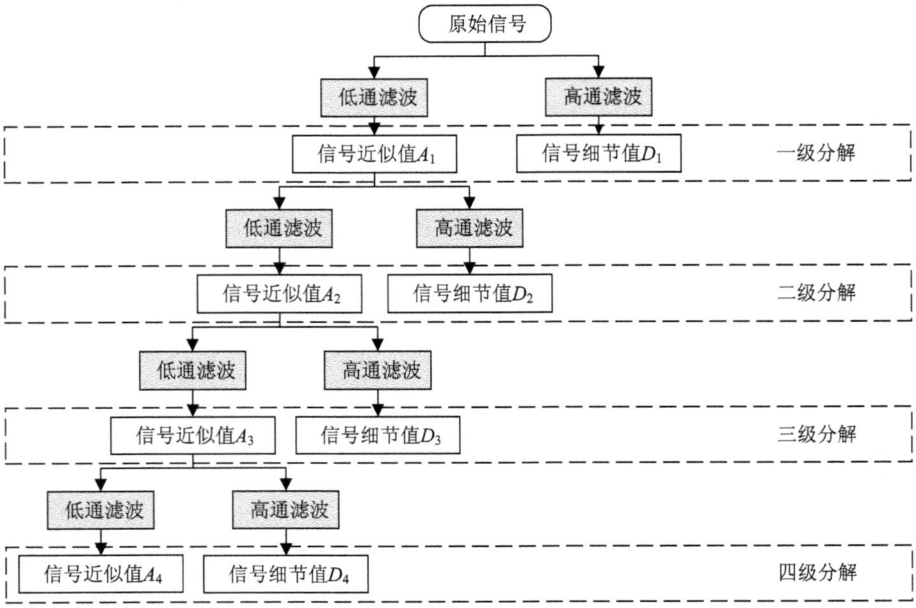

图 7-26　小波分解树

对于一个信号，如采用图 7-26 所示的方法，理论上产生的数据量将是原始数据的两倍。于是，根据奈奎斯特采样定理，可用降采样的方法来减少数据量，即在每个通道内(高通和低通通道)每两个样本数据取一个，便可得到离散小波变换的系数(Coefficient)。

利用信号的小波分解的系数还原出原始信号，这一过程称为小波重构。这一重构过程的数学运算称为逆离散小波变换。在进行逆离散小波变换时，对应小波变换的滤波和降采样两个过程，也要包含升采样和滤波过程。

信号重构中，滤波器的选择非常重要，关系到能否重构出满意的原始信号。低通分解滤波器(L_D)和高通分解滤波器(H_D)及重构滤波器组(L_R 和 H_R)构成一个系统，这个系统称为正交镜像滤波器(quadrature mirror filters，QMF)系统(图 7-27)。

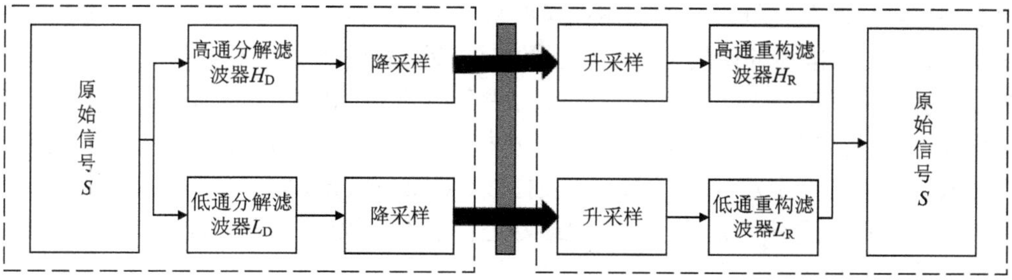

图 7-27　正交镜像滤波器系统

4. 二维离散小波变换

二维离散小波变换是一维离散小波变换的推广，其实质上是将二维信号在不同尺度上分解，得到原始信号的近似值和细节值。因为信号是二维的，所以分解也是二维的。如图 7-28 所示，分解的结果为：近似分量 A、水平细节分量 H、垂直细节分量 V 和对角细节分量 D。其中，图像的概貌主要体现在近似分量部分，细节部分体现在其余高频分量上。在实际应用中，为了达到图像增强的目的，常对高频分量进行增强(如乘以一个大于 1 的系数)，然后再进行小波逆变换以达到图像锐化的效果。同样也可以利用二维小波分解的结果在不同尺度上重构信号。

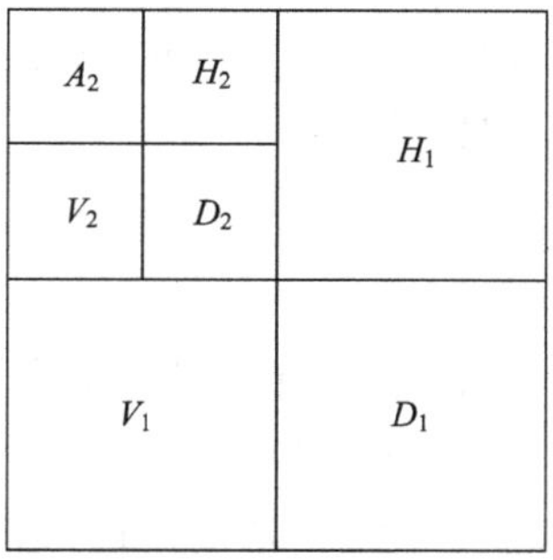

图 7-28　二维离散小波变换分解示意图

遥感图像处理中的小波变换，实际就是二维小波变换。

5. 小波变换在遥感图像处理中的应用

小波分析用于信号与图像压缩。通过量化去除大量小系数所代表的细节分量，用很少的码来描述大系数所代表的主要能量成分，从而达到压缩的目的。小波压缩的特点是压缩比高，压缩速度快，压缩后能保持信号与图像的特征不变，且在传递中能够抗干扰。基于小波分析的压缩方法很多，具体有小波压缩，小波包压缩，小波变换向量压缩等。

小波变换中的变尺度特性对确定信号具有一种“集中”的能力，因此小波也可以用于信号的滤波去噪、信号的时频分析、信噪分离与提取弱信号、求分形指数、信号的识别与诊断以及多尺度边缘检测等。

小波分析还可以用于图像增强。对原图像进行小波分解，分离出高频信息和低频信息，对每层分解得到的高频信息和低频信息在各自的变换域进行特征信息提取，分别融合，最后采用小波反变换重建图像。

小波分析用于图像融合。对高空间分辨率的全色图像和低空间分辨率的多光谱图像分别进行小波变换,然后用高空间分辨率全色图像的高频分量分别替换多光谱图像的各高频分量,再对其进行小波反变换，即可达到图像融合的目的。

7.5　图 像 运 算

7.5.1　四则运算

图像的代数运算是指针对多源遥感图像的特点，根据地物本身在不同波段或不同时相的灰度值差异，对于配准后的两幅或两幅以上的多波段遥感图像对应像元逐个进行加、减、乘、除的四则运算，来达到增加某些信息或消除某些不必要信息的目的(Jensen，2007)。例如，基于植物在近红外波段具有高反射值，在红光波段具有强吸收的特征，可以根据波段间的比值运算提取植被信息，运算的结果称为植被指数(vegetation index，VI)(Cohen，1991)。

需要注意的是，进行代数处理的图像最好进行了大气辐射校正、噪声抑制、几何精纠正等预处理，并且其相关的空间坐标必须完全相同。

1. 加法运算

实际工作中，加法运算常常用于获得特定时段的平均统计特征或者对同一区域不同时段的图像求平均，以减少图像的随机噪声。通过加法运算还可以加宽波段，将单波段图像变为全色图像。

$$B=\frac{1}{m}\sum_{i=1}^{m}B_i \tag{7-35}$$

式中：B_i为第i个波段；B为波段运算结果；m为波段数，以下同。

2. 减法运算

将同一时相不同波段的图像相减，可以得到同一地物在两个波段上的光谱反射率的差值，区分在单波段上难以辨认的地物，如红色波段上的植被和水体；还能提取与背景反差较小的目标信息，如冰雪覆盖区。将同一波段不同时相的图像相减，则可以提取目标地物的动态变化，如森林火灾监测、土地利用变化监测等。有时，差值法也被用于突出图像边缘，起到图像增强的作用。

$$B=B_x-B_y \tag{7-36}$$

式中：B_x、B_y为任意两个不同的波段，以下同。

3. 乘法运算

在遥感数字图像处理中，乘法运算往往被用于遮盖或提取图像的某些部分，这种操作也称为掩膜。图像的相乘也可以用于图像复合，与加法类似。

$$B=\left[\prod_{i=1}^{m}B_i\right]^{1/m} \tag{7-37}$$

4. 比值运算

将不同谱段的两幅多光谱图像配准后，对应像元的亮度值相除(除数不为 0)就是比值运算。它可用于消除图像上因地形坡度和方向导致的阴影部分，降低传感器灵敏度随空间变化造成的影响，还能提高图像对比度，增强目标地物之间的反差。比值运算常用于突出遥感影像中的植被特征、提取植被类别或估算植被生物量，这种算法的结果称为比值植被指数。

$$B = \frac{Bx}{By} \tag{7-38}$$

7.5.2　逻辑运算

图像的逻辑运算又称为布尔运算，包括逻辑与运算(AND)、逻辑或运算(OR)和逻辑非运算(NOT)三种类型，主要针对二值图像。逻辑与运算用于求两幅图像的相交区域。逻辑或运算是指：只要一个像素点上有一个值为 true，则逻辑或运算符返回布尔值 true；只有两个值都为 false 时才返回布尔值 false。图像逻辑非运算则是图像的像素反色处理。图 7-29 展示了几种逻辑运算的维恩图。

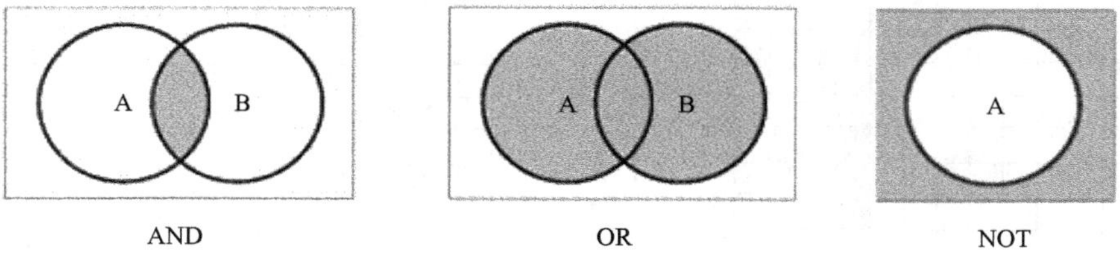

图 7-29　逻辑运算维恩图

图像的逻辑运算主要应用于图像增强、图像识别、图像复原和区域分割等领域。

7.5.3　数学形态学运算

数学形态学运算，顾名思义就是指会使图像的形态发生变化的操作。常见的数学形态学运算包括腐蚀、膨胀、开运算和闭运算等。其中开运算和闭运算由腐蚀和膨胀通过结合形成。开运算就是先腐蚀再膨胀，闭运算就是先膨胀再腐蚀。数学形态学操作可以分为二值形态学和灰度形态学，灰度形态学由二值形态学扩展而来。

1. 二值形态学

二值形态学运算(图 7-30)是一种针对二值图像进行交、并等集合运算的处理过程，算法简单，易于实现，可应用于二值图像的分割、细化、边缘提取等领域。

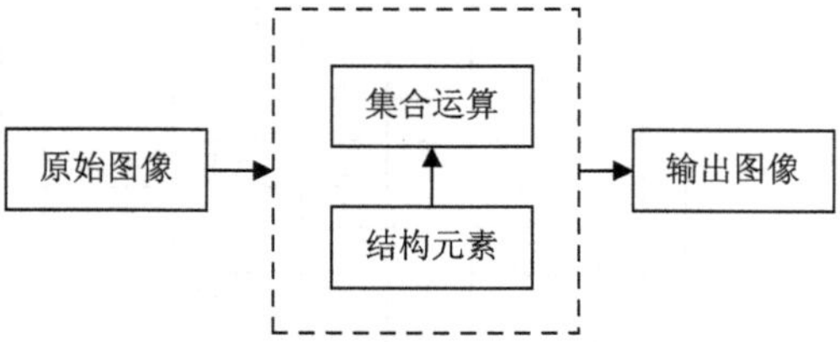

图 7-30　二值形态学运算过程示意图

结构元素是一个可以在图像上平移，且尺寸比图像小的集合。

1) 腐蚀

腐蚀即使目标区域范围“变小”的操作，会使图像的边界收缩。具体的操作方法为：先定义一个模板 B。B 中需要定义一个原点，对图像 A 中的每一个像素 x 做如下处理：将像素 x 置于模板的原点，根据模板的大小，遍历所有被模板覆盖的其他像素，若 B 中为 1 的元素

位置上对应的 A 图像值也为 1，则修改像素 x 的值为 1，否则赋值为 0。其表达式为

$$A \ominus B = \left\{ x, y \middle| (B)_{xy} \subseteq A \right\} \tag{7-39}$$

2）膨胀

膨胀会使目标区域范围“变大”，使目标边界向外部扩张。可以用来填补目标区域中的空洞或消除小颗粒噪声。具体的操作方法为：先定义一个模板 B，B 中需要定义一个原点，对图像 A 中的每一个像素 x 做如下处理：将像素 x 置于模板的原点，根据模板的大小，遍历所有被模板覆盖的其他像素，若 B 中为 1 的元素位置上对应 A 的图像值至少有一个为 1，则修改像素 x 的值为 1，否则赋值为 0。其表达式为

$$A \oplus B = \left\{ x, y \middle| (B)_{xy} \cap A \neq \varnothing \right\} \tag{7-40}$$

3）开运算

先腐蚀后膨胀的过程称为开运算。开运算可以消除图像中相对于结构元素而言较小的明亮细节，常用于抑制图像中的峰值噪声（图 7-31）。不同的结构元素将导致运算效昊的不同。

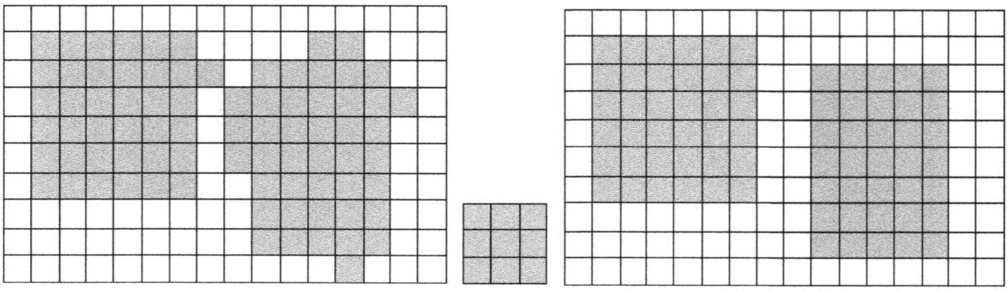

(a) 原图像A　　(b) 结构元素B　　(c) 开运算效果

图 7-31　开运算

4）闭运算

先膨胀后腐蚀的过程称为闭运算。闭运算可以消除图像中相对于结构元素而言较小的暗细节，常用于抑制图像中的低谷噪声（图 7-32）。不同的结构元素将导致运算效果的不同。

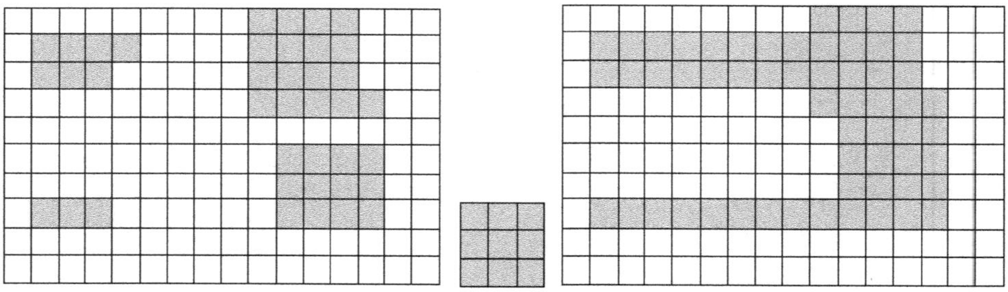

(a) 原图像A　　(b) 结构元素B　　(c) 闭运算效果

图 7-32　闭运算

2. 灰度形态学

灰度形态学是将二值形态学推广到灰度图像空间的结果。与二值形态学不同的是，灰度数学形态学的运算对象不是集合，而是图像函数，是类似卷积的一种操作。

若将结构元素 B 覆盖住的图像 A 的区域记为 P。则灰度形态学的腐蚀操作过程为：用 P 减去结构元素 B 形成的小矩形，取其中最小值赋到对应原点的位置。类似地，用 P 加上 B，然后取这个区域中的最大值赋值给结构元素 B 的原点所对应的位置即为灰度形态学的膨胀操作过程。

对灰度图像先进行腐蚀操作，可以除去小的亮的图像细节，但这样会使图像变暗。而先进行膨胀，可以增加图像的亮度，但亮噪声又会得到增强。实际中，我们往往将腐蚀与膨胀操作交替，即开运算与闭运算交替来平滑图像并去除噪声。

7.5.4　多光谱增强

遥感多光谱图像的波段多，陆地卫星的 TM 等传感器(胡如忠等，2015)有 7 个波段，包含了大量的信息，对图像解译很有价值。但由于数据量过大，运算时需要耗费大量的机时，占据大量的磁盘空间。但另一方面，多光谱图像的各波段之间具有一定的相关性，许多信息实际上是叠叠的。采用多光谱变换的方法，能够减少各波段信息之间的冗余，保留主要信息，达到压缩数据量，增强和提取有用信息的目的。

常用的多光谱增强包括：①K-L(Karhunen-Loeve)变换，又称为主成分变换；②K-T(Kauth-Thomas)变换，又称为穗帽变换。两种变换都在多光谱空间中进行。变换的本质是对遥感图像实行线性变换，使多光谱空间的坐标系按一定规律进行旋转。

1. 多光谱空间

遥感图像波谱增强是在多光谱空间中进行的。多光谱空间又称特征空间，就是一个 n 维坐标系，每一个坐标轴代表一个波段，坐标值为亮度值，坐标系内的一个点表示多波段图像中的一个像元。在实际应用中通常是作特征空间图来对多波段数据进行分析。常用的是两波段的特征空间图(图 7-33)，可以对两个波段的像元分布、像元值协同变化及相关情况进行分析。

在特征空间中，像元点在坐标系中的位置可以表示成一个 n 维向量：

$$\boldsymbol{X}=\begin{bmatrix}x_1\\x_2\\\vdots\\x_i\\\vdots\\x_n\end{bmatrix}=\left[x_1,x_2,\cdots x_i,\cdots,x_n\right]^{\mathrm{T}} \tag{7-41}$$

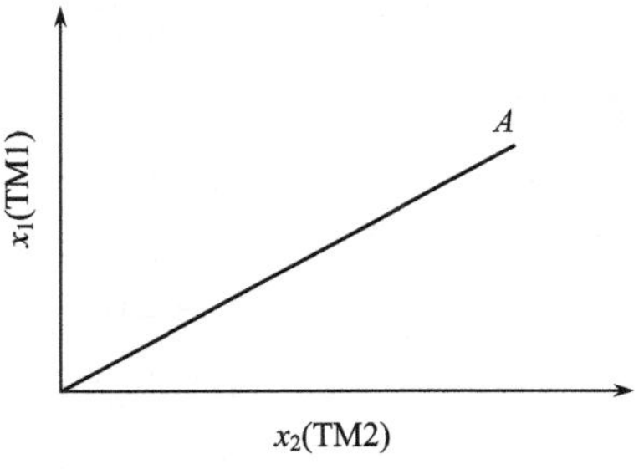

图 7-33　二维光谱空间

其中，每个分量 x_i 表示该点在第 i 个坐标轴上的投影，即亮度值。这种多光谱空间只表示各波段光谱之间的关系，与像元点在图像中的位置无关，没有图像空间的意义，图像有几个波段，光谱空间就有几个维数。

2. K-L 变换

K-L 变换又称为主成分变换(PCA 变换)或霍特林变换，是离散变换的简称(贾海峰，2006)。其基本原理是从原始的空间中顺序地找出一组相互正交的坐标轴。其中，第一个新坐标轴选择原始数据中方差最大的方向，第二个新坐标轴选取的是与第一个坐标轴正交的平面中方差最大的方向，第三个轴是与第 1，2 个轴正交的平面中方差最大的方向。依次类推，可

以得到 n 个这样的坐标轴。通过这种方式获得的新的坐标轴，大部分方差都包含在前面 k 个坐标轴中，后面的坐标轴所含的方差几乎为 0。只保留前面 k 个含有绝大部分方差的坐标轴。而忽略包含方差几乎为 0 的特征维度，实现对数据特征的降维处理。具体做法是对某一 n 个波段的多光谱图像 X 实行线性变换，即对 X 乘以一个线性变换矩阵 $A_{n\times n}$，产生一个新的图像 Y，该图像的各分量 y_i 之间具有最小的相关性。表达式为

$$Y = A_{n\times n}X \tag{7-42}$$

如图 7-34 所示，图中最长的椭圆轴称为第一主成分。第一主成分的方向是第一个特征向量，其长度是第一特征值。第二主成分是正交(垂直)于第一主成分的椭圆宽断面。在二维分析中，第二主成分对应椭圆的短轴。

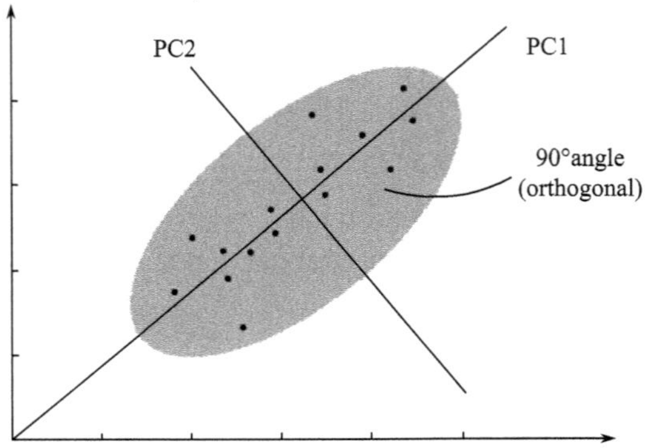

图 7-34　主成分变换原理图

K-L 变换的步骤：①计算原始图像的协方差矩阵；②计算矩阵的特征值 λ_i 和特征向量 $A_i(i=1,2,\cdots,n)$，i 为多光谱图像的波段数；③将特征值 λ 按由大到小的次序排列；④选择前 n 个特征值对应的 n 个特征向量构造变换矩阵 $A_{n\times n}$；⑤根据 $Y = A_{n\times n}X$ 对多光谱图像 X 实行线性变换。

K-L 变换的特点是：①在几何意义上，变换的过程相当于空间坐标系的平移与旋转。而且新坐标系的坐标轴一定指向数据信息量较大的方向——主分量方向。②变换前后方差总和不变，但各主分量包括的信息量不同。第一主分量集中了最大的信息量，常常占 80%以上。第二主分量、第三主分量的信息量依次很快递减，到了第 n 分量，信息几乎为零，几乎全是噪声。基于上述特点，在遥感数据处理时常常运用 K-L 变换作数据分析前的预处理，可以实现去除相关性、突出地物特征、降低维度、压缩数据、剔除噪声等效果。

3. K-T 变换

K-T 变换是 Kauth-Thomas 变换的简称，因为变换的形状像一顶帽子，也称穗帽变换(tasseled cap transform)(贾海峰等，2006)。这种变换也是一种坐标空间发生旋转的线性变换，但旋转后的坐标轴不是指向主成分方向，而是指向与地面景物有密切关系的方向，特别是与植物生长过程和土壤有关。其变换公式为

$$Y = CX + a \tag{7-43}$$

式中：X 为变换前多光谱空间的像元矢量；Y 为变换后的新坐标空间的像元矢量；C 为变换矩阵，a 为避免出现负值所加的常数。

K-T 变换的研究主要集中于多光谱扫描仪和专题制图仪数据的应用分析。对于多光谱扫描仪数据，变换矩阵 C 为

$$C=\begin{bmatrix} 0.433 & 0.632 & 0.586 & 0.264 \\ -0.290 & -0.562 & 0.600 & 0.491 \\ -0.829 & 0.522 & -0.039 & 0.194 \\ 0.233 & 0.012 & -0.543 & 0.810 \end{bmatrix} \tag{7-44}$$

变换后为

$$Y=\begin{bmatrix} y_1 \\ y_2 \\ y_3 \\ y_4 \end{bmatrix} \tag{7-45}$$

式中：y_1 称为亮度分量，主要反映了土壤反射率变化的信息；y_2 称为绿度分量，主要反映了地面植物的绿度；y_3 称为黄度分量，主要说明了植物的枯萎程度；y_4 没有实际的意义。在应用时可去掉第四分量，只选取前三个分量，从而使数据的结构更清楚，并且数据量被压缩。

Crist 和 Cicone(1984)提出了对专题制图仪数据做 K-T 变换时的转换矩阵，具体如表 7-1 所示。

表 7-1　对专题制图仪数据做 K-T 变换时的转换矩阵

分量	TM1	TM2	TM3	TM4	TM5	TM7
亮度	0.3037	0.2793	0.4743	0.5585	0.5082	0.1863
绿度	−0.2848	−0.2435	−0.5436	0.7243	0.0840	−0.1800
湿度	0.1509	0.1973	0.3279	0.3406	−0.7112	0.4572
第四	−0.8242	0.0849	0.4392	−0.0580	0.2012	−0.2768
第五	−0.3280	0.0549	0.1095	0.1855	−0.4357	0.8085
第六	0.1084	−0.9022	0.4120	0.0573	−0.0251	0.0238

经研究，新分量中的前三个分量与地面景物的关系密切。

第一分量代表亮度，实际上是 TM 的 6 个波段的加权和，反映了总体反射率的综合效果，并与影响总体反射率的物理过程有关；第二分量代表绿度，是可见光波段植物光合作用吸收与近红外植物强反射的综合响应，与地面植被覆盖、叶面积指数及生物量有很大关系；第三分量代表地表湿度，它是可见光、近红外波段反射能量的总和与两个中红外反射能量的差值，5、7 两个波段对土壤湿度和植被湿度最为敏感，反映了地面水分条件，特别是土壤的湿度状态。其余三个分量没有与景物有明确的对应关系，因此 K-T 变换后只取前三个分量，这样也实现了数据的压缩。

为了更好地分析农作物生长过程中植被与土壤特征的变化。将亮度和绿度分量组成的二维平面称为“植被视面”，将湿度和亮度分量组成的二维平面称为“土壤视面”；将湿度与绿度组成的二维平面称为“过渡区视面”，这三个分量共同组成一个新的三维空间，植被和土壤的特征便看得更清楚了。

K-L 和 K-T 两者基本作用相同，而主分量变换压缩能力强于穗帽变换。主分量变换在反映土壤特征上高于穗帽变换，穗帽变换在反映绿度即植被信息和土壤水分信息能力方面高于主成分变换。

7.5.5 图像复合

图像复合是将不同传感器、不同时相遥感数据之间以及遥感数据与非遥感数据之间的信息组合匹配的技术。复合后的图像数据能弥补单一遥感数据的不足，综合多种遥感数据的优势，精度更高，可应用性更强，也更有利于问题的综合分析。例如，TM 影像的光谱信息丰富，但分辨率较低，对郊区的农田、水系有较好的反映，但对城区的内部结构无法识别，整个城区偏向于某一种色调，对城区边缘只能按照这一种色调来确定；而 SPOT 数据分辨率高，全色波段可达 10m，对城区的内部结构有良好的反映，将两者复合，既可以提高新图像的空间分辨率又可以保持较丰富的光谱信息。再如，将陆地卫星多波段扫描影像与合成孔径雷达影像复合，可得到一种新的高分辨率假彩色合成影像，对于土壤、水体、山地、丘陵、居民点，以及道路、渠道等线性地物的识别尤其有效。

遥感信息的复合包括空间配准和内容复合两个方面，通过复合，在统一的地理坐标系统下形成一组新的图像，从而突出有用的专题信息。

信息复合的必要条件是同一区域、不同信息的地理坐标系统必须统一，而实际中，待匹配的影像所对应的地面范围不同，分辨率也不同。因此，图像复合的第一步即为空间配准，它包括几何校正和投影变换两部分，即先将用于信息复合的资料进行投影变换，然后利用几何校正的方法，分别在待匹配的影像上选取控制点，对图像做位置匹配。图像复合的第二步是直方图调整，不同影像中地物反射的亮度变化规律往往不同，为了使配准后的图像亮度值趋于协调，便于比较，需要对几幅图像进行直方图调整。预处理工作完成后，就可以进行图像复合了。不同时相的图像复合主要用来研究目标地物随着时间发生的动态变化。

图像融合可以分为若干层次，一般认为可以分为像素级、特征级和决策级（张良培和张立福，2011）。像素级图像融合是三个层次中最基本的融合，对原始图像及预处理各阶段上所产生的信息分别进行融合处理，以增加图像中有用信息成分，改善图像处理效果。经过像素级图像融合以后得到的图像具有更多的细节信息，如边缘、纹理的提取，有利于图像的进一步分析、处理与理解，还能够把潜在的目标暴露出来，利于判断识别潜在的目标像素点（Li and Peng，2003）。特征级图像融合是从源图像中将特征信息提取出来，对这些特征信息进行分析、处理与整合从而得到融合后的图像特征。对融合后的特征进行目标识别的精确度明显地高于原始图像的精确度。决策级图像融合是以认知为基础的方法，它允许多源数据在最高抽象层次上被有效地利用，但实现起来比较困难。

下面主要介绍基于像素级的图像融合。像素级图像融合算法很多，有比值融合、乘积融合、基于 IHS 变换的图像融合、基于主成分变换（principal component analysis，PCA）的图像融合等方法。

1. 比值融合

比值融合算法按下式进行：

$$
\begin{aligned}
[B_1/(B_1+B_2+B_3)]D &= DB_1 \\
[B_2/(B_1+B_2+B_3)]D &= DB_2 \\
[B_3/(B_1+B_2+B_3)]D &= DB_3
\end{aligned} \tag{7-46}
$$

式中：$B_i(i=1,2,3)$ 为多光谱图像；D 为高分辨率图像；$DB_i(i=1,2,3)$ 为比值变换融合图像。所得的融合结果能增加图像对比度，突出图像边缘和细节。

2. 乘积融合

乘积融合算法表达式为

$$
D \times B_i = DB_i \tag{7-47}
$$

式中：B_i、D 和 DB_i 的含义同上。通过乘积变换融合得到的融合图像亮度成分会增加。

3. 基于 IHS 变换的融合

IHS 变换图像融合是将 RGB 彩色空间变换到 IHS 空间，然后用灰度图像替代变换后的亮度分量 I（图像融合只在亮度通道上进行），最后再将替换结果从 IHS 颜色空间转换到 RGB 颜色空间，生成新的彩色合成图像。IHS 空间用亮度（intensity）、色调（hue）、饱和度（saturation）表示。将高空间分辨率灰度图像替代为变换后的亮度分量 I 时，如果二者的数据值范围不一致，应该先将高空间分辨率灰度图像的数据值范围线性拉伸至亮度分量 I 的数据值范围，再进行变换。

IHS 变换的优点是运算简单、实现容易，能够较好地保留纹理细节；缺点是仅限于 3 个波段，当替换的两幅图像灰度分布差异较大时，光谱特征容易被扭曲，融合得到的多光谱图像灰度值相较于原始多光谱图像有较大差异。

4. 基于主成分变换的融合

主成分变换融合法的实现过程是：首先，对多光谱图像进行主成分变换；然后，将高分辨率图像进行拉伸，使它与第一主成分的均值和方差相接近；接着，用拉伸后的高分辨率图像代替主成分中的第一主成分；最后，将替代后的第一主成分和其余主成分一起进行主成分逆变换，实现图像融合（Gillespie，1992）。主成分变换的优点是能较好地保留光谱特征和高空间分辨率图像的纹理；缺点是计算量较大，实时性较差。

在上述融合方法中，基于 IHS 变换融合和比值变换融合只能用三个波段的多光谱图像和全色图像融合，而其他方法不受波段数限制。

思考题

1. 图像增强的主要目的是什么？原理是什么？它包含的主要内容有哪些？

2. 对数变换和指数变换在图像增强中的作用是什么？

3. 直方图均衡化和直方图规定化的基本思想和基本原理是什么？二者有什么联系？

4. 何谓图像平滑？图像平滑有哪几种方法？试述几种平滑方法的区别。

5. 何谓图像锐化？图像锐化处理有几种方法？图像锐化可以应用于哪些方面？

6. 频率域增强的基本思想是什么？常用的频率域增强算法有哪些？试述频率域变换的简要步骤。

7. 什么是植被指数？试列举几种常用的植被指数，并谈谈它们可以用于哪些领域。

8. 图像复合是什么？有什么优势？举例说明。

9. 什么是多光谱空间？

10. 为什么要进行多光谱增强？多光谱增强主要有哪几种变换？二者有何异同？

11. 根据本章学习的内容，结合你感兴趣的领域，设计一种图像增强算法并叙述其实现过程。

第 8 章　遥感图像自动分类

8.1　遥感图像分类概述

8.1.1　遥感图像分类的概念

遥感图像分类是利用计算机对遥感图像中各类地物的光谱属性、空间属性和物候特征等进行分析，根据地物间的特征差异，将各个像元分别与不同的地物类别对应，从而将所有像元划分为不同的类别。遥感图像分类包括遥感图像目视解译和遥感图像计算机分类。

遥感图像目视解译，又称目视判读，或目视判译，是遥感成像的逆过程。它指专业人员通过直接观察或借助辅助判读仪器在遥感图像上获取特定目标地物信息的过程(梅安新等，2001)。目视解译的任务就是将遥感图像上影像与地物的对应关系辨别出来，将地物目标归类，用轮廓线圈定它们的位置，并赋予属性代码，还可以用不同的符号、颜色等表示属性。目视解译的解译标志主要有目标物的色调、颜色、阴影、大小、形状、纹理、图案、空间位置及相关布局。常用的遥感图像目视解译方法包括：直接判读法、对比分析法、信息复合法、综合推理法和地学相关分析法(梅安新等，2001)。目视解译所需要的设备少，简单方便，是地学工作者必须掌握的一项基本技能。

遥感图像的计算机分类是指利用计算机对地球表面及其环境在遥感图像上的信息进行属性的识别和分类，从而达到识别图像信息所对应的实际地物，提取所需地物信息的目的(孙家抦，2003)。计算机分类是通过统计学、图形学、模糊数学等数字方法提取感兴趣信息。与遥感图像的目视判读技术相比较，它们的目标一致，但手段不同，目视判读是直接利用人眼识别感兴趣信息，而计算机分类是使用计算机技术来模拟人眼的识别功能自动地提取感兴趣信息，计算机分类结果的精度可以运用目视解译的方法进行抽样检验。遥感图像的计算机分类是模式识别中的一个方面，它的主要识别对象是遥感数字图像及各种变换之后的特征图像。本章后续所介绍的分类都特指遥感图像的计算机分类。

8.1.2　遥感图像计算机分类的基本步骤

遥感图像分类的主要过程包括：分类影像数据的选取、影像数据预处理、分类类别确定和解译标志建立、训练样本选取和评价、特征提取和选择、分类方法的确定、图像分类运算、分类后处理、分类结果评价和分类成果输出。具体内容包括以下几点。

(1) 分类影像数据的选取：根据分类目的、研究区背景及所需解决的问题选择合适的遥感影像，主要考虑空间分辨率、时间分辨率、成像时间、图像质量等因素。

(2) 影像数据预处理：为了校正和复原图像获取过程中各种传感器内部和外界因素造成的辐射畸变和几何畸变等，提高分类精度，需要对遥感图像进行辐射校正、几何校正。这里要说明的是，对于晴空条件下获取的单幅影像的分类，辐射校正不是必需的环节。此外，为了得到覆盖整个研究区的遥感图像，还可能需要进行图像镶嵌和裁剪等预处理。

(3) 分类体系确定和解译标志的建立：特定研究区的分类体系的制定需要考虑应用目的、遥感图像特征、研究区的特点等多个因素。在确定好分类体系后，需要建立各个类别的解译标志。解译标志是指能直接反映待识别地物性质和类别的特征，主要包括目标对象的色调、颜色、阴影、形状、纹理、大小、图形、位置、布局等。解译标志的建立直接决定分类者对监督分类样本的选取和非监督分类结果的判定。

(4) 训练样本选取和评价：该步骤是监督分类的重要环节，直接影响分类结果的精度。训练样本一般通过野外调查和参考更高分辨率遥感图像获得，每一类的样本应均匀分布并能代表各类地物间的特征差异，每一类别的样本数目至少是特征变量个数的10～30倍。通过图表法和统计法判断已选训练样本对地物类别的分离程度，分离程度较小时需要重新选取样本，存在严重混分时应考虑合并类别。

(5) 特征提取和选择：在图像分类时，为了区分不同的类别必须选择使图像具有较强可分性的特征，如光谱特征、辐射特征、散射特征、纹理特征、物候特征等。

(6) 分类方法的确定：不同的分类方法各有优缺点，没有哪一种分类方法是最好的。因此，需要根据分类的类别、图像数据的特征、分类所具备的实际条件等选择合适的图像分类算法和分类器。

(7) 图像分类运算：在计算机软件中，使用所确定的分类方法，设置合适的分类器参数，进行图像分类运算。

(8) 分类后处理：逐像元分类方法受分类算法和图像噪声的影响，分类结果往往包含一些由少数像元组成的小图斑，分类后处理就是通过主/次要分析、聚类分析、过滤处理等去除或将这些小斑块合并到邻近类别。对于面向对象的分类，主要是检查对象是否被错分并修正。非监督分类设置的初始类别数目往往多于实际地物类别个数，因此需要对其进行类别合并处理。

(9) 分类结果评价：分类结果评价是检查分类好坏的重要环节。用于评价分类质量的具有真实地表类型信息的数据称为参考数据。参考数据可以来自外业调查、已有的高质量的土地利用覆盖图或者对更高分辨率的遥感数据进行目视解译。参考数据的质量对分类结果评价有直接影响，因此一定要确保参考数据的准确性和可靠性。若分类结果达不到精度要求，则需要对分类方法或训练样本做调整，直到满足分类精度要求。

(10) 分类成果输出：输出分类完成的结果图像、分类精度评价结果、分类结果的统计值等分类成果。

8.2 特征提取与选择

8.2.1 特征提取

在遥感图像分类中，我们只有找到各类地物之间的差异或独有性质，才能将它们相互区分开。不同地物之间某一种或多种存在差异的属性称为特征，包括以整幅图像为研究对象的全局特征(如地物在不同波段的光谱测量值、不同波段组合计算得到的植被指数)和将图像分割为不同单元的局部特征(如纹理、形状、大小、空间关系等空间属性)。为了更充分地利用地物属性，我们通常把某些或者所有原始属性通过变换生成新的特征变量，从而增强地物之间的可分性，这种通过变换的方式得到新特征变量的过程就是特征提取(朱文泉和林文鹏，2015)。特征提取可以分为光谱特征提取和空间特征提取，其中空间特征提取主要包括纹理特征提取、形状特征提取、空间关系特征提取等。

1. 光谱特征提取

地物在不同波段的光谱特征是遥感图像自动分类的主要依据，原始的光谱测量值数据量大且存在大量冗余信息。光谱特征提取的目的就是通过对波段进行线性或非线性组合得到可以更好地区分地物的综合光谱特征，同时达到降低相邻波段间光谱信息之间的相关性，减少数据量的效果。常用的光谱特征提取方法主要包括主成分变换、穗帽变换、哈达玛变换、最小噪声分离、波段代数运算等。

2. 纹理特征提取

有些地物的表面及其与周围环境的关系由于粗糙度和方向性不同，在图像局部的亮度呈现出一定的规律，纹理特征提取就是将这种图像亮度的空间规律性通过具体的数值或模型表达出来。纹理特征提取的方法主要包括统计法、结构分析法、模型分析法和频谱分析法。

3. 形状特征提取

同类地物具有相同或相似的形状特征，不同类地物具有不同的形状。形状特征通常分为基于边界的轮廓特征和基于图像局部的区域特征两类。形状特征提取就是将图像中的对象通过某种固定的方式表达并与不同地物类别对应。常见的形状特征表达方法有链码、多边形近似法、标记图法、骨架法等。遥感图像分类中常用的形状特征参数主要包括周长、面积、紧致度、最小外接矩形和最小外接椭圆等。

4. 空间关系特征提取

有些地物在空间位置和方向上与其他地物存在一定的关系，主要包括拓扑关系、距离关系和方位关系等。空间关系特征存在一定的复杂性，难以用固定的表达式描述，应用较少。

8.2.2　特征选择

随着遥感技术的发展，传感器性能不断提高，获得的信息更加多样，对于每一类的特征信息并不是越多越好。为了提高分类效率和分类精度，降低特征维数，从遥感图像的一组特征中筛选出最有效的特征参与分类，这个过程称为特征选择。所筛选的特征应具备以下四个特点(Castleman，2002)：①可区分性，即不同类地物特征值差异明显；②可靠性，即同类地物特征值接近；③独立性，即特征之间相关性小；④数量少，即选择少量有效特征。

特征选择的结果与图像自身的特征和所需要区分的地物类别有关，比如当区分两类比较相似的农作物时，需要根据二者的生长季节选择不同时相的影像数据；提取山地植被时，可以使用比值处理后的影像，减弱地形的影响。以上两种方法在对所选特征的限制条件较少的情况下使用，而实际应用过程中为了选择出最佳特征，需要考虑到更多的限制条件，因此通常需要通过定量评价的方式选择最优特征。常见的特征评价方法包括距离度量、相关性度量、信息度量、一致性度量和综合度量等。距离度量的基本思想是所选的特征能使感兴趣类别的类内距离最小，而与其他类别的类间距离最大，常使用类别可分性距离、离散度等评价指标。相关性度量是指所选特征之间的相关性小，以保证信息量大，比如经过主成分变化的图像数据信息主要集中在第一、二分量，且不相关。信息度量经常通过与熵有关的指标将信息增益大的特征选择出来。熵是用来表示信息大小的量。一致性度量是指通过一定的方式得到与全部特征具有相同分类能力的最少特征。综合度量兼顾两种度量的指标，如最佳指数法(optimum index factor, OIF)同时考虑以标准差为判断指标的信息量度量和以波段间的相关系数为判断指标的相关性度量。OIF 首先将相关性高的波段归为一组，然后从每组中各选出一

个波段进行组合，其计算表达式为

$$\mathrm{OIF}=\frac{\sum_{i=1}^{n}S_i}{\sum_{j=1}^{m}\left|R_j\right|} \tag{8-1}$$

式中：n 为波段的分组个数，也即最终选择的波段个数；S_i 为 n 个波段中第 i 波段的标准差；m 为 n 个波段中两两波段间相关系数的个数；R_j 为 m 个相关系数中的第 j 个。最佳指数法就是通过计算 OIF 值，得到 OIF 值最大的波段组合，该组合就是最佳波段组合。

经过特征提取和特征选择，我们已经得到了实际分类所使用的特征。不同特征对于地物类别的区分程度有强弱，有些分类器参与分类的特征顺序和权重不同就会得到不同的分类结果，因此使用多个特征进行分类时存在顺序和权重的分配，这就是特征组合所要研究的问题。如决策树分类中决策树的构建过程需要考虑各个特征指标参与分类的顺序，并且有些特征指标可能多次参与分类过程，同时涉及参与分类的特征顺序以及特征权重。

8.3　分类方法

遥感图像分类在计算机处理上可以看作是通过合适的判别函数对数组的识别和归类，在图像上表现为判断感兴趣目标的类别和空间分布。按照不同的分类角度(图 8-1)，我们可以将分类方法划分为很多不同的类别，如按照分类的对象可以分为基于像元分类和面向对象分类；根据分类所使用的特征分为基于光谱特征的分类、基于空间特征的分类、基于物候特征的分类以及多特征组合分类；根据参与分类的数据量可以分为基于单期影像的分类、基于多期影像的分类和基于时间序列影像的分类；根据参与分类的遥感影像数据源可以分为基于可见光影像的分类、基于雷达影像的分类、基于高光谱影像的分类以及多源数据复合分类；根据先验知识参与分类的先后，将分类方法分为非监督分类和监督分类两大类。根据有无训练样本参与以及样本的类型，可以分为非监督分类、监督分类和半监督分类。监督分类是在分类前选取训练样本(即明确知道地物类型的样本)，根据训练样本的统计特性确定判别函数和分类准则，非监督分类是在图像聚类为不同类别之后再根据先验知识将聚类类别与地物类别相对应。监督分类用到了训练样本，非监督分类没有用到训练样本。通常非监督分类没有监督分类精度高。然而在模式识别或机器学习的很多应用领域，模型构建时均存在有标记样本(即训练样本)不足且获取难度大的问题，为此有研究者提出了半监督分类。半监督分类是在已标记样本稀少，人工标注费时费力或获取困难，而未标记样本易得且充足的客观现实条件下产生的。半监督学习思想是将有标记样本与无标记样本同时运用到分类器的构建中，以提高有标记样本不足时分类器的性能。在众多分类角度中，按照先验知识参与分类的先后，把分类方法分为监督和非监督分类是最常见的，为此本节我们重点介绍非监督和监督分类两类方法。

8.3.1　非监督分类

非监督分类，也叫聚类分析，指不依靠训练样本，仅根据像元间特征变量的相似度大小进行自动聚类，其分类结果只是对不同类别进行区分，但并不确定类别的具体含义，最后需

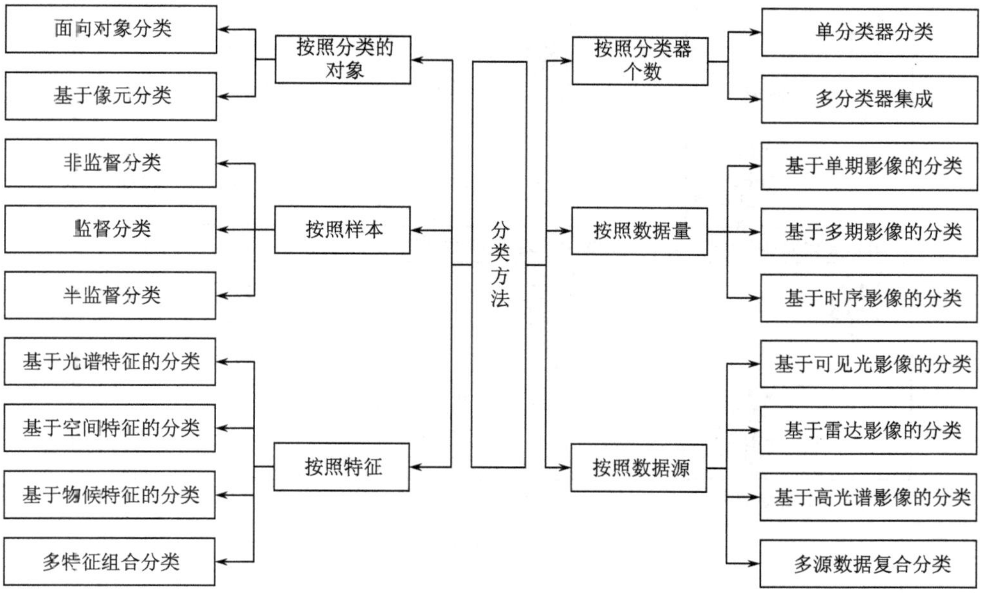

图 8-1　不同分类角度下分类方法的分类

要解译者将每个类别与参考数据进行比较来定义其属性(朱文泉和林文鹏，2015)。常用的非监督分类方法有 K-均值算法和迭代自组织数据分析算法(iterative self organizing data analysis, ISODATA)。

1. *K*-均值算法

K-均值算法是一种无监督的学习，在事先不知道类别的情况下，根据聚类对象的属性和所设置的类别数目将所有聚类对象划分到这些类别当中。K-均值算法最大的缺陷是类别数目必须在算法执行前确定，然而对于非监督分类的图像，一般较难在分类前确定类别数目，并且聚类结果与初始类别数目密切相关。K-均值算法中初始聚类中心是随机选定的，不同的初始聚类中心会得到不同的聚类结果。

K-均值算法的步骤如图 8-2 所示，具体包括：①设分类数为 K，从数据中选择 K 个样本点作为初始聚类中心；②计算每个聚类对象到初始聚类中心的距离，将其划分到距离最近的聚类中心所对应的簇中；③根据每个簇内所有样本的均值计算得到新的聚类中心；④计算聚类中心的位置变化数值，重复步骤②～③，直到满足以下两个条件之一：聚类中心位置变化数值小于给定的阈值或迭代次数达到所给定的最大迭代次数；⑤确定最优的聚类中心，聚类完成。

2. ISODATA 算法

迭代自组织数据分析算法，也即 ISODATA 算法，是由 K-均值算法演变而来，同样使用迭代的思想。它相较于 K-均值算法存在以下不同：通过聚类类别的自动合并和分裂得到更为合理的类别数目从而自动确定聚类数目；由于存在合并和分裂，ISODATA 算法增加了相应的限定参数。

ISODATA 算法的步骤如图 8-3 所示，具体包括：

(1)参数初始值设定。K 为期望得到的聚类数；N_c 为初始设定的聚类数；θ_N 为每一个类别中最少的样本数，若少于此数，则去掉该类别；θ_S 为一个类别中，样本特征中标准差的

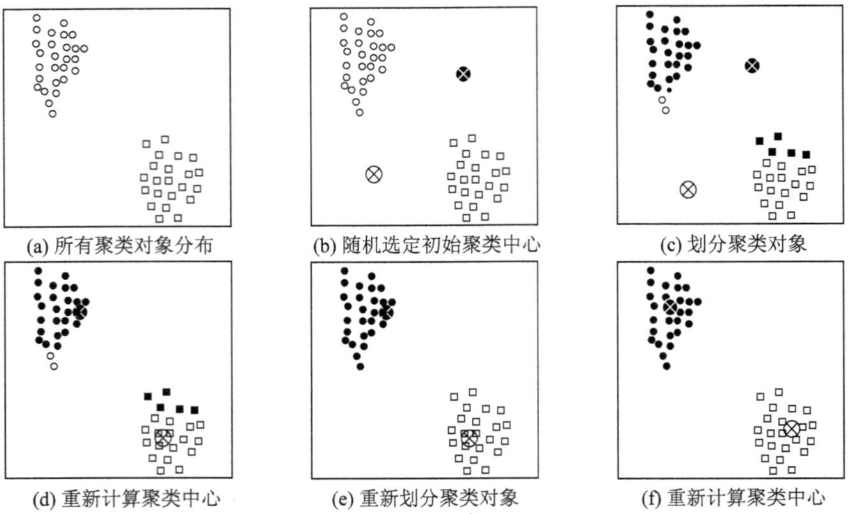

图 8-2　*K*-均值算法过程图

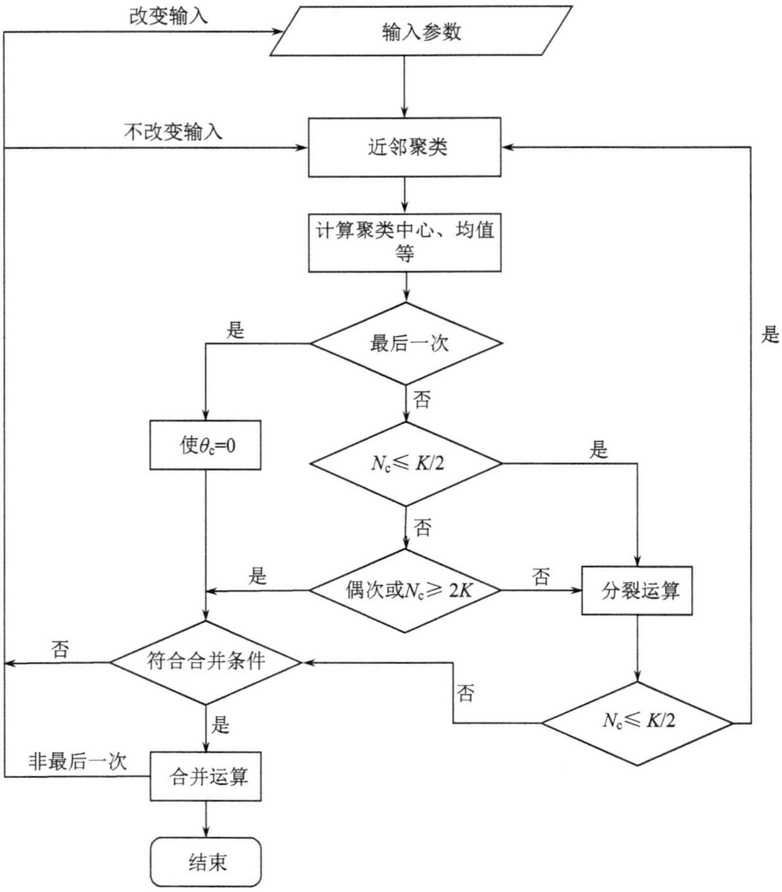

图 8-3　ISODATA 聚类算法流程图

最上限，若大于这个值，则可能分裂；θ_c 为两个类别中心间距离的最下限，若小于此数，则两个类别需要进行合并；*L* 为在一次合并操作中，可以合并的类别的最多对数；*I* 为迭代运算的次数；输入 N 个模式样本 $\{X_i, i=1,2,\cdots,N\}$；预选 N_c 个初始聚类中心 $\{Z_1, Z_2, \cdots, Z_{N_c}\}$。

(2) 将所有聚类对象分配到距离最近的聚类中心所代表的类别。

(3) 根据 θ_N 判断是否合并，如果 Z_j 中的样本数 $N_j < \theta_N$，则取消该类中心 Z_j，$N_c = N_c - 1$，转至 (2)。

(4) 计算分类后各类别的中心 (W)、类内平均距离 (D_i) 以及总体平均距离 (D_{mean})。

(5) 判断算法停止、分裂或合并：①若迭代次数达到最高迭代次数，即 $I_p = I$，则算法结束；②若 $N_c \leqslant K/2$，则转到 (6)，将一些类别分裂；③若 $N_c \geqslant 2K$，则转至 (7)，将一些类别合并；④若 $K/2 < N_c < 2K$，则当迭代次数 I_p 是奇数时转至分裂运算 (6)，当迭代次数 I_p 是偶数时转至合并运算 (7)。

(6) 分裂运算。求出每一类内标准差向量 σ_j 中的最大分量 σ_{max}，若存在 $\sigma_{max} > \theta_s$ 且 $D_i > D_{mean}$，$N_j > 2(\theta_N + 1)$ (或 $N_c \leqslant K/2$) 时，该类 W_j 分裂为两个类，原 Z_j 取消，且令 $N_c = N_c + 1$。两个新类的中心 Z_{j+} 和 Z_{j-} 分别是在原 Z_j 中相应的分量上加上和减去 $K\sigma_{max}$ (其中 $0 < K < 1$)，其他分量不变。分裂后 $I_p = I_p + 1$，并转至步骤 (2)。

(7) 合并运算。计算各类中心间的距离 D_{ij}，$i = 1,2,\cdots,N_c - 1$；$j = 1,2,\cdots,N_c$。将 D_{ij} 与 θ_c 比较，并将小于 θ_c 的那些 D_{ij} 按递增次序排列取前 L 个。从最小的 D_{ij} 开始，将相应的两类合并，并计算合并后的聚类中心。在一次迭代中，某一类最多只能合并一次。$N_c = N_c$ 减去已合并的类别数。

(8) 如果迭代次数 $I_p = I$ 或过程收敛，则算法结束。否则，$I_p = I_p + 1$，若需要调整输入参数，则转至步骤 (1)；若不改变输入参数，则转至步骤 (2)。

8.3.2　监督分类

监督分类是根据已知类别的样本像元识别其他未知类别像元的过程 (朱文泉和林文鹏，2015)。监督分类包括利用训练区样本建立判别函数的“学习”过程和把待分像元代入判别函数进行判别的过程 (梅安新等，2001)。常用的监督分类的方法包括平行管道分类、最小距离分类、马氏距离分类、最大似然分类、支持向量机分类、随机森林、神经元网络分类等。

1. 平行管道分类

平行管道分类 (parallelepiped classification) 是指在三维或更多维特征空间中，每种地物的训练样本依据亮度值均值和变化差组成一个平行六面体或多面体，待分类像元的类别由落入的平行六面体或多面体所属于的类别决定 (图 8-4)。这种算法原理简单、计算速度快，但当训练样本分离性不好时，容易出现类别重叠，若待分类像元没有落入任何既定的类别空间，则需要使用其他方法分类，工作量大大增加。

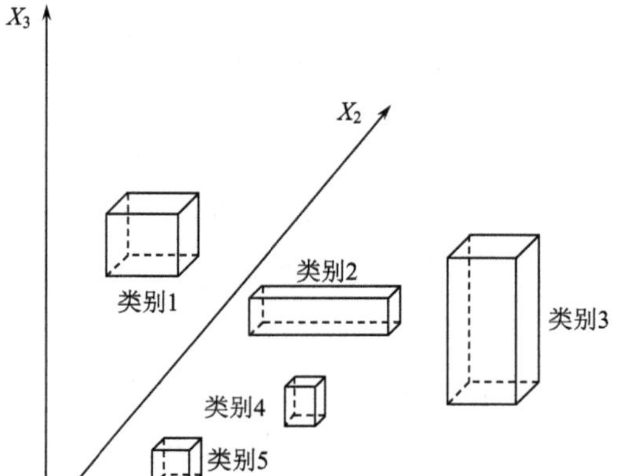

图 8-4　平行管道分类示意图

2. 最小距离分类

最小距离分类 (minimum distance classification) 是指首先计算出每一类的训练样本的特征值均

值向量和标准差向量，然后以均值向量当作该类在特征空间中的中心点位置，计算每个待分类像元到各类中心的欧氏距离，到哪一类中心的距离最小，该像元就归入到哪一类(图 8-5)。欧氏距离表达式为

$$d=\left[(x-u)^{\mathrm{T}}(x-u)\right]^{\frac{1}{2}} \tag{8-2}$$

式中：x 为待分类像元的向量；u 为某类别的训练样本的均值向量。

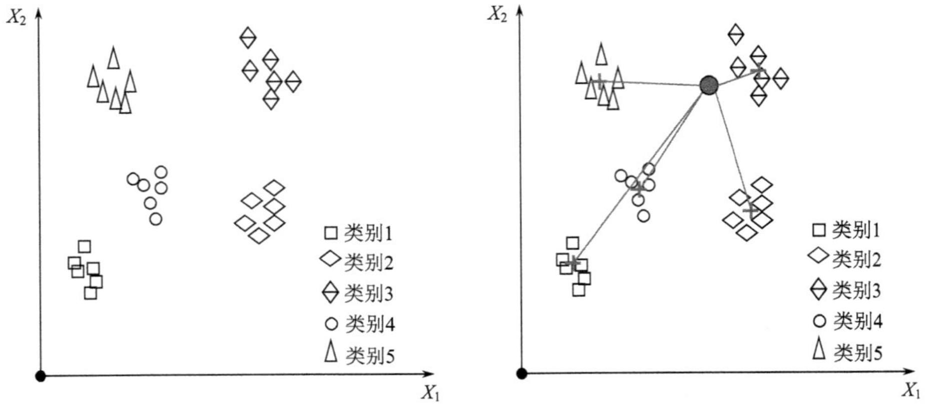

图 8-5　最小距离分类示意图

3. 马氏距离分类

马氏距离分类(Mahalanobis distance classification)与最小距离分类类似，只是添加了各类别总体分布的相关性，通过计算输入图像的待分类像元到各训练样本均值的协方差距离，将待分类像元归到协方差距离最小的类别中。

$$d=[(x-u)^{\mathrm{T}}\textstyle\sum^{-1}(x-u)] \tag{8-3}$$

式中：x 为待分类像元的向量；u 为某类别的训练样本的均值向量；$\sum$为协方差矩阵。两点之间的马氏距离不受量纲的影响，数值大小与原始数据的单位无关。

4. 最大似然分类

最大似然分类(maximum likelihood classification, MLC)假设每一个波段的每一类统计都呈正态分布，计算待分类像元属于每一类训练样本的似然度，像元最终被归并到似然度最大的类别中。似然度是像元数据 X 属于类别 k 的后验概率。设分类图像中有向量 $X^{\mathrm{T}}=\left[x_1,x_2,x_3,\cdots,x_n\right]$，研究区可分为 M 类，定义每一类别为 $w_i(i=1,2,\cdots,M)$。假定待分类像元为 X，则最大似然法建立的后验概率判别函数为

$$P_i=P(w_i)\bullet P(X\mid w_i)\quad (i=1,2,\cdots,M) \tag{8-4}$$

式中：$P(X\mid w_i)$ 为特征空间向量 X 对于每个模式类 w_i 的条件概率密度函数；$P(w_i)$ 为每个模式类 w_i 的先验概率。若存在 $P_i(X)\geqslant P_j(X)(i\neq j)$，则待分类像元 X 属于 w_i 类。

最大似然法将训练样本重叠区的像元类别归属问题解决了，但是需要选择相关性较低的特征参与分类，以保证协方差矩阵存在逆矩阵。

5. 支持向量机分类

支持向量机分类(support vector machine, SVM)算法是从线性可分情况下的最优分类面发展而来。其基本思想是：待分类数据点是 n 维特征空间中的点，能够区分两个类别的 $n-1$ 维的超平面很多，我们希望找到一个能够使两个不同类的数据点间隔最大的面，即最大间隔超平面。如果我们能够找到这个面，这个分类器就称为最大间隔分类器。图 8-6(b)的两类边缘中间的平面就是一个二维平面中的最大间隔超平面。

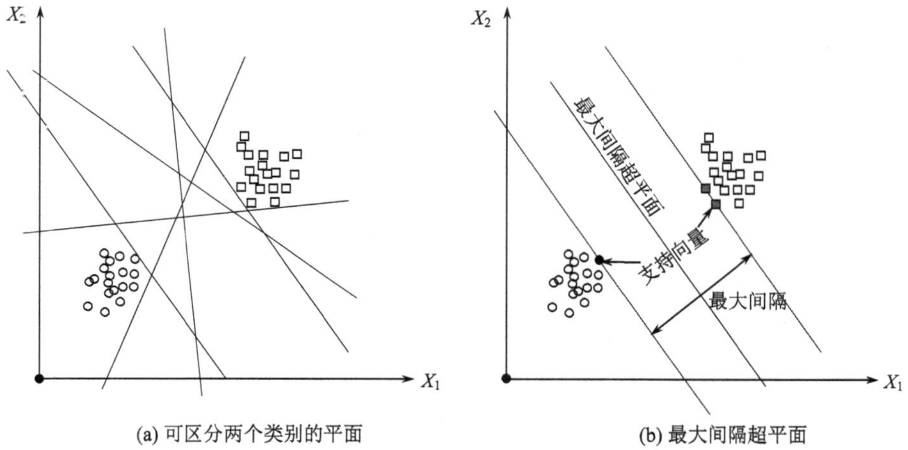

图 8-6　最大间隔超平面和支持向量图示

支持向量机分类是一种建立在统计学习理论基础上的机器学习方法，在解决小样本、非线性及高维模式识别中表现出许多特有的优势。SVM 可以通过寻找对类别有较大区分能力的支持向量，从而构造出使类与类之间的间隔最大化的分类器，推广性和分类准确性较好。

在实际应用中，对不能够完全线性可分的样本，通过软间隔来处理，即允许个别样本点出现在间隔带里面，为了度量这个间隔“软”到何种程度，为每个样本引入一个松弛变量，对应增加了一个惩罚参数，用来描述错误样本的惩罚程度。惩罚参数越大，对应的松弛变量就越小。惩罚参数和核参数是 SVM 分类器中最为核心的两个参数。不同的参数设置对分类效果有着显著的影响。最初，最优参数采用反复实验得到的经验值获取，然而数据集数据量较大时，这种方法费时费力，得到的参数缺乏客观性，无法证明其为最优。因此，研究者们尝试使用参数优化算法优化惩罚参数和核参数，以提高 SVM 的分类精度和稳定性，如蚁群算法、遗传算法、粒子群算法等。目前 SVM 算法对非线性问题仍然没有通用解决方案，有时候很难找到一个合适的核函数，对大规模训练样本难以实施。

6. 神经元网络分类

神经元网络分类(neural network classification, NNC)指通过计算机模拟人脑的结构，用许多小的处理单元模拟生物的神经元(图 8-7)，以某种形式连接成网络，用算法实现人脑的识别、思考、记忆过程并将其应用于图像分类。对于每个神经元，假设它有 n 个输入，输入值为 $x_1, x_2, \cdots, x_n$，它的输出值为 $y = f\left(\sum_{i=1}^{n} w_i x_i\right)$。其中 f 是一个函数，称为激活函数，它有三种典型的选择：阈值型、分段线性和 Sigmoid 型函数。

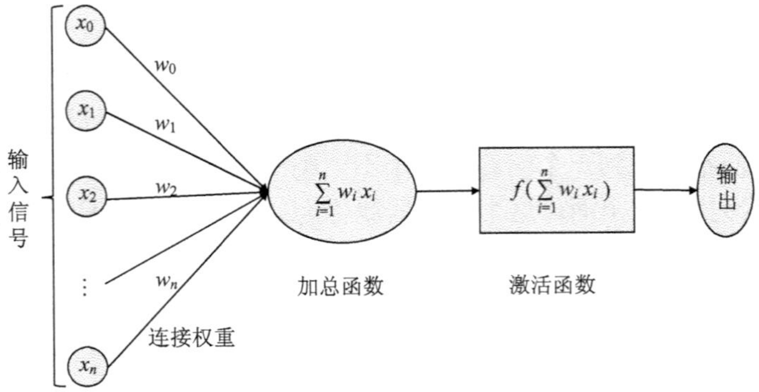

图 8-7　神经元的计算特性

阈值型函数：

$$f(x_i)=\begin{cases}1, & x_i \geqslant 0\\ 0, & x_i < 0\end{cases} \tag{8-5}$$

分段线性函数：

$$f(x_i)=\begin{cases}1, & x_i \geqslant x_2\\ ax_i+b, & x_1 \leqslant x_i < x_2\\ 0, & x_i < x_1\end{cases} \tag{8-6}$$

Sigmoid 型函数：

$$f(x_i)=\frac{1}{1+\exp(-x_i / c)} \tag{8-7}$$

神经元网络分类具有较强的自学习和自适应能力、非线性映射能力、泛化能力和容错能力，可以通过学习不连续、非线性的类别分布模式，完成对精细模式的识别，优于传统的分类算法；但是神经元网络存在样本依赖性问题、局部极小化问题、收敛速度慢和结构选择不唯一的缺陷。

人工神经网络的信息处理功能由神经元的计算特性(激活特性)、网络的拓扑结构(神经元的连接方式)、连接权大小(突触联系强度)和神经元阈值(可视为特殊的连接权)、学习规则等决定。上述要素的不同组合形成了各种神经元网络分类算法，目前应用最多的是 BP 算法。BP 算法全称为误差反向传播(error back propagation)算法，也称为误差逆传播算法。BP 神经网络(图 8-8)由一个输入层、一个输出层和一个或多个隐藏层构成，它的激活函数采用 Sigmoid，是采用 BP 算法训练的多层前馈神经网络。其基本思想是在前馈网络中，输入信号经输入层输入，通过隐藏层计算由输出层输出，输出值与标记值比较，若有误差，将误差反向由输出层向输入层传播，在这个过程中，利用梯度下降算法对神经元权值进行调整。除了反向传播算法外，还有很多算法被用于遥感图像分类，如 Kohonen 自组织特征映射网络(kohonen self-organization feature map)(Kohonen，1988)、径向基函数神经网络(radial basis function neural network)(Chen et al.，1991)、自适应共振理论(adaptive resonance theory)(Gallant，1993; Carpenter et al.，1997)等。

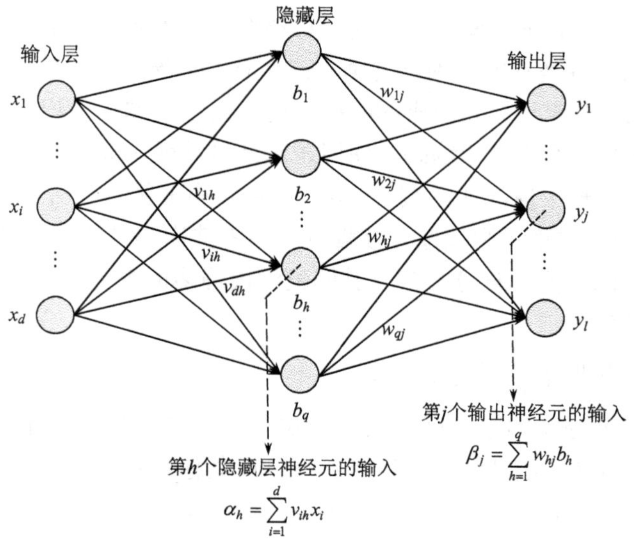

图 8-8　BP 神经网络

目前炙手可热的深度学习就是在神经元网络的基础上发展起来的。常用于影像数据分析的深度学习算法是卷积神经网络(convolutional neural networks, CNN)，它是在 BP 算法的基础上发展起来的。CNN 是一种前馈神经网络，它由若干卷积层和池化层组成，尤其在图像处理方面的表现十分出色。深度学习算法对单一目标识别的正确率是最高的，所以很多应用会先使用目标检测方法找到该目标，再缩小撷取影像范围实现图像分类。相比于其他神经网络，CNN 的特点主要在于权值共享与局部连接。权值共享使网络结构更加类似于生物神经网络；局部连接是第 $n-1$ 层的神经元与第 n 层的部分神经元之间连接。这两个特点降低了网络模型复杂度，减少了权值数目，因此 CNN 在图像分类领域具有较好的应用前景。

7. 随机森林分类

随机森林(random forest)就是通过集成学习的思想将多棵树集成的一种算法，它的基本单元是决策树。每棵决策树都是一个分类器，那么对于一个输入样本，N棵树会有N个分类结果，而随机森林集成了所有的分类投票结果，将投票次数最多的类别指定为最终的输出。随机森林分类的简要过程如下：①从样本集中有放回地随机选出 n 个样本；②从所有特征中随机选择 k 个特征，对选出的样本利用这些特征建立决策树；③重复步骤①和② m 次，即生成 m 棵决策树，形成随机森林；④对于新数据，经过每棵树决策，最后投票确认分到哪一类。其实质是将多个决策树合并在一起，根据独立抽取的样本建立每棵树。单棵树的分类能力可能不足，但在随机产生大量的决策树后，一个样本可以通过每一棵树的分类结果经统计后选择最可能的分类。

随机森林分类的优点有：准确率高、可处理大数据集、可直接处理高维数据、通过组合不同决策树的结果来克服过拟合，抗噪能力强、适合并行运算、实现比较简单。但模型训练和预测都比较耗时并且占据计算资源较大。

8. 适用于高光谱遥感数据的常见分类算法

高光谱分类算法主要是依据高光谱数据特有的海量波谱特征构建的，判断方法主要包括光谱角分类法、光谱信息离散度、二进制编码等。光谱角分类法是通过比较每个待分类像元的向量和训练样本向量在 n 维空间中的角度，将该像元分配到角度值最小的区间中去(Kruse et al.，1993)。该方法对各类别的识别能力强，较少产生破碎的分类单元。光谱信息离散度是利用离散度来计算像元波谱与端元波谱的匹配程度，离散度越小，相似度越高。二进制编码分类技术是指将某波段灰度值进行编码，使用逻辑函数异或运算对每一种编码的参照波谱和编码的分类波谱进行比较生成汉明距离(指将一个字符串变换成另外一个字符串所需要替换的字符个数)，汉明距离越小，则该像元被划分为参考波谱类别的可能性越大(Baldi et al.，2000)。为了避免所有的像元都被分类到与其匹配波段最多的端元波谱这一类别中，需要指定一个最小汉明距离阈值。

8.3.3　非监督分类和监督分类的比较

监督分类和非监督分类的根本区别在于分类时是否利用训练样本获取地物类别的先验知识。监督分类根据所选取的训练样本得到的统计或其他信息，建立可以有效区分感兴趣类别的判别函数或规则，从而将其运用到待分类影像中，将每个像元划分为不同类别。因此，训练样本的选取对监督分类结果的好坏具有很大影响。所选择的训练样本要求分布均匀、数量充足。监督分类的主要优点有：①可充分利用先验知识确定分类的类别；②可反复检验训练样本，提高分类精度；③避免了非监督分类中对光谱集群组的重新归类。监督分类的主要缺点有：①训练样本是由人工选定，人为干预的因素较多；②选取和评估训练样本耗时耗力；③只能识别训练样本中所定义的类别。

与监督分类相比，非监督分类不必获取影像地物的先验知识，直接根据影像中不同地物的光谱统计信息进行特征提取，通过特征的差别将影像中的像元划分成不同点群，最后将这些点群分别与实际地物类别对应。因此，当地物类型间的光谱特征差异较明显时，非监督分类精度高；反之，分类效果较差。非监督分类的优点有：①对分类区域的实际情况无需较多掌握，仅需一定的知识将分类得到的点群与实际类别对应；②人为因素影响减少，仅需输入较少的分类初始参数；③独特的、范围较小的类别均能够被识别。非监督分类的缺点有：①对其结果需进行大量分析及后处理，才能得到可靠的分类结果；②当存在同物异谱及同谱异物现象时，点群组与实际类别的匹配较复杂；③不同幅图像的点群组无法保持连续性，难以进行对比。

8.4　分类后处理

在遥感图像初步分类结果的地图上可能会有很小的与聚集类别距离很远的由少数几个像元组成的孤立图斑，产生的原因有原始影像本身的噪声，处于地物交界处的像元包含多种地物类别，其混合的辐射量使得分类错误以及其他原因等。还有一种现象，分类是正确的，但某种类别零星分布于地表，所占面积很小，我们对大面积的类型感兴趣，对占很少面积的地物不感兴趣，因此希望使用综合的方法使它从图面上消失(孙家抦，2003)。另外，遥感图像存在“同物异谱”或“同谱异物”现象，对计算机自动分类结果还需进行反复检查并修正发现的分类错误。因此，我们需要对初步的分类结果进一步处理，才能得到满足实际需求的分类结果，这些分类后的处理过程通常称为分类后处理。常见的分类后处理包括：小斑点处理、类别合并和人工修正、栅矢转换、分类统计等操作。

8.4.1　小斑点处理

小斑点处理包括主/次要分析、聚类处理、过滤处理等。主要分析(majority)首先定义一个平滑窗口，将窗口在图像上进行逐步扫描，采用逻辑运算用每个窗口中像元数最多的像元类别代替中心像元的类别。次要分析(minority)与主要分析相反，是将窗口在图像上进行逐步扫描，用每个窗口中像元数最少的像元类别代替中心像元的类别。主/次要分析均需要通过多次测试来确定处理效果最好的窗口尺寸。次要分析一般很少使用。聚类处理(clump)是指将邻近的类似分类区域聚类并进行合并，通过数学形态学算子(腐蚀和膨胀)来实现。首先将被选的分类用一个膨胀操作合并到一块，然后用变换核对分类图像进行腐蚀操作，通过两次操作可以很好地将大量分布零散的小斑块连接成片。过滤处理(sieve)主要针对分类图像中出现的孤岛问题，使用斑点分组方法来消除被隔离的分类像元，从而剔除小图斑，通过分析单个像元周围的 4 个或 8 个像元，判定这个像元是否与周围的像元同组。如果与中心像元类别相同的像元数少于输入的阈值，这个像元就会从该类中删除，删除的像元归为未分类的像元(unclassified)。图 8-9 展示了不同后处理方式的结果对比。

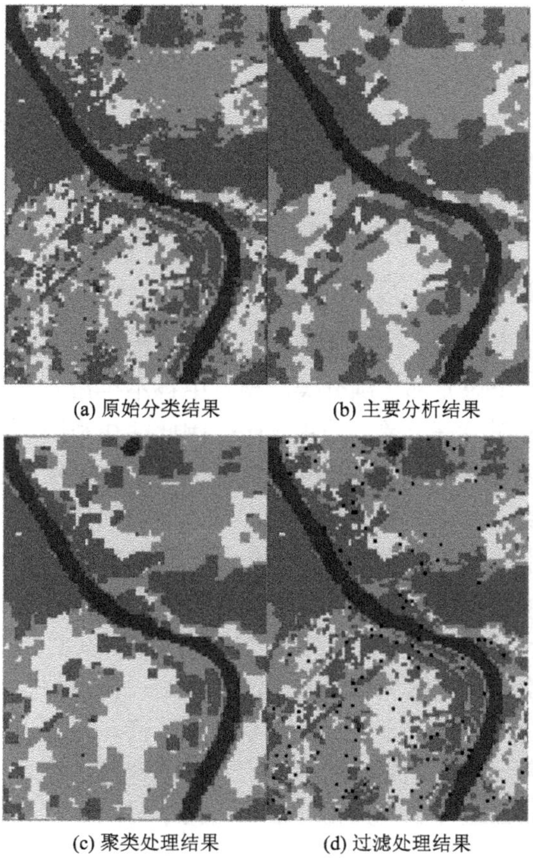

(a) 原始分类结果　(b) 主要分析结果

(c) 聚类处理结果　(d) 过滤处理结果

图 8-9　不同后处理方式的结果对比示例

8.4.2　类别合并

对于非监督分类来说，预设的分类类别数一般要多于最终所需的类别数，因此在非监督分类结束后，我们首先需要根据实际地物类别情况将那些具有相似特征的类别合并。其主要步骤是将分类结果与原始图像对照，将类别属性相同或者相似的类别合并，并设置类别名称和颜色。对于监督分类，我们也可能需要进行类别的合并。例如，需要从图像中提取水体的分布，但是受悬浮物、泥沙含量、浮游植物等影响，图像中的水体光谱会存在差异，在初步的监督分类中，可能会先分成多种水体，如纯净水体、受泥沙影响的水体、受浮游植物影响的水体，然后再将多种水体合并起来，得到整幅图像的水体。

8.4.3 人工修正

在确定最终的分类结果之前，我们要对分类结果图像反复核查，如果存在局部错分、漏分的像元，可以手动进行修改。

8.4.4 栅矢转换

遥感分类结果是栅格数据，由于其数据边缘多呈锯齿状，有时需要将其转换成矢量数据，满足制图表达的美观要求或其他的矢量处理需求，并对转换后的矢量边界进行平滑处理。

8.4.5 分类统计

分类统计(class statistics)是指基于分类结果计算分类图像的统计信息。基本统计包括：各类别的像元数、每个类别对应分类图像像元值的最小值、最大值、平均值以及标准差，还可以记录每类的直方图，以及计算协方差矩阵、相关矩阵、特征值和特征向量，并显示所有分类的总结记录。

8.5 精度评价

8.5.1 检验样本的获取

对遥感图像的分类精度进行评价是遥感图像分类过程的一个重要环节，每一种分类方法都不可能将图像中的每一个像元都正确分类。现实中也不存在分类完全准确的参考图像，一般无法检验整幅分类结果图中每个像元是否正确，因此往往利用从图像采样的一部分像元对分类误差进行估计，这部分像元称为检验样本。检验样本的类别信息可以通过更高分辨率图像解译或者野外调查得到。无论哪种来源，原则是确保类别参考源的真实性。

采样方法和检验样本数量的选择对精度评价的结果都有影响。通常情况下，每个类别的样本数量越多，总体估计的可信度越高，但过多的样本会增加野外调查的工作量，所以每个类别的样本个数应该有一定的限制。每个类别的检验样本数量至少为 50 个；当区域较大或者分类类别较多时，每类检验样本数量应该有 75～100 个；样本数量也可根据每个类别的面积比例进行调整。精度检验样本选取方法包括简单随机采样、分层采样和集群采样。

简单随机采样是指在分类图上随机选择一定数量的像元，然后比较这些像元的类别和其参考类别之间的一致性。在统计和参数估计上较为简单易操作，适用于研究区域内各种类型分布均匀，而且面积差异不大的情况。如果类型空间分布不均匀，对面积小的地物类型会出现抽取不到足够数量的样本，甚至抽取不到样本的问题。

分层采样是指分别对每个类别进行简单随机采样或等距采样，以保证每个类别都能在检验样本中出现，并且每个类别的检验样本数量充足。在使用等距采样时要考虑到类别空间分布的自相关性。

集群采样是指在研究区内选定几个样本区域，进而在这些样本区内抽取若干个样本点，从而在有限的空间范围内取得足够数量的样本，便于野外调查和收集样本数据。这种方法适用于研究区较大的情况。

8.5.2　精度评价方法

目前常用的精度评价方法包括混淆矩阵(confusion matrix)和 ROC 曲线(receiver operating characteristic curve)法，不同的精度评价方法具有不同的原理和表现形式，其中混淆矩阵法最为常用。下面分别对这两种精度评价方法做简要阐述。

1. 混淆矩阵

混淆矩阵(也称为误差矩阵)用表格的方式检核样区内所有像元，统计分类图中的类别与实际类别之间的混淆程度。混淆矩阵是一个 n 行 n 列的矩阵(n 为类别的数量)(表 8-1)，它通过比较每个地表真实像元的类别与分类图像中相应位置的像元类别来评价分类精度。混淆矩阵的每一列代表遥感分类结果的类别，每一列中的数值代表分类图像上该类中样本点实际对应的类别像元数量。混淆矩阵的每一行代表实测数据的类别(即真实数据)，每一行中的数值代表实际类别中某类样本点对应于分类图像上的不同类别像元的数量。混淆矩阵可以直观地展示出存在混分现象的类别以及分类的效果。通过混淆矩阵可以计算得到的精度评价因子包括总体分类精度、用户精度、生产者精度、误判误差(错分误差)、漏判误差(漏分误差)和 Kappa 系数。

表 8-1　混淆矩阵

参考图	分类图						
	类别 1	类别 2	类别 3	类别 4	类别 5	行总计	生产者精度
类别 1	X_{11}	X_{12}	X_{13}	X_{14}	X_{15}	$\sum_{i=1}^{5} X_{1i}$	$\frac{X_{11}}{\sum_{i=1}^{5} X_{1i}} \times 100\%$
类别 2	X_{21}	X_{22}	X_{23}	X_{24}	X_{25}	$\sum_{i=1}^{5} X_{2i}$	$\frac{X_{22}}{\sum_{i=1}^{5} X_{2i}} \times 100\%$
类别 3	X_{31}	X_{32}	X_{33}	X_{34}	X_{35}	$\sum_{i=1}^{5} X_{3i}$	$\frac{X_{33}}{\sum_{i=1}^{5} X_{3i}} \times 100\%$
类别 4	X_{41}	X_{42}	X_{43}	X_{44}	X_{45}	$\sum_{i=1}^{5} X_{4i}$	$\frac{X_{44}}{\sum_{i=1}^{5} X_{4i}} \times 100\%$
类别 5	X_{51}	X_{52}	X_{53}	X_{54}	X_{55}	$\sum_{i=1}^{5} X_{5i}$	$\frac{X_{55}}{\sum_{i=1}^{5} X_{5i}} \times 100\%$
列总计	$\sum_{i=1}^{5} X_{i1}$	$\sum_{i=1}^{5} X_{i2}$	$\sum_{i=1}^{5} X_{i3}$	$\sum_{i=1}^{5} X_{i4}$	$\sum_{i=1}^{5} X_{i5}$	—	—
用户精度	$\frac{X_{11}}{\sum_{i=1}^{5} X_{i1}} \times 100\%$	$\frac{X_{22}}{\sum_{i=1}^{5} X_{i2}} \times 100\%$	$\frac{X_{33}}{\sum_{i=1}^{5} X_{i3}} \times 100\%$	$\frac{X_{44}}{\sum_{i=1}^{5} X_{i4}} \times 100\%$	$\frac{X_{55}}{\sum_{i=1}^{5} X_{i5}} \times 100\%$	—	—

(1) 总体分类精度：指所有检验样本所代表的分类结果与地面所对应区域的实际地物类

型相一致的概率，用所有正确分类的地物类别的检验样本数占总抽取的检验样本数的百分比来表示，在混淆矩阵中也就是对角线的所有数值的和除以全部样本的总和。

(2)用户精度：指分类结果中某一类被正确分类的概率，可以用来评价分类结果的可信度。用户精度通过从分类结果中某一类与地表实际类别相同的像元所占的比例来表示，计算方法如表 8-1 最后一行所示。

(3)生产者精度：也称制图精度，是指地表实际地物的某一类别被生产者正确分类的概率，可以用来评价分类方法的好坏。生产者精度越高说明这种分类方法对于该类别的分类效果越好。生产者精度通过从地表真实类别中某一类与分类结果类别相同的像元所占的比例来计算。计算方法如表 8-1 最后一列所示。

(4)误判误差：指分类结果中某一类的像元不属于这一类的概率，与用户精度是互补关系。误判误差越大，说明分类结果的此类别中存在的其他类别的像元越多。

(5)漏判误差：指地物实际类别中某一类的像元被划分为其他类的概率，与生产者精度是互补关系。漏判误差越大，说明地物真实类别中属于该类别但未被正确分类的像元越多。

(6)Kappa 系数：Kappa 系数综合运用了混淆矩阵的所有参数，通过离散多元统计方法来评价分类结果图像与参考图像的一致性。检验样本的个数和空间位置变化对其影响较小。一般情况下，Kappa 系数取值为 0～1，Kappa 值越小表示分类结果图像与参考图像的差异越大，分类精度越低；Kappa 值越大表示分类结果图像与参考图像的差异越小，分类精度越高。Kappa 系数的计算方法为

$$\text{Kappa}=\frac{\dfrac{1}{N}\sum_{i=1}^{n}X_{ii}-\dfrac{1}{N^2}\sum_{i=1}^{n}(X_{i+}\times X_{+i})}{1-\dfrac{1}{N^2}\sum_{i=1}^{n}(X_{i+}\times X_{+i})}=\frac{N\sum_{i=1}^{n}X_{ii}-\sum_{i=1}^{n}(X_{i+}\times X_{+i})}{N^2-\sum_{i=1}^{n}(X_{i+}\times X_{+i})} \tag{8-8}$$

式中：n 表示类别；N 代表总样本个数；X_{ii} 表示混淆矩阵对角线元素；X_{i+} 表示类别的列总和；X_{+i} 表示类别的行总和。Kappa 值大于 0.80 就是指分类图和地面参考信息间高度一致，Kappa 值在 0.60～0.80 表示一致性极好，Kappa 值在 0.40～0.60 表示一致性中等，Kappa 值小于 0.20～0.40 表示一致性差，Kappa 值小于 0.20 表示一致性很差。

2. ROC 曲线法

ROC 曲线，即受试者工作特征曲线，也称接收器操作特性曲线，在军事、心理学等领域应用较为广泛，后来被引入机器学习领域，用来评判分类和检测结果的好坏。在分类中是指用构图法表示分类精度，是一种针对二分类问题的精度评价方法(Fawcett，2006)。二分类问题的分类结果只有两种类别，将其标记为正类和负类，实际分类结果就会出现以下四种情况：①被分为正类，实际也是正类，即真正类(true positive，TP)；②被分为正类，实际是负类，即假正类(false positive，FP)；③被分为负类，实际也是负类，即真负类(true negative，TN)；④被分为负类，实际是正类，即假负类(false negative，FN)。由此构建的混淆矩阵如表 8-2 所示，并引入几个统计量：①真正类率(true positive rate，TPR)：表示分类器正确识别的正类占所有实际正类的比例，计算公式为 TP / (TP + FN)；②假正类率(false positive rate，FPR)：表示分类器错分为正类的负类占所有实际负类的比例，计算公式为 FP/(FP + TN)；③真负类率(true negative rate，TNR)：表示分类器正确分类的负类占所有实际负类的比例，计算公式

为 TN / (FP + TN)；④正确率(accuracy)：表示两类都被正确识别的像元占所有检验像元的比例，计算公式为 (TP + TN) / (TP + FN + FP + TN)。其中较为重要的两个统计量是 TPR 和 FPR，ROC 曲线就是以 FPR 值为横坐标，以 TPR 值为纵坐标绘制的。

表 8-2　ROC 曲线混淆矩阵

		预测		
		正类	负类	合计
实际	正类	真正类(TP)	假负类(FN)	实际正类(TP+FN)
	负类	假正类(FP)	真负类(TN)	实际负类(FP+TN)
	合计	预测正类(TP+FP)	预测负类(FN+TN)	TP+FN+ FP+TN

ROC 曲线的绘制步骤如下：①假设已经得到一系列样本被划分为正类的概率 score 值，并按照大小排序；②从大到小，依次将“score”值作为阈值(threshold)，当测试样本属于正样本的概率大于或等于这个 threshold 时，我们认为它为正样本，否则为负样本。举例来说，对于某个样本，其“score”值为 0.8，那么“score”值大于等于 0.8 的样本都被认为是正样本，而其他样本则都认为是负样本；③每次选取一个不同的 threshold，就得到一组 FPR 和 TPR，以 FPR 值和 TPR 值分别为横坐标和纵坐标，即得到 ROC 曲线上的一点；④连接③中的每个坐标点，得到 ROC 曲线（图 8-10）。

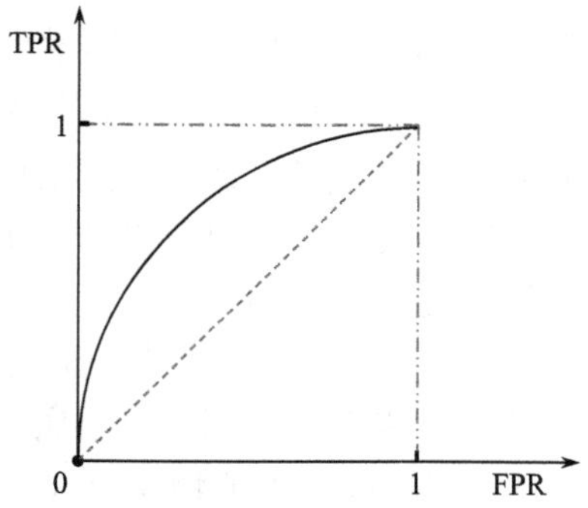

图 8-10　ROC 曲线图

ROC 曲线用于分类精度评价的依据是曲线下的面积(area under curve，AUC)。AUC 的数值越大，说明该分类方法可靠性越强(韦修喜和周永权，2010)。理想目标是 TPR = 1，FPR = 0，即图 8-12 中 (0,1) 点。故 ROC 曲线越靠拢 (0,1) 点，即越偏离 45 度对角线越好。对应的就是 TPR 越大越好，FPR 越小越好。ROC 曲线有个很好的特性：在实际的数据集中经常会出现样本类不均衡，即正负样本比例差距较大，ROC 曲线能够保持稳定，较合理地评价分类器性能。因此，ROC 由线法常被应用于两样本类数量不均衡的分类精度评价中。

8.6　分类精度的影响因素

分类精度指分类结果的正确率，包括地物属性被正确识别，地物的空间分布识别准确及分布面积被正确度量。近年来，随着遥感图像处理技术的进步与发展，基于遥感图像的分类方法在不断改进，分类精度不断提高，但是除了分类方法以外，还存在很多客观因素影响遥感图像分类精度，主要包括：数据源、训练样本的选取、分类特征、研究区的复杂性、大气状况等。

(1) 数据源。数据源对分类精度的影响主要体现在数据质量以及不同的遥感数据的空间分辨率、时间分辨率、光谱分辨率和辐射分辨率上。图像中的云会遮盖目标地物，影响分类结果，应选择无云或少云的高质量图像，对于有少量云的图像在分类前通过去云处理消除影响。遥感图像空间分辨率低时混合像元现象严重，但分辨率过高时又可能引起类内光谱变异程度和边缘混合像元数目的变化，因此需要根据研究区的实际情况，选择合适的空间分辨率的遥感数据，以提高分类精度。使用多时相影像分类时要根据所需要的影像时间间隔选择合适重访周期的传感器。光谱分辨率越高图像所包含的信息越多，有利于提高图像对相似地物的区分能力，特别是高光谱图像的光谱分辨率能够达到纳米级，但是高光谱数据成本高，数据源少，数据处理过程复杂。在相同空间分辨率和光谱分辨率条件下，辐射分辨率越高，表达的细节信息越丰富，越有利于地物之间的区分(陈齐和李新通，2015)。

(2) 训练样本的选取。监督分类中训练样本的数量和质量是影响分类器分类精度的关键。目前训练样本的方式有两种：野外调查和在遥感图像上选取。野外调查获取的样本精度高但费时费力，在更高分辨率影像或历史图件上选定的样本，受到主观因素影响较大，精度难以保证，而且只能识别训练样本中所定义的类别，影响分类结果。

(3) 分类特征。不同的分类特征会得到不同的分类结果，光谱特征在分类中被广泛使用，但是地物存在同物异谱、同谱异物现象，单一的光谱特征无法准确区分地物。因此，将形状、纹理、位置、相互关系等空间特征加入分类算法，可以增强地物的可区分性，提高分类精度。此外，研究者可以使用高光谱图像提取各类光谱指数、高光谱特征参数、光谱形态学剖面作为地物分类特征，也可以结合不同传感器得到的遥感数据，融合不同光谱特征、微波散射特征等以提高分类精度。

(4) 研究区的复杂性。研究区的地物覆盖类型和地表起伏状况等会影响分类精度。受到传感器分辨率的限制，单个像元中可能包含多种地物类型，形成混合像元，对分类精度产生很大影响。同一类地物在山区的阳坡与阴坡均有分布，但由于其接收到的太阳光能量有差异，会产生不同的电磁波辐射能量，从而具有不同的灰度值，容易造成分类错误。在研究区地形起伏较大时，可以使用比值图像进行分类，以消除地形起伏对分类结果的影响。

(5) 大气状况。大气的吸收、散射对地物的电磁波产生影响，大气的吸收会使地物的电磁波辐射被衰减，降低了到达传感器的能量。散射会改变电磁波行进方向，使得遥感图像灰度值发生变化。因此在分类前需要对图像做大气校正，尤其是在使用多时相数据进行分类时，不同时间获取的图像大气条件不同，影响分类精度。

思 考 题

1. 简述遥感图像计算机分类的基本原理与步骤。
2. 简述特征提取与选择的目的和方法。
3. 遥感图像的分类方法有哪些？划分原则是什么？
4. 简述 ISODATA 分类的基本原理与流程。
5. 简述分类精度检验样本的选取方法。
6. 简述分类精度评价方法。
7. 请结合实际案例详述非监督分类与监督分类在分类步骤上的异同点及优缺点。
8. 遥感图像后处理包含哪些操作，这些处理对分类结果是否有影响？是否会影响分类精度？
9. 请结合实际案例阐述影响遥感图像分类精度的因素。

第9章 水体遥感

9.1 水体遥感概述

水体以不同的物质形态(液态、固态、气态)分布于地球的大气圈、水圈、岩石圈和生物圈中。在地球表面，水体面积约占地球表面积的71%，其中，海洋面积最大，约占总面积的95%，约占水体总体积的97%(赵英时等，2003)。地球的淡水资源仅占地球总水量的2.5%，而在这极少的淡水资源中，又有70%以上被冻结在南极和北极的冰盖中，加上难以利用的高山冰川和永冻积雪，有87%的淡水资源难以利用。人类真正能够利用的淡水资源是江河湖泊和地下水中的一部分，仅占地球总水量的0.26%。全球淡水资源短缺而且地区分布极不平衡。从各大洲水资源的分布来看，年径流量亚洲最多，其次为南美洲、北美洲、非洲、欧洲和大洋洲。

水体对气候具有调节作用，大气中的水汽能够阻挡地球辐射量的60%，保护地球不被冷却。海洋和陆地水体能够吸收和累积热量，在冬夏季节调节气温。同时水体循环改善水体形态，通过降水、蒸发等形式调节气候变化。目前全球水体受气候变化和人类活动的影响，淡水短缺，水污染严重，地下水缺少等现象逐渐凸显，人类社会与自然环境之间的用水矛盾越发激烈，科学管理与高效利用水资源对于实现环境保护与社会经济发展之间的平衡具有十分重要的作用。

地表水体是人类赖以生存和社会发展中不可替代的战略资源，水体信息的快速提取有助于全面掌握其空间分布特征，推动水循环研究，也对合理利用水资源，实施战略措施具有重要意义。随着遥感技术被广泛应用于国民经济和社会发展等多个领域，其已成为高效准确监测地表水体的有效手段。水质遥感监测可以在空间和时间上反映水质分布和变化情况，发现一些常规方法难以揭示的污染源和污染物迁移特征；利用多时相遥感数据可以对同一流域水体污染进行长期动态监测，便于对水污染进行趋势预测分析，为水资源保护和规划以及可持续发展提供科学决策依据。水体表面温度是水环境的重要参数，通过遥感技术反演水体表面温度有助于水华等水环境的预警与监测；同时，水体表面温度也是研究气候系统变化、天气预报的重要参数之一，是控制水体与大气热量、水分交换的重要变量。通过水体遥感监测技术，能提高监测效率，实现持续跟踪，对于资源调查、环境保护、水利规划、防洪减灾等均有着重要的意义。

9.2 水体提取

9.2.1 水体光谱特征

水体与电磁波的相互作用经历了反射、散射、吸收和透射的过程，到达水面的入射光约3.5%被水面直接反射回大气，其余的光经透射、折射进入水中，大部分被水分子和水中物质所吸收与散射，其散射强度与水体浑浊度有关。在忽略水底反射的情况下，传感器接收到的能量主要来自于水体的后向散射。

对于水体来说，其表现出的光谱特征除了与水本身的物质组成有关，还受到表面粗糙度、日照角度、观测角度、气-水界面的相对折射率等的影响。在可见光波段 0.6μm 之前，水的吸收较少，反射率较低，透射率较高。对于清水，在蓝-绿光波段遥感反射率仅为 4%～5%，0.6μm 以下的红光部分反射率下降到 2%～3%，在近红外、短波红外部分几乎吸收全部的入射能量，水体在这两个波段的反射能量很小，因此水体的光学特征集中表现在可见光的辐射传输过程，包括反射、折射、吸收、水中悬浮物质(浮游生物或叶绿素、泥沙及其他物质)的多次散射等。

在近红外以及短波红外波段，水体几乎吸收了全部的入射能量，反射能力很小，反射率接近于 0；而植被、土壤、岩石等在近红外和短波红外波段反射率较高，水体这一特征与植被、土壤、岩石等有明显区别(图 9-1)。因此，红外波段是水体提取的最佳波段。

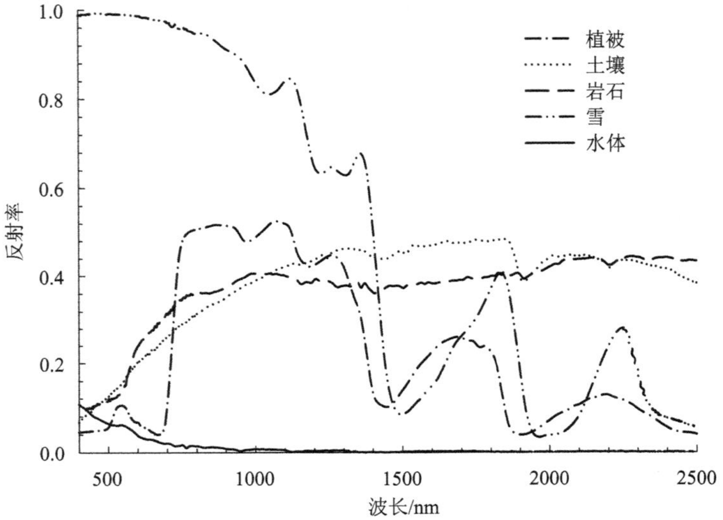

图 9-1　典型地物光谱曲线

除了水体光谱的共性外，内陆水体与海洋水体还有自身的光谱特性。依据水体中物质组成及光学特性，水体类型可分为Ⅰ类水体和Ⅱ类水体。Ⅰ类水体是指影响其固有光学特性(吸收、散射等)的物质组成较为简单，水色要素主要由浮游生物所含的叶绿素 a 及其降解物(褐色素 a)等组成，可用叶绿素浓度(Chl-a)来描述。开阔的大洋属于Ⅰ类水体。Ⅰ类水体在蓝光波长处反射率较高，随着波长的增加，反射率迅速降低，在近红外波长处反射率接近于 0。Ⅱ类水体是指影响其固有光学特性的物质组成(水色要素)包含叶绿素 a、悬浮物及可溶性有机物(colored dissolved organic matter, CDOM)等多种成分，较为复杂。近岸水体、内陆水体(湖泊、河流、水库)多属于Ⅱ类水体。Ⅱ类水体含有叶绿素、悬浮物和 CDOM 等物质，使得水体所呈现的光谱特性具有一定差异。如水体中叶绿素浓度增加，使得蓝光波段的反射率下降，绿光和近红外波段的反射率增高；水体含泥沙时，由于泥沙的散射作用，可见光波段反射率会增加，峰值出现在更长的波长上(黄红区)，随着泥沙含量的增大，反射峰值向长波方向移动，近红外波段反射率不再为 0。

9.2.2　水体提取方法

水体在近红外以及短波红外波段几乎吸收了全部的入射能量，反射率较低，与植被、土壤、岩石等地物有明显的差异，为遥感探测水体提供了物理基础。目前，基于水体遥感提取的方法包括单波段阈值法、水体指数法和分类器法。

1. 单波段阈值法

单波段阈值法是研究初期应用较为广泛的方法，主要利用水体和其他地物在近红外或中红外波段上光谱特征的差异，通过设定合适的阈值来提取水体。该方法使用波段单一，获取的水体信息量有限，难以消除山体阴影等因素的影响，在地物类型丰富、波段灰度值接近的影像上提取效果较差。随着多波段影像的发展，单波段法已逐渐被水体指数法取代，大部分研究都是融合单波段法和水体指数法协同提取水体信息。

2. 水体指数法

水体指数法基于水体光谱特征分析，选取与水体和其他地物具有明显光谱特征差异的波段，构建不同的水体指数模型并给定相应的阈值，实现对水体的提取。近年来，众多学者提出了许多具有针对性的水体指数模型。水体指数法简单易用，通过比值运算能很好地抑制背景地物而突出水体特征，已被广泛地研究和应用。常用的水体指数包括归一化差异水体指数(normalized difference water index, NDWI)、改进的归一化差异水体指数(modified normalized difference water index, MNDWI)和增强水体指数(enhanced water Index, EWI)等。

1) NDWI

基于水体在绿光波段反射率较高而在近红外波段强烈吸收的特征，McFeeters(1996)利用 TM 影像的绿光波段和近红外波段构建了 NDWI。水体 NDWI 值大于 0，而植被、土壤等 NDWI 值小于 0，它能够很好抑制植被信息，同时削弱土壤、建筑物和阴影的影响，突出了水体信息。

$$\mathrm{NDWI}=\frac{R_{\mathrm{G}}-R_{\mathrm{NIR}}}{R_{\mathrm{G}}+R_{\mathrm{NIR}}} \tag{9-1}$$

式中：R_{G}、R_{NIR} 分别为绿光和近红外波段反射率值。NDWI 是目前水体提取常用的方法之一。

2) MNDWI

建筑物阴影和背景地物等与水体在可见光—近红外波长范围内，光谱特征相似，采用 NDWI 提取水体时，容易将上述非水体信息误分为水体，特别是城市范围内的水体提取效果较差。水体泥沙含量较高时，近红外波段反射率增加，利用 NDWI 提取水体会导致水体的漏提。因此，徐涵秋(2005)通过分析城市水体及其背景地物的反射特点，提出了用于城市区域水体提取的 MNDWI 方法。水体 MNDWI 值大于 0，而建筑物阴影、背景等 MNDWI 值等于或小于 0，它能够很好抑制植被建筑物阴影等信息，针对泥沙含量较高的水体亦适用。MNDWI 在对城市范围内的水体及泥沙含量较高的水体提取时，具有较高的精度。

$$\mathrm{MNDWI}=\frac{R_{\mathrm{G}}-R_{\mathrm{MIR}}}{R_{\mathrm{G}}+R_{\mathrm{MIR}}} \tag{9-2}$$

式中：R_{G}、R_{MIR} 分别为绿光和中红外波段反射率值。MNDWI 方法能够有效去除楼体阴影的影响，是城市区域水体监测的有效方法。

3) EWI

在半干旱地区使用上述两种水体指数提取水体时，提取效果并不好。利用 MNDWI 提取水系，在抑制居民地、土壤等背景噪声的同时，把半干涸的河道也当作噪声抑制掉，造成水体的不完整。采用 NDWI 提取水体，由于土壤、居民地等噪声在绿光波段和近红外波段的反射特征与水体几乎一致，容易与水体混淆。NDWI 和 MNDWI 只是片面地强调了对某一种背景噪声的抑制，而半干旱地区流域地貌复杂，不仅有植被信息，也存在居民地、耕地等地物，无法抑制所有的噪声。因此，闫霈等(2007)提出了 EWI 用于提取半干旱地区水体。

$$\mathrm{EWI}=\frac{R_{\mathrm{G}}-R_{\mathrm{NIR}}-R_{\mathrm{MIR}}}{R_{\mathrm{G}}+R_{\mathrm{NIR}}+R_{\mathrm{MIR}}} \tag{9-3}$$

式中：R_{G}、R_{NIR} 和 R_{MIR} 分别为绿光、近红外波段和中红外波段反射率值。

3. 分类法

高空间分辨率遥感影像的发展为细小水体信息的提取带来了机遇。传统阈值法主要适用于中低空间分辨率影像，由于混合像元的影响，单一阈值法存在水体边缘提取不准确的问题。同时，大部分高分辨率卫星缺少中红外和短波红外波段，对水体指数的构建有一定的局限性。为能更精细地提取水体信息，研究者通过结合光谱、空间和纹理等特征构建了影像分类方法，将水体作为一个类别，应用特定算法规则进行分类，最终获取水体信息。相关的分类方法详见本书的第 8 章。

9.3 水体物质组成的提取

9.3.1 水质参数反演原理

水体遥感辐射传输过程如图 9-2 所示。星载或者机载传感器接收到的来自于水面的总电磁波谱信息主要包括以下四部分：大气对太阳光的散射、水体的离水辐射、水体表面的镜面

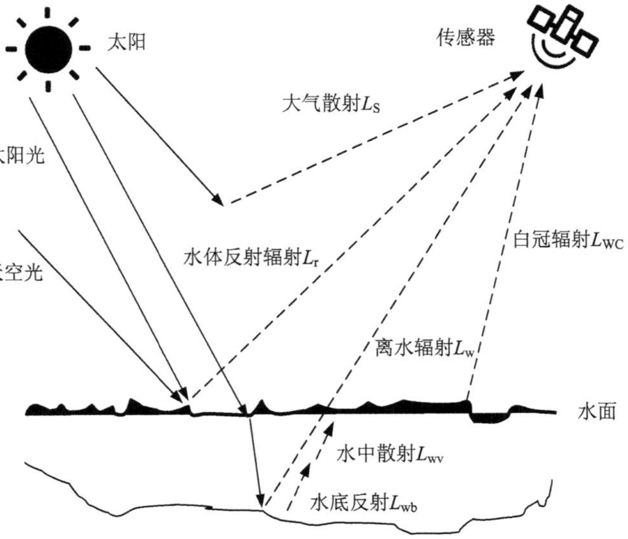

图 9-2　电磁波与水体的相互作用

反射以及海浪破碎生成白冠引起的辐射。其中，大气对太阳光的散射 L_S 又称为程辐射，包括大气分子的瑞利散射 L_R、气溶胶散射 L_A 和大气分子与气溶胶多次散射 L_{RA} 三部分。水体的离水辐射 L_w 包括水中散射 L_{wv} 和水底反射 L_{wb} 两部分。水体表面的镜面反射 L_r 包括水表面对太阳直射光和天空光产生的镜面反射两部分。

水体遥感辐射传输方程(Gitelson et al.，2008)可以表达为

$$L_{\text{Total}}(\lambda) = L_R(\lambda) + L_A(\lambda) + L_{RA}(\lambda) + tL_w(\lambda) + tL_{WC}(\lambda) + TL_r(\lambda) \tag{9-4}$$

式中：$L_{\text{Total}}(\lambda)$ 为卫星探测到的波长为 λ 处的辐射亮度；$L_R(\lambda)$ 为大气分子的瑞利散射的辐射亮度；$L_A(\lambda)$ 为气溶胶散射的辐射亮度；$L_{RA}(\lambda)$ 为大气分子与气溶胶多次散射的辐射亮度；$L_w(\lambda)$ 为离水辐射亮度，它是包含了叶绿素 a、悬浮物、可溶性有机物 CDOM 等水质参数的有用信号；t 为大气漫透射率；L_{WC} 为海浪破碎生成白冠引起的辐射亮度；T 为直接透射率；$L_r(\lambda)$ 是水体的镜面反射的辐射亮度。如果获取的数据 $L_r(\lambda)$ 很大，说明太阳耀斑不可忽略，并导致传感器信号饱和，应舍弃该数据。

镜面反射会导致数据无法使用，通常来说水质监测的传感器通过设定一定的观测角和方位角，即可避免太阳光镜面反射的影响，在此不考虑它的影响。其次就是水底的反射，目前的研究主要是针对光学深水。如果不考虑水底的反射，则水质遥感辐射传输方程可以简化为

$$L_{\text{Total}}(\lambda) = L_R(\lambda) + L_A(\lambda) + L_{RA}(\lambda) + tL_{wv}(\lambda) + tL_{WC}(\lambda) \tag{9-5}$$

式中：$L_{wv}(\lambda)$ 为水中散射的辐射亮度。

传感器接收的辐射通量 90%以上都是由大气因素产生的，主要包括大气分子和气溶胶散射，大气校正对水色遥感来说非常重要。水中的散射能量是可以用来监测水质参数的信号，其受到水中光学物质(主要包括叶绿素 a、悬浮物、可溶性有机物 CDOM)吸收、散射的影响，特定波长处的反射率随水质参数浓度的变化而产生显著差异，这是使用遥感技术定量监测地表水质的物理基础。

光在水体中的传播过程可以用经典的辐射传输方程来表达，该过程描述了光与叶绿素 a、悬浮物、CDOM 等粒子发生吸收与散射的两个过程。在假定水体的光学特性是水平均一、垂直分层的情况下，可以用以下辐射传输方程(RTE)表达：

$$\frac{\mathrm{d}L(z,\theta,\varphi)}{\mathrm{d}z} = -cL(z,\theta,\varphi) + \int_0^{2\pi}\int_{-\frac{\pi}{2}}^{\frac{\pi}{2}} \beta(\theta,\varphi,\theta',\varphi')L(z',\theta',\varphi')\mathrm{d}\Omega' \tag{9-6}$$

式中：$\beta(\theta,\varphi,\theta',\varphi')$ 为体散射函数；θ、φ、θ'、φ' 分别为入射方向的天顶角、方位角和出射方向的天顶角、方位角；c 为消光系数，$c = a + b_f + b_b$，a 为总的吸收系数，b_f 为前向散射系数，b_b 为后向散射系数；$L(z,\theta,\varphi)$ 为离水辐射亮度；$\mathrm{d}\Omega'$ 为出射方向 (θ',φ') 的微立体角；z 和 z' 分别为入射和出射的水体深度；$L(z',\theta',\varphi')$ 为水体表面反射辐射亮度。辐射传输方程严谨地描述了水体固有光学量(吸收、散射、光束衰减)在光场中的作用，它是水色遥感的物理基础。

水体的波谱特征是由水自身的组成物质决定的，但又受到其他各种外界状态的影响。在 0.6μm 之前的可见光波段，水体以透射为主，水吸收少、反射率较低。其中，水面反射率约为 5%，并随着太阳高度角的变化呈 3%～10%的变化；水体可见光反射率包括水底反射、水表面的镜面反射以及水中光学物质(叶绿素 a、悬浮物、CDOM)三方面反射的贡献。目前对水体的研究多选择在光学深水区域，因为这些区域不受底质的影响；采用一定的观测几何回

避水表面的镜面反射，水体的反射全部由水中光学物质贡献。

1. 叶绿素 a 光谱特征

叶绿素是浮游植物分布的重要指标，是衡量水体初级生产力和富营养化作用最基本的指标。它与水体光谱响应关系的研究是水色遥感的物理基础。当然，这种指示作用的有效性还与浮游植物光学作用的环境因素以及叶绿素含量有关。叶绿素又可分为叶绿素 a 和叶绿素 b，而叶绿素 a 是藻类植物中最丰富的色素，是水质遥感监测中最重要的参数之一。如无特殊说明叶绿素主要指叶绿素 a，常规叶绿素 a 的测量主要通过采集水样，通过过滤、萃取，然后采用分光光度法测量。

叶绿素 a 在可见光 0.43～0.70μm 光谱波段内，有两个明显的吸收峰(440nm 的蓝光波段和 675nm 的红光波段)和两个显著的反射峰(550～570nm 的绿光波段和 685nm 附近的荧光峰)，随着叶绿素 a 浓度的不同，其光谱特征呈现明显的差异。550～570nm 的反射峰是由于叶绿素 a 和胡萝卜素弱吸收和细胞的散射导致，该反射峰的峰值与色素成分及浓度有关，是叶绿素 a 定量反演的重要特征；685nm 附近的荧光峰是浮游植物分子吸光后再发射引起的拉曼效应，也就是进行水分子破裂和氧分子生成的光合作用，激发出的能量荧光化结果。含藻类水体最显著的特征是在 700nm 附近出现的反射峰，当叶绿素 a 浓度增加到一定范围时，该波长向长波方向移动。荧光峰从 685nm 移动到 715nm 附近，此反射峰值的大小与叶绿素 a 浓度密切相关。上述特征波段是叶绿素 a 定量反演时的最佳波段。

图 9-3 是不同叶绿素 a 浓度水体的光谱曲线。由图可知，在 0.44μm 波长处有一个吸收峰；0.40～0.48μm 反射率随着叶绿素 a 的增加而降低；在 0.52um 波长处出现“节点”，该处的反射率不再随着叶绿素 a 浓度的增加而变化；在 0.55μm 波长处出现一个反射峰，这个反射峰随着叶绿素 a 的增加而上升；在 0.685μm 附近出现明显的荧光峰。从图中可知，叶绿素 a 的反射与吸收峰带宽较窄，需要采用高光谱才能获取这些有重要指示意义的信息。叶绿素 a 对水体光谱特征有重要影响，尤其 550nm 附近的反射峰，当叶绿素 a 浓度过高，如发生藻华或浒苔泛滥时，在近红外波段出现明显的反射峰，与植被的光谱特征类似。Ⅱ类水体光谱还

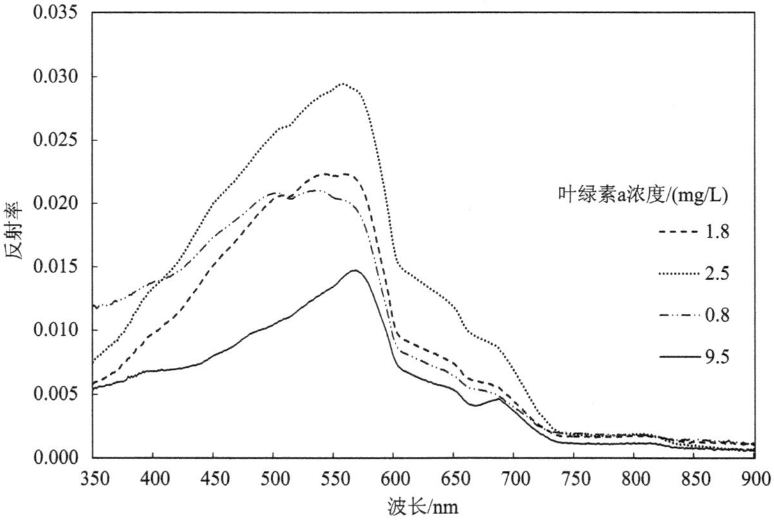

图 9-3 不同叶绿素 a 浓度的水面光谱曲线

受到悬浮物、CDOM 等物质的影响。叶绿素 a 的光谱特征发生改变，一定程度上会降低叶绿素 a 反演的精度。

水体悬浮物主要指悬浮在水中的有机颗粒物，除悬浮泥沙(无机颗粒物)外，还包括有机颗粒物等。如不特别说明，悬浮物主要指水中的悬浮泥沙。水体中悬浮泥沙的含量、成分、颗粒物的粒径等都会影响悬浮物的光谱反射率和水体反射率。悬浮物是评价水质状况的重要参数，它直接影响入射到水体的光能，进一步影响了水体初级生产力(May et al.，2003；娄全胜等，2021)、底栖藻类(Miller and Cruise，1995；郑淑娴等，2020)、水草等，悬浮泥沙的快速反演对水环境的保护以及治理具有重要意义。

2. 悬浮物光谱特征

随着悬浮泥沙浓度的增加，水体在整个可见光波段的反射亮度都会增加，水体由暗变得越来越亮，同时反射的峰值向长波方向移动，即按蓝—绿—红光波段移动，反射峰值的宽度也变得越来越宽。清洁水体在 0.75μm以外的近红外波段反射率接近于零，而含沙量较高的浑浊水体需要在 0.96μm甚至更长的近红外波段反射率才接近于零。

清洁的水体(悬浮泥沙含量低于 10mg/L)与浑浊的水体(悬浮泥沙含量高于 99mg/L)相比，反射光谱曲线有明显的差异。浑浊水体的反射率比清洁水体的反射率高得多，且反射峰值出现在更长的波段。随着悬浮泥沙浓度的增高，水体颜色由蓝色到绿色到黄色变化。当水中泥沙浓度接近饱和时，水色也接近于泥沙本身的颜色。水色与悬浮泥沙含量密切相关，使得它成为泥沙含量的重要指标。

图 9-4 为长江口不同悬浮物含量的水体光谱曲线，在 400～950nm 波段范围内，水体反射率值随着悬浮泥沙浓度的增高而增加，在 560～590nm(黄光波段)和 800nm 附近(近红外波段)形成明显的反射峰，且反射峰值随着悬浮泥沙浓度的增加向长波方向移动(从绿光移动到黄光到近红外)。图中还说明，当悬浮泥沙浓度低于 50mg/L 时，任何波段的反射率都和悬浮泥沙呈现正相关关系；随着悬浮泥沙浓度的增加(低于 250mg/L 时)，反射率在短波段出现饱和，降低了悬浮泥沙与光谱的相关性；当悬浮泥沙浓度高于 250mg/L 时，其反射率随着悬浮泥沙的增加差异不明显，趋于饱和状态，而在 750nm 更长的近红外波段差异显著，易于区分识别，因而可以利用反射率与水体光谱的变化规律，分段建立不同波段的反射率比值与悬浮

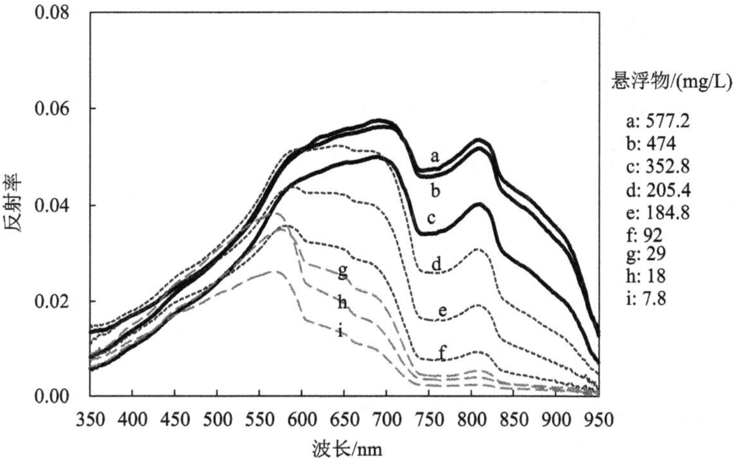

图 9-4　不同悬浮物浓度水体的反射率

泥沙浓度的定量反演模式。水体的反射率与悬浮泥沙浓度存在密切的关系，通过悬浮泥沙光谱特征的分析有助于选择合适的光谱特征提高悬浮泥沙遥感反演的精度。

3. CDOM 光谱特征

黄色物质是由黄腐酸、腐殖酸组成的溶解性有机物，又称有色溶解性有机物(CDOM)。通常以 440nm 处的吸收系数表示其浓度。CDOM 作为全球碳库的关键组成部分，研究其光学特性和遥感反演模型，对海洋水色遥感监测、水生生态系统健康、能量流动及生物地球化学循环等有重要影响。

CDOM 没有明显的吸收谷和反射峰，它随着波长的增加呈现负指数关系。浓度越高 CDOM 吸收越强，光谱反射率越低。CDOM 在紫外区吸收最强，当其浓度较高时，其对光的强吸收作用可延伸到蓝光波段，此时与叶绿素 a 和悬浮物吸收相互重叠，影响叶绿素 a 和悬浮物的反演精度。同样，上述物质较强的光谱信号也会对 CDOM 的光谱测量信号产生较大的干扰，将其信息掩盖，需要采用多种波段的组合提高其识别精度。

9.3.2　水体大气校正方法

精确大气校正是水色遥感水质参数精确反演的前提，与陆地辐射传输方程不同的是水体辐射传输还存在镜面反射、海浪破碎生成白冠引起的辐射亮度，水体辐射传输方程如公式(9-4)所示。在假设大气是光学上各向同性介质的前提下，辐射亮度 L 与 π 的乘积为辐射照度 E，散射光的辐照度与入射光的辐照度之比等于反射率。

$$\rho(\lambda)=\frac{\pi L(\lambda)}{\cos\theta_s E_0(\lambda)} \tag{9-7}$$

式中：$L(\lambda)$ 为散射光的总辐射亮度，即为代入式(9-4)中各项的辐射亮度之和；$E_0(\lambda)$ 为大气层顶的太阳辐照度；θ_s 为太阳天顶角；$\cos\theta_s E_0(\lambda)$ 为垂直于海平面方向大气层顶有效辐射照度，即入射光的辐射强度。

将式(9-7)代入式(9-4)可转换成标准化的结果，即反射率形式。标准化后的结果与入射强度无关，仅与当时的某点的水体光学性质与大气的光学性质有关。

$$\rho_{\text{Total}}(\lambda)=\rho_{\text{R}}(\lambda)+\rho_{\text{A}}(\lambda)+\rho_{\text{RA}}(\lambda)+t\rho_{\text{w}}(\lambda)+t\rho_{\text{WC}}(\lambda)+T\rho_{\text{r}}(\lambda) \tag{9-8}$$

式中：$\rho_{\text{Total}}(\lambda)$ 为卫星探测到的波长为 λ 处的反射率；$\rho_{\text{R}}(\lambda)$ 为大气分子的瑞利散射的反射率，该参数基本是稳定的，可以用标准的大气模型模拟获得；$\rho_{\text{A}}(\lambda)$ 为气溶胶散射的反射率，它是复杂多变的，因此大气校正的关键环节是求得气溶胶散射的反射率；$\rho_{\text{RA}}(\lambda)$ 为大气分子与气溶胶多次散射的反射率；$\rho_{\text{w}}(\lambda)$ 为离水反射率；t 为大气漫透射率；$\rho_{\text{WC}}(\lambda)$ 为海浪破碎生成白冠引起的反射率；T 为直接透射率；$\rho_{\text{r}}(\lambda)$ 为水体的镜面反射率。

通过调整传感器的观测角度避免水体的镜面反射 $\rho_{\text{r}}(\lambda)$，在风浪不大的情况下可以忽略海面白冠散射的反射率 $\rho_{\text{WC}}(\lambda)$，在气溶胶光学厚度较小的情况下可忽略大气分子与气溶胶之间多次散射的反射率 $\rho_{\text{RA}}(\lambda)$。因此，式(9-8)可简化为

$$\rho_{\text{w}}(\lambda)=\frac{\rho_{\text{Total}}(\lambda)-\rho_{\text{R}}(\lambda)-\rho_{\text{A}}(\lambda)}{t} \tag{9-9}$$

利用式(9-9)可以对水色遥感数据进行粗略的大气校正。如果仅考虑气溶胶单次散射，气溶胶散射的反射率 $\rho_{\text{A}}(\lambda)$ 可以表达为

$$\rho_A(\lambda) = \frac{\omega_A(\lambda)\tau_A(\lambda)P_A(\lambda,\theta_v,\theta_s)}{4\cos\theta\cos\theta_s} \tag{9-10}$$

式中：$\tau_A(\lambda)$为气溶胶光学厚度；$P_A(\lambda,\theta_v,\theta_s)$为气溶胶散射项函数；$\theta_v$为传感器观测天顶角；$\theta_s$为太阳天顶角；$\omega_A(\lambda)$为气溶胶单次散射反照率。气溶胶粒子对太阳辐射的单次散射反照率$\omega_A(\lambda)$是粒子的散射系数$k_{SC}(\lambda)$与衰减系数$k_a(\lambda)$之比。通常使用ε表示气溶胶在不同波段的单次散射的反射率之比，即

$$\varepsilon(\lambda_i,\lambda_j) = \frac{\rho_A(\lambda_i)}{\rho_A(\lambda_j)} = \frac{\omega_A(\lambda_i)\tau_A(\lambda_i)P_A(\lambda_i,\theta_v,\theta_s)}{\omega_A(\lambda_j)\tau_A(\lambda_j)P_A(\lambda_j,\theta_v,\theta_s)} \approx \frac{\tau_A(\lambda_i)}{\tau_A(\lambda_j)} \tag{9-11}$$

假定$\omega_A(\lambda)$和$P_A(\lambda,\theta_v,\theta_s)$与波长$\lambda$近似无关，那么

$$\varepsilon(\lambda_i,\lambda_j) \approx \left(\frac{\lambda_i}{\lambda_j}\right)^{-\beta} \tag{9-12}$$

式(9-11)可变为

$$\rho_A(\lambda_i) \approx \left(\frac{\lambda_i}{\lambda_j}\right)^{-\beta} \rho_A(\lambda_j) \tag{9-13}$$

式中：λ_i和λ_j为任意波段的波长，根据式(9-12)，只需要知道近红外两个波段的气溶胶反射率，就可以求得气溶胶分布的 Angstrom 指数β。如果知道气溶胶在近红外波段的反射率$\rho_A(\lambda_0)$，就可以通过式(9-13)计算出任意波段的气溶胶散射反射率$\rho_A(\lambda_i)$。

Ⅰ类水体(清洁的海洋水体)水面的离水反射率$\rho_w(\lambda_0)$接近于 0，于是将$\rho_w(\lambda_0)=0$代入式(9-9)，得到

$$\rho_A(\lambda_0) = \rho_{Total}(\lambda_0) - \rho_R(\lambda_0) \tag{9-14}$$

式中：λ_0为近红外波段的波长；$\rho_{Total}(\lambda_0)$为卫星探测到的近红外波段总的反射率。显然只要知道大气层气体分子的瑞利散射的反射率$\rho_R(\lambda_0)$，即可计算得到近外波段气溶胶散射的反射率$\rho_A(\lambda_0)$，然后通过式(9-13)获得任意波段的气溶胶散射反射率，进而实现水体的大气校正。

对于Ⅰ类水体，近红外波段离水反射率为 0，如 SeaWiFS 传感器使用两个近红外波段(以765nm 和 865nm 为中心的波长，带宽为±20nm)进行大气校正，MODIS 传感器使用两个近红外波段(743～753nm 和 862～877nm)进行大气校正。上述传感器的两个近红外波段离水反射率为 0，根据传感器测量的总的反射率$\rho_{Total}(\lambda_0)$和式(9-14)求得近红外波段的气溶胶散射的反射率$\rho_A(\lambda_0)$，然后根据式(9-13)计算任意波段的气溶胶散射的反射率$\rho_A(\lambda_i)$，从而实现任意波段的大气校正工作。对于Ⅱ类水体(近岸河口浑浊水体)发展了类似的大气校正方法。

关于大气层分子瑞利散射的反射率$\rho_A(\lambda)$的计算主要有两种方法，即单次散射近似计算方法和数值求解精确的矢量辐射传输方程(exact radiative transfer equation，ERTE)方法。单次散射近似计算方法简单，但是误差较大。矢量辐射传输方程是目前常用的海洋产品大气校正采用的主流方法(张民伟等，2008)。

9.3.3　水质参数反演方法

1. 经验模型

经验算法是基于水体辐射量(遥感反射率或离水辐亮度等)与现场同步测量的水质参数

的经验统计关系，选择最优的单波段或波段组合数据与实测水质参数建立模型，实现水质参数的遥感反演。在Ⅰ类海水中，波段比值组合模型算法因具有较高的反演精度且模型简单易用而成为业务上的主要算法。但是，对于Ⅱ类水体，由于水体光学特性的复杂，通常不宜在时空上进行推广。针对水体光学特性的复杂性，很多水色研究学者针对特定的问题构建了适应一定条件的经验模型。

1）Ⅰ类水体叶绿素 a 经验算法

叶绿素 a 是浮游植物分布的重要指标，是衡量水体初级生产力和富营养化作用最基本的指标。叶绿素又可分为叶绿素 a 和叶绿素 b，而叶绿素 a 是藻类植物中最丰富的色素，是水质遥感监测中最重要的参数之一。叶绿素 a 在可见光 0.43～0.70μm 波段内，有两个明显的吸收峰（440nm 的蓝波段和 675nm 附近的红波波段）和反射峰（550～570nm 的绿光波段和 685nm 附近的荧光峰），随着叶绿素 a 浓度的不同，其光谱特征出现明显的差异，这也是基于经验模型反演叶绿素 a 的基本原理。

蓝绿波段比值是Ⅰ类水体叶绿素 a 主流的算法，该算法是基于现场实测的归一化离水辐射亮度和同步测量的色素浓度建立的模型。当粒子浓度 P 与有色可溶性有机物的浓度 G 可以忽略时，归一化离水辐射亮度（即两波段离水辐射亮度或反射率的比值）可表示为

$$L_{i:j} = B\left[\frac{1+CA_j}{1+CA_i}\right] \tag{9-15}$$

式中：系数 A_j、A_i 和 B 的值是通过实测数据拟合获得；色素的浓度 $C = C_a + C_p$（叶绿素 a 与褐色素之和）；$L_{i:j}$ 为归一化离水辐射亮度，即蓝绿波段的比值。

利用传统的幂指数模型，发展了 CZCS 传感器色素浓度反演模型，其模型可表示为

$$C_a + C_p = \partial(L_{i:j})^{\beta} \tag{9-16}$$

式（9-16）取自然对数，可转化为

$$\ln(C_a + C_p) = \ln\partial + \beta\ln(L_{i:j}) \tag{9-17}$$

式中：C_a 为叶绿素 a 的浓度；C_p 为褐色素的浓度；$L_{i:j}$ 为 $L_{\mathrm{wn}}(\lambda_i)/L_{\mathrm{wn}}(\lambda_j)$ 或 $\rho_{\mathrm{w}}(\lambda_i)/\rho_{\mathrm{w}}(\lambda_j)$ 的缩写形式；$L_{\mathrm{wn}}(\lambda_i)$ 和 $L_{\mathrm{wn}}(\lambda_j)$ 为蓝光和绿光波段的归一化离水辐射亮度；$\rho_{\mathrm{w}}(\lambda_i)$ 和 $\rho_{\mathrm{w}}(\lambda_j)$ 为蓝光和绿光波段的水体反射率；β 为斜率，$\ln\partial$ 为截距。

基于现场测量的遥感反射率（或归一化离水辐射亮度）与同步的组分浓度关系，建立的 MODIS 色素经验模型，形式为

$$\lg(C_a + C_p) = A(\lg X)^3 + B(\lg X)^2 + C(\lg X) + D/E \tag{9-18}$$

式中：$X = \left[eL_{\mathrm{wn}}(443\mathrm{nm}) + fL_{\mathrm{wn}}(490\mathrm{nm}) + gL_{\mathrm{wn}}(531\mathrm{nm})\right]/L_{\mathrm{wn}}(490\mathrm{nm})$；$A$、$B$、$C$、$D$、$E$ 为回归系数；常数 e、f、g 为 0 或者 1，不同产品根据常数 e、f、g 的取值选择不同的波段。

美国 NASA 利用 SeaWiFS 的不同波段遥感反射率比值与叶绿素 a 浓度之间的统计关系，建立了反演全球海洋叶绿素 a 浓度的 OC2 和 OC4 算法，其中 OC2 为选用 R_{490}/R_{555} 建立的一个三次多项式算法；OC4 则为选用 R_{443}/R_{555}、R_{490}/R_{555} 以及 R_{520}/R_{555} 的比值中的最大值建立的一个四次多项式算法。这两套算法主要是针对全球海域，对于局地海域，则需要发展区域化的算法。

2) Ⅱ类水体水质参数的经验算法

(1) 叶绿素 a 经验模型。近岸Ⅱ类水体光谱是叶绿素 a、悬浮物、黄色可溶性有机物共同作用的结果，难以建立统一的反演模式，不同的区域需要发展不同的模型。目前常用的Ⅱ类水体叶绿素 a 的反演模型主要有两波段算法、三波段算法、水体叶绿素 a 指数 (water Chlorophyll-a Index，WCI) 算法等。

两波段比值算法的形式为 $R(\lambda_1)/R(\lambda_2)$ (Gitelson et al.，2008)，λ_1 位于叶绿素 a 在 675nm 附近的吸收峰，λ_2 介于 700～720nm。两波段算法是基于以下三个假设建立的：$a(\lambda_1)$ 中叶绿素 a 的吸收起主要贡献；$a(\lambda_2)$ 中以纯水的吸收为主；后向散射系数在波长 λ_1、λ_2 内不变。两波段反射率的比值可以看作以下公式的近似：

$$R(\lambda_2)/R(\lambda_1) \approx \left[a_{\text{ph}}(\lambda_1) + a_{\text{w}}(\lambda_1)\right]/a_{w}(\lambda_2) \tag{9-19}$$

式中：$a_{\text{ph}}(\lambda)$ 表示叶绿素吸收系数；$a_{\text{w}}(\lambda)$ 为水体吸收系数；$R(\lambda_1)$ 与 $R(\lambda_2)$ 分别为 λ_1、λ_2 波长处的遥感反射率。参考 Pope 和 Fry (1997) 的研究，$R(\lambda_1)$ 与 $R(\lambda_2)$ 的比值与 $a_{\text{ph}}(\lambda)$ 直接相关，为叶绿素 a 的函数。

针对浑浊的Ⅱ类水体，由于 CDOM 和无机颗粒物在红、近红外波段不再可以忽略，因而两波段计算方法失效。Dall'Olmo 和 Gitelson (2006) 和 Gitelson 等 (2008) 提出了三波段算法。三波段算法的形式为 $\left[R(\lambda_1)^{-1} - R(\lambda_2)^{-1}\right] \times R(\lambda_3)$ (λ_1 为红波段，λ_2、λ_3 为近红外波段)。三波段算法需要三个假设条件才能成立：CDOM 与悬浮颗粒物的吸收在波长 λ_1 与波长 λ_2 相近；波长 λ_3 处的反射率受色素的吸收影响最小，因而可用于考虑散射的变化对反射率的影响；三个波长处总的后向散射系数接近相等。三波段模型可以看作以下公式的近似：

$$\left[R(\lambda_1)^{-1} - R(\lambda_2)^{-1}\right] \times R(\lambda_3) \approx \left[a_{\text{ph}}(\lambda_1) + a_{\text{w}}(\lambda_1) - a_{\text{w}}(\lambda_2)\right]/a_{\text{w}}(\lambda_3) \tag{9-20}$$

WCI 算法是通过最大限度地减小浑浊度对荧光基线高度法的影响提出的 (Gitelson et al.，2008; Shen et al.，2010)。WCI 用 620nm 处反射峰减去 665nm 处反射率以减低悬浮物的影响。

$$H_{\text{Chl-a}} = \left\{R(\lambda_4) + \frac{\lambda_4 - \lambda_3}{\lambda_4 - \lambda_2}\left[R(\lambda_2) - R(\lambda_4)\right]\right\} - R(\lambda_3) \tag{9-21}$$

$$H_{\Delta} = R(\lambda_2) - \left\{R(\lambda_4) + \frac{\lambda_4 - \lambda_2}{\lambda_4 - \lambda_1}\left[R(\lambda_1) - R(\lambda_4)\right]\right\} \tag{9-22}$$

$$\text{WCI} = H_{\text{Chl-a}} - H_{\Delta} \tag{9-23}$$

式中：$H_{\text{Chl-a}}$ 为叶绿素 a 浓度的参数；H_{Δ} 为悬浮物浓度校正参数；λ_1、λ_2、λ_3、λ_4 为波长；$R(\lambda_1)$、$R(\lambda_2)$、$R(\lambda_3)$、$R(\lambda_4)$ 分别为波长 λ_1、λ_2、λ_3、λ_4 处的反射率。

(2) 悬浮物的经验模型。悬浮物是评价水质状况的重要参数，它直接影响入射到水体的光能，进一步影响了水体初级生产力 (May et al.，2003; 娄全胜等，2021)、底栖藻类 (Miller and Cruise，1995; 郑淑娴等，2020)、水草等。悬浮泥沙的快速反演对水环境的保护以及治理具有重要意义。水体中在整个可见光波段的反射率随着悬浮物浓度的增加而增大，水体由暗变亮，同时反射峰值向长波方向移动，即从蓝到绿再到红光波段移动，反射峰值的宽度也变得越来越宽，这是悬浮物经验模型的理论基础。

悬浮泥沙的经验模型主要是通过反射率数据和同步实测样点数据的统计分析，确定两者之间的相关性，建立相关的模型。主要有线性模型、对数模型、Gordon 模型、负指数模型以及统一模型。

线性关系表达式为

$$R = A + BS(B > 0) \tag{9-24}$$

式中：R 为某一波长处的光谱反射比；S 为水体悬浮物浓度；A、B 为常系数。该关系式是有限区间的近似表达式，即反射率或离水辐射亮度随着悬浮物浓度的增加而增加。其关系简单，并不能反映当悬浮物浓度增加到一定程度后，随悬浮物浓度增加反射率变化率减小的特点，反演结果误差较大。

对数关系表达式为

$$R = A + B \cdot \ln S(B > 0) \tag{9-25}$$

式中：A、B 为常系数。此表达式能反映随悬浮物浓度的增加反射率变化率减小的特点，与简单线性关系相比更接近于实际情况，精度较高，但是对数关系式仅适合于低含沙水域。

Gordon 关系式：Gordon 等(1988)对描述悬浮泥沙水体光漫反射的理论模型作了一次近似后，得到了悬浮泥沙反演模式，该模式被称为 Gordon 关系式，其具体表达式为

$$R = C + \frac{S}{A + BS} \tag{9-26}$$

式中：A、B、C 均为常数。该模式是基于单次散射近似推导得到，因此该式具有一定的物理意义，然而悬浮物浓度较高时，非线性项影响严重，误差较大。

负指数关系式：考虑到含沙水体光学性质的垂向变化，通过平面分层模型，推导水体的光学性质随水深变化的规律，得到负指数关系式。其具体表达式为

$$R = A + B\left[1 - \exp(-khS/d)\right] \tag{9-27}$$

或

$$S = A + B\ln(D - L) \tag{9-28}$$

式中：A、B、D 为待定系数；$D = \frac{kh}{d}$，其中 h 表示穿透深度，d 表示悬浮物颗粒直径，k 为系数；R 为反射率；L 为离水辐射亮度。该式假设水和水中黄色物质的吸收很小，既考虑了悬浮物的光学特性随水深的变化(即辐射亮度在水中传输时随着深度的增加呈负指数规律衰减)，也考虑了悬浮物颗粒粒径以及水深等信息。黄色可溶性物质对短波吸收很强，随着波长的增加，呈指数形式的衰减，因此选择合适的波段对该算法非常重要。

统一关系式：黎夏(1992)基于 Gordon 和负指数关系式提出了悬浮泥沙遥感定量的统一模式，其具体表达式为

$$L = \text{Gordon}(S) \times \text{Index}(S) = A + B\left[S/(G+S)\right] + C\left[S/(G+S)\right]e^{-DS} \tag{9-29}$$

式中：A、B、C 为相关式的待定系数，由遥感数据和同步地面数据统计回归获得；G、D 为待定参数。在具体应用中，先假定 D 的值，然后通过迭代求出 G 参数；再固定 G 值，寻找最佳的 D 值，一旦确定了最佳的 G 和 D 值，则待定系数 A、B、C 也被确定。实验证明统一模式具有较高的精度。

由于遥感数据波段的局限性，实际应用中常选择不同波段的比值或组合形式进行研究，提取反映不同悬浮物浓度的遥感指数。例如，由可见光与近红外波段数据组成的归一化指数

等，以提高悬浮物的遥感反演精度。但是，经验模型主要是利用遥感数据与地面同步样点的相关性建立的模型，具有一定的随机性，关系不稳定，缺乏普适性，难以进行推广应用。

(3) CDOM 的经验模型。随着全球碳循环研究的深入，迫切需要知道二类水体中溶解性有机碳的储量，而 CDOM 的遥感反演将为近岸二类水体溶解性有机碳的估算提供方法和途径，另外，CDOM 对蓝藻水华暴发中的营养盐循环和供给具有重要作用。CDOM 是水体的重要组成部分，在很多情况下是水体内最重要的光衰减因子，CDOM 在蓝光波段强吸收与叶绿素 a 和悬浮物吸收相互重叠，影响叶绿素 a、悬浮物浓度以及水体初级生产力的精确遥感反演(Carder et al.，1989)。相对于叶绿素 a 和悬浮物反演模型而言，CDOM 的反演研究相对较少。

唐军武和田国良(1997)根据在东海和黄海的海上调查数据建立了我国的 CDOM 经验反演模型，模型形式为

$$\log Y = A + B(\log X) + C(\log X)^2 + D(\log X)^3 + E(\log X)^4 \tag{9-30}$$

式中：Y 为 CDOM 浓度，它采用 CDOM 440nm 波长处的吸收系数表示(单位：m^{-1})，中间变量 X 为

$$X = \frac{R(412)}{R(510)}\left[\frac{R(443)}{R(555)+R(670)}\right]^b \tag{9-31}$$

式中：A、B、C、D、E 为相关式的待定系数，通过拟合回归获取；b 为待定系数，通过不断迭代求得最佳值。该模型能够一定程度上去除悬浮物和叶绿素 a 的影响，具有较高的精度。

2. 半分析模型

以水体上行辐射与水体组分间的吸收、散射特性之间辐射传输理论为基础，通过多种辐射传输过程的简化或近似，部分参数利用经验方法获得来建立的反演模型，称为半分析模型。该模型是利用遥感测得的水体反射率或离水辐射亮度推演计算出水体各组分(叶绿素 a、悬浮物、CDOM)的特征吸收系数、后向散射系数，然后通过水体中各组分浓度与特征吸收系数、后向散射系数之间的关系，推算出水体各组分的浓度。该方法具有较高的精度和通用性，在一定程度上降低了对数据的依赖度，但它基于水体各组分的吸收与散射特征的假设，需要大量的野外测量以及研究获得其稳定的规律。目前，该方法效果尚不理想，需要完善水体固有光学特性参数(吸收系数、后向散射系数)以及表观光学特性参数(反射率、离水辐射亮度)的研究。

基于辐射传输理论，通过不同水体的反射率与吸收系数 $a(\lambda)$、后向散射系数 $b_b(\lambda)$ 之间的近似关系，可以获得由水体各组分的吸收系数和后向散射系数来表征水体反射率的模型(Gordon et al.，1988; Gordon and Wang，1994)，模型具体形式为

$$R(\lambda) = \frac{f\tau}{Qn^2}\frac{b_b(\lambda)}{a(\lambda)+b_b(\lambda)} \tag{9-32}$$

式中：f 为经验系数，与太阳高度角、水体光学特性和波长有关，其平均值为 0.32～0.33；Q 为光场分布函数，受不同水体、太阳角度、观测角度影响，通常取值为 4.0；对于同一水体，在特定的太阳高度角和观测角测量时，f/Q 为常系数；τ 为光穿越水—气界面的透射率；n 为水体的折射系数；$b_b(\lambda)$ 为水体各组分(纯水、叶绿素 a、悬浮物、CDOM)总的后向散射系数；$a(\lambda)$ 为水体各组分总的吸收系数。

总的吸收系数 $a(\lambda)$ 可以看作纯水 $a_w(\lambda)$ 、CDOM 吸收系数 $a_g(\lambda)$、叶绿素 a 的吸收系数 $a_{ph}(\lambda)$ 和悬浮物的吸收系数 $a_x(\lambda)$ 的线性组合。

$$a(\lambda) = a_w(\lambda) + a_g(\lambda) + a_{ph}(\lambda) + a_x(\lambda) \tag{9-33}$$

总的后向散射系数主要包括悬浮物 $b_{bx}(\lambda)$ 和纯水的后向散射 $b_{bw}(\lambda)$：

$$b_b(\lambda) = b_{bw}(\lambda) + b_{bx}(\lambda) \tag{9-34}$$

半分析模型可以同时求解出叶绿素 a、悬浮物、CDOM 参数的浓度。通过模型可以看到，至少需要 3 个以上波段反射率才可获得有效解，该模型的求解变成线性方程组求解。目前，基于半分析模型的水质参数反演分析方法主要有三类：代数法、矩阵法和非线性最优化法。

代数法直接根据水质参数的固有光学特性与其浓度的经验关系确定模型的形式，并代入生物光学模型，然后利用近似，尽量减少模型未知参数，建立一组方程，通过解算方程组来得到水质参数浓度。该方法虽然最简单，但是对模型未知参数和反演水质参数的数量要求较高，随着模型未知参数和反演水质参数的数量增加，算法无解。

矩阵反演方法是在几种主要水质参数的单位吸收和散射系数已知的基础上，将半分析模型改写成矩阵方程的形式，然后通过解算矩阵方程得到水质参数浓度。矩阵法可以对不同时间和地点的内陆水质参数反演，并且可以同时反演多种水质参数浓度。但是其反演结果精度受限于水质参数单位吸收和散射系数精度以及波段数和波段位置的选择。

非线性优化法的原理是提出一种预测结果，通过迭代不断改变作为预测结果的水体水质参数(如叶绿素 a、悬浮物和 CDOM)，使得根据模型计算的水体遥感反射率与实测的遥感反射率达到最优拟合，即使 x^2 最小。

$$x^2 = \sum(R_{\text{measured}} - R_{\text{model}})^2 \tag{9-35}$$

式中：R_{measured} 为实测的水体遥感反射率；R_{model} 为模型模拟的水体遥感反射率。该方法可以同时估算多个水质参数浓度，并且估算精度较高，但是需要多次迭代，使得计算时间很长。

9.4　水体表面温度反演

水体表面温度是预测气候变化、数值天气预报的重要参数，是控制水体与大气热量、水分、气体交换的重要变量(阎福礼等，2015)。其变化影响着一系列的物理、化学和生物过程，如溶解氧浓度变化、鱼类产卵以及水华暴发等(Demars and Manson，2013；石希等，2021)，在海洋观测和预报、商业捕鱼、气候气象、水环境和水生态监测等应用中发挥重要的作用。与传统实测方法相比，遥感技术具有观测范围大、时间序列长、更新周期短等特点，利用卫星遥感数据可以反演连续的水体表面温度，对于研究全球和区域尺度的水体表面温度的时空分布特征具有重要意义。

水体表面温度有实地测量和卫星数据反演两种来源，由于测量深度的不同，两者具有本质的差异。实测水体表面温度数据由浮标、测船等现场实地测得，测量深度为 0.3～5m，可提供实时的、离散的、较为精确的表面温度，这个温度称为“体温”(bulk temperature)，代表吸收大部分太阳辐射的水层平均温度。利用热红外传感器反演的水体表面温度，其测量深度为 10～20μm，通常将水体表面小于 1mm 深度的水温称为“皮肤温度”(skin temperature)。受风速、太阳辐射、局部气候条件等影响，“皮肤温度”和“体温”是有差异的，这种差异称为“皮肤效应”(阎福礼等，2015)。

9.4.1　热红外反演水体表面温度原理

水体表面温度的反演通常是基于热红外辐射传输方程实现的，与可见光、近红外波段的辐射传输过程相比，热红外辐射传输过程中因为地表发射以及大气发射的存在，有其独特的特性，图 9-5 为热红外辐射传输示意图。在 8～14μm 大气窗口内的热红外波段，传感器接收到的有关于太阳辐射的信号非常小，可以忽略不计。在热红外遥感的辐射传输过程中，地表和大气都是辐射源，热辐射能多次通过大气层，被大气发射和吸收后到达传感器。

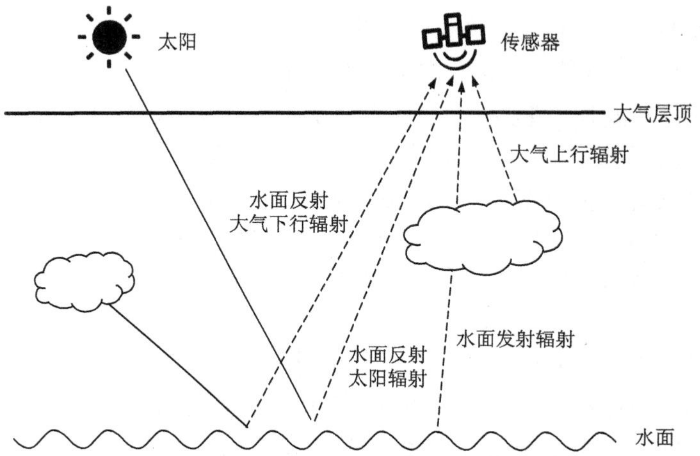

图 9-5　热红外辐射传输示意图

假设地表和大气具有朗伯性质，在半球空间内大气下行辐射为常数，根据热辐射传输理论，在晴空大气条件下，传感器观测的辐亮度可以表示为

$$L_\lambda(\theta)=\tau_\lambda(\theta)\varepsilon_\lambda(\theta,U)B_\lambda(\mathrm{SST})+\tau_\lambda(\theta)(1-\varepsilon_\lambda(\theta,U))L_{a\lambda}^{\downarrow}(\theta)+L_{a\lambda}^{\uparrow}(\theta) \tag{9-36}$$

式中：$L_\lambda(\theta)$ 为传感器测量的第 λ 波段辐亮度，单位为 $\mathrm{W/m^2\cdot sr\cdot \mu m}$；$\tau_\lambda(\theta)$ 为第 λ 波段大气透过率；$\varepsilon_\lambda(\theta,U)$ 为第 λ 波段的地表发射率；$B_\lambda(\mathrm{SST})$ 为 Planck 公式计算的黑体辐射；SST 为水体表面温度；θ 为观测角度；U 为水面风速；$L_{a\lambda}^{\uparrow}(\theta)$ 和 $L_{a\lambda}^{\downarrow}(\theta)$ 分别为第 λ 波段大气上行和下行热辐射。

式(9-36)中，第一项表示水面热辐射经大气吸收衰减后到达传感器的辐亮度；第二项为大气自身发射的向下的热辐射经地表反射后再经大气作用到达传感器的辐亮度；第三项表示大气自身发射的向上的热辐射。需要指出的是，夜间，在 3～5μm 的中红外波段，传感器接收的能量与 8～14μm 热红外波段能量来源相同，夜间中红外波段辐射传输方程与式(9-36)相似。基于热红外辐射传输方程做合理的假设后推导变形，即可得到现有的水体表面温度反演算法(Li et al.，2013)。

由式(9-36)可知，要获得高精度的水体表面温度，需要对热红外遥感数据进行大气校正，即从传感器辐亮度中剥离出大气的贡献。对于热红外波段，气溶胶散射影响较小，其大气校正主要考虑大气吸收和发射的影响。热红外大气校正需要获得与热红外图像同步的大气温度和湿度廓线等数据，利用大气辐射传输模型(如 MODTRAN-5)、热红外多波段劈窗法等，计算大气透过率、大气上行和下行辐射，进而满足后续水体表面温度反演的需要。

9.4.2 水体表面温度反演方法

不同的卫星传感器具有不同的时间、空间、光谱分辨率，而水温反演有着不同的时空尺度、精度需求。可用于大面积、高频次的水体表面温度反演的热红外数据包括 Himawari 8 AHI、FY 4 AGRI、GK2A AMI 等静止卫星数据和 NOAA AVHRR、Terra/Aqua MODIS、NPP/NOAA 20 VIIRS、FY 3 MERSI-Ⅱ、HJ 1B IRS 等极轨卫星数据；中小尺度水体的表面温度反演需要空间分辨率较高的卫星数据，常用的有 Landsat 7 ETM+、Landsat 8/9 TIRS、Aqua ASTER 等数据。

水体表面温度的反演主要受水体表面比辐射率、观测几何、大气对热辐射的吸收和发射的影响。大部分基于热红外数据反演水体表面温度的算法，假设水体表面比辐射率为固定值，但水体表面比辐射率与波长、观测角、水体表面粗糙度以及悬浮物浓度等有关，比辐射率 1% 的误差将导致水体表面温度 0.69K 的误差，因此，精确确定比辐射率对于反演高精度的水体表面温度具有重要意义。除实地测量获取水体表面比辐射率外，还可利用 Wu 和 Smith（1997）以及 Masuda（2006）提出的模型，基于观测角、波长、风速等参数计算获得。目前，反演水体表面温度的算法主要包括单波段算法和分裂窗算法等。

1. 单波段算法

该算法适用于热红外单通道数据，假设比辐射率已知，在获取大气垂直廓线的条件下，利用大气辐射传输模型计算出大气辐射和透过率代入辐射传输方程，对大气效应进行订正和剔除，利用热红外波段辐亮度计算得到水体表面温度。利用单通道算法反演水体表面温度，其精度主要取决于比辐射率、大气垂直廓线和大气辐射传输模型的精度。其中，大气廓线数据可以通过星载大气垂直探测器、地面探空或气象数据得到。精确实测大气垂直廓线一般比较困难，使得单波段算法受到很大的限制。单波段算法中常用的为单通道大气统计方法，该方法从大气辐射传输方程出发，考虑大气含水量和传感器视角天顶角的影响，建立遥感亮度温度与海面温度的经验公式，通过同步实测的海面温度和遥感亮度温度来得到回归经验系数。

Qin 等（2001）针对 Landsat 5 TM 数据，提出使用大气透过率和大气平均温度代替大气廓线，进而估算水体表面温度。公式为

$$T_s = \left[a(1-C-D) + (b(1-C-D)+C+D)T_{\text{sensor}} - DT_a\right] / C \tag{9-37}$$

$$C = \tau\varepsilon \tag{9-38}$$

$$D = (1-\tau)\left[1+(1-\varepsilon)\tau\right] \tag{9-39}$$

式中：ε 为地表比辐射率；τ 为大气透过率；T_{sensor} 为星上辐射亮度对应的亮度温度；T_a 为大气平均作用温度，a、b 为系数。

Jiménez-Muñoz 和 Sobrino（2003）提出通用单通道算法，即利用大气水汽含量和波段的有效波长来估算水体表面温度。该方法计算公式为

$$T_s = \frac{\gamma[(\varPsi_1 L_{\text{sen}} + \varPsi_2)}{\varepsilon} + \varPsi_3] + \delta \tag{9-40}$$

$$\gamma \approx T_{\text{sen}}^2 / b_\gamma L_{\text{sen}} \tag{9-41}$$

$$\delta \approx T_{\text{sen}} - T_{\text{sen}}^2 / b_\gamma \tag{9-42}$$

式中：ε 为地表比辐射率；L_{sen} 为卫星高度上遥感器测得的辐射强度；T_{sen} 为亮温温度；$b_{\gamma}=c_2\left(\dfrac{\lambda^4}{c_1}+1/\lambda\right)$，$\lambda$ 为中心波长，$c_1=1.91104\times10^8\,\text{W}\cdot\mu\text{m}^4\cdot\text{m}^{-2}\cdot\text{sr}^{-1}$；$c_2=14387.7\mu\text{m}\cdot\text{K}$；$\varPsi_1$、$\varPsi_2$、$\varPsi_3$ 为大气功能参数。

GMS 静止气象卫星反演海温大气订正的统计方法比较成熟，其公式为

$$T_S=T_B+\sec\theta\left\{0.189W+\left[1-\frac{1400}{1400+(310-T_B)}\right]\times4\right\} \tag{9-43}$$

式中：θ 为传感器观测天顶角；T_B 为亮度温度；W 为大气总水汽含量。

利用 NOAA 第五通道反演海温的经验公式为

$$T_S=(T_B-C)\exp(-\tau D) \tag{9-44}$$

$$D=\alpha/H \tag{9-45}$$

$$\alpha=\left[(h+H)^2-(h+H)^2\sin^2\theta\right]-\left[R^2-(H+R)^2\sin^2\theta\right]^{1/2} \tag{9-46}$$

式中：C 为待定的回归系数；τ 为大气的光学厚度；h 为大气的上限高度；R 为地球半径；H 为卫星高度；θ 为传感器观测天顶角；α 为地表像元到传感器的光学路径；T_S 为海面温度；T_B 为亮度温度。

2. 分裂窗算法

多通道算法不需要已知大气廓线数据，利用相邻两个或多个热红外波段对大气吸收作用的不同进行大气校正，进而计算水体表面温度，其最典型、应用最广泛的是分裂窗算法。Prabhakara 等(1974)提出将两个热红外波段的亮温进行组合来反演海表温度，随后有多位学者提出多通道算法用于水体表面温度反演，如 McClain 等(1985)提出了 MCSST(multi-channel SST)算法、Walton(1988)提出了非线性算法 NLSST(non-linear SST)等。分裂窗算法反演精度一般约 0.4～0.8K，精度较高，且算法所需参数较少，在实际应用中非常有效。

McClain 等(1985)提出的 MCSST 算法，表达式为

$$T_S=\alpha+\beta T_i+\gamma(T_i-T_j)+\delta(T_i-T_j)(1-\sec\theta) \tag{9-47}$$

式中：T_S 为待计算的水体表面温度；α、β、γ、δ 为算法的待定系数；T_i 和 T_j 为 2 个红外(包括中红外和热红外)通道的亮度温度；θ 为卫星天顶角，可通过式(9-48)计算：

$$\theta=\arcsin\left(\frac{R+h}{R}\sin\phi_i\right) \tag{9-48}$$

式中：R 为地球半径(6378.388km)；h 为卫星高度；ϕ_i 为卫星扫描角。

MODIS 反演海水表面温度的计算公式为

$$\text{MODIS\_sst}=k_0+k_1T_{31}+k_2(T_{31}-T_{32})+k_3(\sec\theta-1)(T_{31}-T_{32}) \tag{9-49}$$

式中：T_{31} 和 T_{32} 为第 31 和第 32 通道的亮温；θ 为卫星天顶角；MODIS_sst 为待求的海面温度；k_0、k_1、k_2、k_3 为回归系数。

反演处理中，应根据不同的海区和不同的季节对模型中使用的常数进行回归订正，以减小各种因素带来的系统误差。

Walton(1988)认为大气透过率不是恒定的常数，而与亮度温度成比例关系，基于此提出

了 NLSST，其公式为

$$T_S = \alpha + \beta T_i + \gamma (T_i - T_j) T_{\text{guess}} + \delta (T_i - T_j)(1 - \sec\theta) \tag{9-50}$$

式中：T_{guess} 是水体表面温度的最初估计值，可用 MCSST 结果代替。其他字符含义同式(9-47)。

3. 其他算法

除单波段算法和分裂窗算法外，利用热红外数据反演水体表面温度的方法还包括辐射传输算法、多角度算法和神经网络算法等(Zheng et al.，2018; Sobrino et al.，1996; Embury et al.，2012)。辐射传输算法是基于大气温度和湿度垂直廓线数据，利用大气辐射传输模型计算出大气辐射和大气透过率并带入辐射传输方程，对大气效应进行订正和剔除，进而求出水体表面温度。多角度算法依据不同角度观测时大气吸收的差异，对大气效应进行订正和剔除，是基于双角度传感器发展得到。神经网络算法通常以辐射传输模型模拟数据、实测温度数据等为样本集，利用神经网络训练得到水体表面温度反演模型。

与热红外遥感相比，微波遥感不受云雨及大气的影响，具有全天时、全天候、穿云透雾等优点，在大尺度水体表面温度反演中具有独特优势。目前，常用的微波辐射计有 TMI、AMSR-E、AMSR-2，以及我国 FY-3 卫星搭载的 MWRI，HY-2 卫星搭载的 RAD，HY-2A 卫星搭载的 SMR 传感器等。利用微波数据进行水体表面温度反演时，同样需进行大气校正和比辐射率的确定。目前针对于被动微波水体表面温度反演的算法大致可以分为统计算法、半经验算法和机器学习算法三类(Hosoda，2010；王韶飞，2021)。

思 考 题

1. 简述水体的光谱特征，并说明水体提取原理。
2. 列出常用的水体指数公式，介绍各方法的优缺点。
3. 写出水体遥感辐射传输方程，并分别介绍各项参数的物理含义。
4. 简述基于半分析模型的水质参数反演方法，分析各方法的特点。
5. 写出水体热红外辐射传输方程，并分别介绍各项参数的物理含义。
6. 总结现有的水体表面温度反演方法，并阐述各方法的特点。

第 10 章　土 地 遥 感

10.1　土地遥感概述

土地遥感是利用遥感技术对地球表面进行观测，进而获取、处理、分析和评估土地表面信息和土地表面覆盖变化的重要技术手段，在土地研究相关领域发挥着重要作用。土地资源是人类生存和发展的重要基础。通过对遥感图像的解译和分析，可以获取土地利用、土地覆盖、土地类型和土地变化等大量的土地资源信息，对于评估土地利用强度和可持续性，指导土地资源规划和管理，保护耕地，推进城市化等具有重要意义。此外，土地遥感技术还可以监测土地的退化、荒漠化、土地沙漠化等问题。通过研究土地覆盖变化与环境变化之间的关系，可以更好地了解土地利用对生态环境的影响，为制定合理的环境保护措施和土地保护政策提供科学依据。总之，土地遥感技术具有广泛的应用价值，为土地资源的可持续利用与管理、环境保护、气候变化、城市规划和农业生产等领域提供了重要的数据支持和服务，在促进社会、经济和环境的可持续发展上做出了贡献。

土地遥感的历史可以追溯到 20 世纪 50 年代初期，最初人们主要采用航空摄影技术进行土地资源的调查和地形测量，但精度和效率普遍较低。人造卫星问世以来，随着遥感卫星数量的不断增加和高分辨率卫星的发射，数据可用性和图像质量得到质的飞跃，土地遥感技术的应用领域也不断拓展。当前，土地遥感研究主要包括土地覆盖/土地利用分类、土地覆盖/土地利用变化检测、土地资源评价与利用状况评估等。在土地覆盖/土地利用分类过程中，遥感技术可以高效、快速、精确地提取和区分地表覆盖物/土地利用类型，从而为环境管理、土地资源管理提供基础数据。土地覆盖/土地利用变化检测指对同一地区多期土地覆盖/土地利用遥感影像数据进行比对，提取、分析和解释地表覆盖/利用类型的变化情况，帮助人们了解土地利用变化趋势、监测自然资源变化、评估环境影响、制定土地规划与资源利用政策，对生态环境和人类的生产生活具有重要意义。土地资源评价与利用状况评估是关系到土地资源管理和有效利用的关键性研究。土地资源评价的核心思想是通过遥感手段获取和处理有关评价因子的数据，在科学理论和模型基础上描述土地的生产潜力(包括适宜性和限制性)——即鉴别土地对某种用地类型的好与坏。土地利用状况评估则是在遥感基础上结合地理信息系统数据库与系统分析功能，评估土地资源的可持续利用和管理状况，具体又涵盖了土地利用强度、土地可持续性和土地利用效益等。

在过去几十年里，遥感数据的准确性和丰富性使得复杂而开放的地球系统可以被更深入地探索。通过海量的数据积累，土地遥感不仅反映了地表自身情况，还发掘探究了许多以土地为载体的自然或人类活动。在未来，土地遥感还有着广阔的应用前景和发展空间。随着遥感技术的进步，卫星遥感、飞机遥感、激光雷达遥感等多源数据的融合将显著提高土地信息的可靠性和精度，使得发展实时监测技术成为可能。随着人工智能和深度学习技术的发展，智能化识别和分类会进一步减少人工干预，大大提高数据处理的效率和自动化程度。随着大数据时代的到来，土地遥感逐渐从传统的数据获取和处理向大数据分析方向发展。通过收集大量的土地遥感数据，利用数据挖掘、机器学习等方法对土地信息进行深入分析，可以更好地了解土地利用变化的趋势和规律，提高土地资源的利用效率和可持续发展能力。可以预见的是，土地遥感技术将在未来继续发挥其在土地研究、土地管理和环境监测等方面的重要作用，在城市规划、环境监测、精准农业和生态保护等领域做出更大的贡献。

10.2　土地覆盖分类

10.2.1　土地利用/土地覆盖类型

土地覆盖，又称土地覆被，是自然营造物和人工建筑物所覆盖的地表诸要素的综合体(陈述彭，1990)，具有特定的时间和空间属性，其形态和状态可在多种时空尺度上变化(史培军，2000; 张静和郭玉芳，2012)。土地利用是根据某些社会经济目标和土地资源的特性对土地的开发和再利用。从区域尺度到全球尺度，通过案例研究分析土地利用/土地覆盖变化并进行综合性的评估一直以来都是综合自然地理学和土地生态学的重要研究内容。目前，土地利用/土地覆盖变化的研究，逐渐从分析变化过程、评估变化影响，进入到面向可持续发展的阶段(何春阳等，2021)。国内外越来越多的学者开始关注如何通过土地利用/土地覆被变化研究和地理设计相结合促进可持续发展，并将土地利用/土地覆盖与生态服务系统、景观可持续性结合起来开展集成研究(傅伯杰和刘焱序，2019)。

在对土地覆被和土地利用进行调查和研究工作时，首先需要建立一个分类体系，称为土地利用/土地覆盖分类体系。图 10-1 为常用的土地覆被类型的现实场景示例。

不同土地利用/覆盖产品的开发目的不尽相同，其采用的分类体系也存在较大的差异(Grekousis et al.，2015)。目前，国际上常用的土地覆盖分类体系主要见于常用的土地覆盖数据集，包括美国地质调查局(United States Geological Survey，USGS)的 IGBP-DISCover 数据集(Loveland et al.，2000)(表 10-1)、美国马里兰大学的 UMD Land Cover 数据集(Hansen and

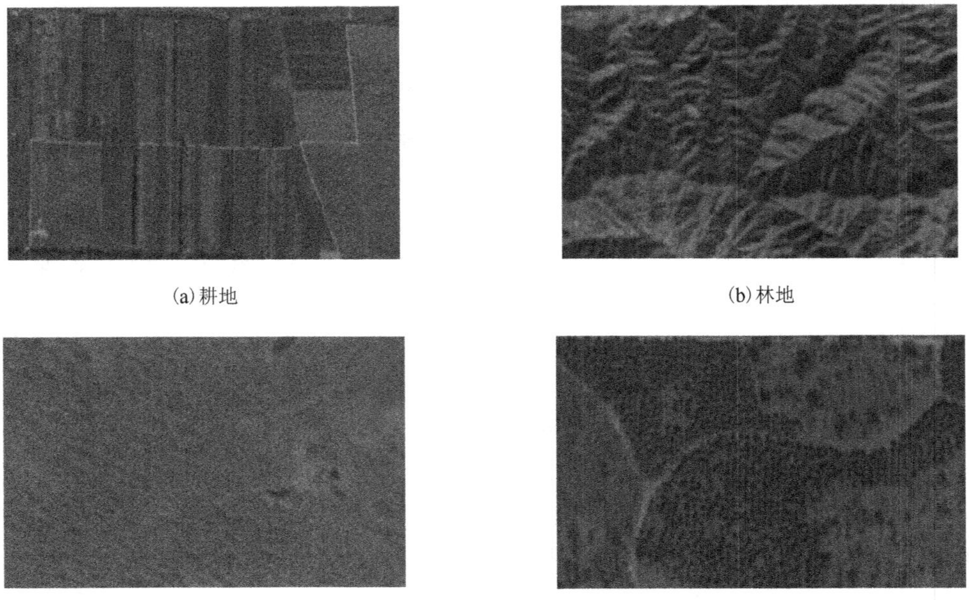

(a) 耕地　(b) 林地

(c) 草地　(d) 灌木地

图 10-1　各土地覆盖类型现实场景示例

(e) 湿地

(f) 水体

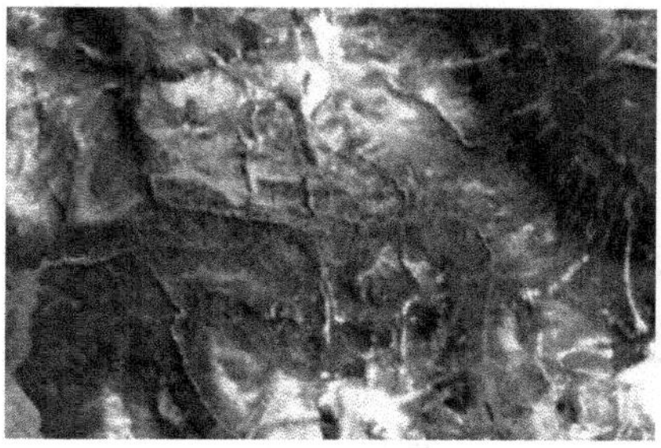

(g) 苔原

(h) 人造地表

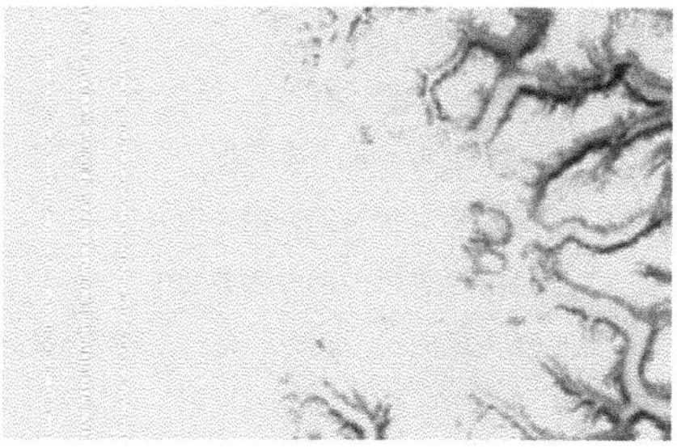

(i) 冰川和永久积雪

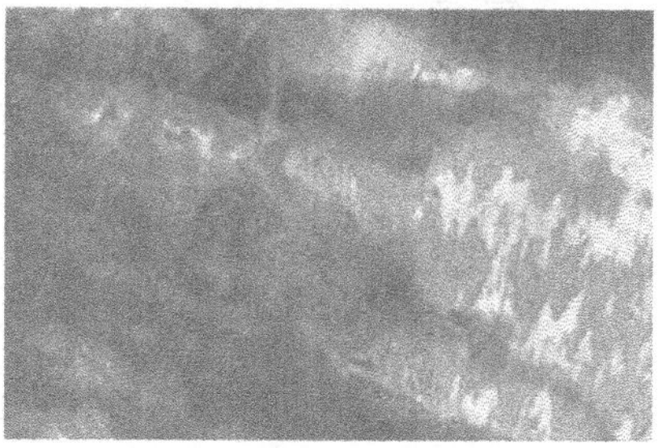

(j) 裸地

图 10-1（续）

Reed，2000）（表 10-2）、美国波士顿大学的 BU_MODIS 数据集（Friedl et al.，2010）（表 10-3）、欧盟联合研究中心的 GLC2000 数据集（Bartholome and Belward，2005）（表 10-4）、欧洲空间局的 GlobCover 数据集（Bicheron et al.，2008）（表 10-5）、中国国家基础地理信息中心的 GlobeLand30 数据集（Chen et al.，2015）（表 10-6）和中国 1∶10 万土地利用数据（表 10-7）。

表 10-1　USGS 的 IGBP-DISCover 数据集分类体系

编码	类型	含义
1	常绿针叶林	覆盖度>60%和高度超过 2m，且常年绿色，针状叶片的乔木林地
2	常绿阔叶林	覆盖度>60%和高度超过 2m，且常年绿色，具有较宽叶片的乔木林地
3	落叶针叶林	覆盖度>60%和高度超过 2m，且有一定的落叶周期，针状叶片的乔木林地
4	落叶阔叶林	覆盖度>60%和高度超过 2m，且有一定的落叶周期具有较宽叶片的乔木林地
5	混交林	前四种森林类型的镶嵌体，且每种覆盖度不超过 60%

续表

编码	类型	含义
6	郁闭灌木林	覆盖度>60%，高度低于 2m，常绿或落叶的木本植被用地
7	稀疏灌木林	覆盖度在 10%～60%，高度低于 2m，常绿或落叶的木本植被用地
8	有林草地	森林覆盖度在 30%～60%，高度超过 2m，和草本植被或其他林下植被系统组成的混合用地类型
9	稀树草原	森林覆盖度在 10%～30%，高度超过 2m，和草本植被或其他林下植被系统组成的混合用地类型
10	草地	由草本植被类型覆盖，森林和灌木覆盖度小于 10%
11	永久湿地	常年或经常覆盖水体与草本或木本植被的广阔区域，是介于陆地与水体之间的过渡带
12	农田	指由农作物覆盖，包括作物收割后的裸露土地；永久的木本农作物可归类于适合的林地或灌木覆盖类型
13	城镇与建成区	被建筑物覆盖的土地类型
14	农田与自然植被镶嵌体	指由农田、乔木、灌木和草地组成的混合用地类型，且任何一种的覆盖度不超过 60%
15	冰雪	常年积雪或冰雪覆盖的土地类型
16	裸地	裸地、沙地、岩石，植被覆盖不超过 10%
17	水体	海洋、湖泊、水库和河流，可以是咸水或淡水

表 10-2　美国马里兰大学的 UMD Land Cover 数据集分类体系

编码	类型	含义
0	水体	海洋、湖泊、水库和河流，可以是咸水或淡水
1	常绿针叶林	覆盖度＞60%和高度超过 5m，且常年绿色，针状叶片的乔木林地
2	常绿阔叶林	覆盖度＞60%和高度超过 5m，且常年绿色，具有较宽叶片的乔木林地
3	落叶针叶林	覆盖度＞60%和高度超过 5m，有一定的落叶周期，针状叶片的乔木林地
4	落叶阔叶林	覆盖度＞60%和高度超过 5m，有一定的落叶周期，较宽叶片的乔木林地
5	混交林	覆盖度＞60%和高度超过 5m，由针叶林和阔叶林类型的树木群落组成，二者混合镶嵌分布且覆盖度都不低于 25%或超过 75%
6	稀树草原	覆盖度在 40%～60%，高度超过 5m，常绿或落叶的木本植被用地
7	有林草地/灌木丛	覆盖度在 10%～40%，高度超过 5m，常绿或落叶的木本植被用地
8	郁闭灌木林	灌木覆盖度＞40%，灌木高度不超过 5m，树木覆盖度低于 10%，其余的覆盖物为荒地或草本植物
9	开阔灌木林	灌木覆盖度在 10%～40%，灌木高度不超过 2m，其余的覆盖物为荒地或草本植物
10	草地	由草本植被类型覆盖，森林和灌木覆盖度小于 10%
11	农田	指由农作物覆盖，包括作物收割后的裸露土地，永久的木本农作物可归类于适合的林地或灌木覆盖类型
12	裸地	裸地、沙地、岩石，植被覆盖不超过 10%
13	城镇与建成区	被建筑物覆盖的土地类型

表 10-3　美国波士顿大学的 BU_MODIS 数据集分类体系

编码	类型名	编码	类型名
0	水体	3	落叶针叶林
1	常绿针叶林	4	落叶阔叶林
2	常绿阔叶林	5	混交林

续表

编码	类型名	编码	类型名
6	郁闭灌丛	12	耕地
7	稀疏灌丛	13	城市及建成区
8	木质热带大草原	14	耕地与其他植被混合
9	稀树草原	15	冰雪
10	草地	16	裸地
11	永久湿地		

表 10-4　欧盟联合研究中心的 GLC2000 数据集分类体系

编码	类型名	编码	类型名
1	常绿阔叶林	12	落叶灌丛
2	郁闭落叶阔叶林	13	草本植被
3	稀疏落叶阔叶林	14	稀疏草本植被或稀疏灌丛
4	常绿针叶林	15	灌丛/草本植被覆盖的规律性洪泛区
5	落叶针叶林	16	耕地
6	针阔混交林	17	农田、树木和其他自然植被镶嵌体
7	有林的规律性洪泛区，淡水	18	农田、灌丛和草本植被镶嵌体
8	有林的规律性洪泛区、咸水	19	荒地
9	林地和其他自然植被镶嵌体	20	水体
10	有林火烧地	21	冰雪
11	常绿灌丛	22	人工表面和相关区域

表 10-5　欧洲空间局的 GlobCover 分类体系

编码	名称	详细定义
11	水浇地	过水或水浇地
14	旱地	旱地
20	耕地/植被镶嵌	耕地(50%～70%)/植被镶嵌(草地、灌木、林地)(20%～50%)
30	植被/耕地镶嵌	植被(草地、灌木、林地)(50%～70%)/耕地镶嵌(20%～50%)
40	常绿阔叶/半落叶林	郁闭到开放(>15%)常绿阔叶/半落叶林(>5m)
50	郁闭落叶阔叶林	郁闭(>40%)落叶阔叶林(>5m)
60	开放落叶阔叶林	开放(15%～40%)落叶阔叶林(>5m)
70	郁闭常绿针叶林	郁闭(>40%)常绿针叶林(>5m)
90	开放落叶/常绿针叶林	开放(15%～40%)落叶/ 常绿针叶林(>5m)
100	针阔混交林	郁闭到开放(>15%)针阔混交林(>5m)
110	灌木/林地/草地镶嵌	灌木/林地(50%～70%)/草地(20%～50%)镶嵌
120	草地/林地/灌木镶嵌	草地(50%～70%)/林地/灌木(20%～50%)镶嵌
130	灌木	郁闭到开放(>15%)灌木(<5m)
140	草地	郁闭到开放(>15%)草地
150	稀疏植被	稀疏(>15%)植被(木本植被、灌木、草地)
160	郁闭经常被淡水淹没的阔叶林	郁闭(>40%)经常被淡水淹没的阔叶林
170	郁闭经常被淡水-盐水淹没的半落叶或常绿阔叶林	郁闭(>40%)经常被淡水-盐水淹没的半落叶或常绿阔叶林

续表

编码	名称	详细定义
180	经常被淹没或者被土壤淡水、半咸水或者咸水浸湿的植被覆盖	郁闭到开放(>15%)经常被淹没或者被土壤淡水、半咸水或者咸水浸湿的植被(草地、灌木、木本植被)
190	城市建设用地	人工地表相关类型(城市建设用地>50%)
200	裸地	裸地
210	水体	水体
220	永久冰雪	永久冰雪

表 10-6　中国国家基础地理信息中心 GlobeLand30 分类体系

代码	类型	内容
10	耕地	用于种植农作物的土地，包括水田、灌溉旱地、雨养旱地、菜地、牧草种植地、大棚用地、以种植农作物为主间有果树及其他经济乔木的土地，以及茶园、咖啡园等灌木类经济作物种植地
20	森林	乔木覆盖且树冠盖度超过 30%的土地，包括落叶阔叶林、常绿阔叶林、落叶针叶林、常绿针叶林、混交林，以及树冠盖度为 10%～30%的疏林地
30	草地	天然草本植被覆盖，且盖度大于 10%的土地，包括草原、草甸、稀树草原、荒漠草原，以及城市人工草地等
40	灌木地	灌木覆盖且灌丛覆盖度高于 30%的土地，包括山地灌丛、落叶和常绿灌丛，以及荒漠地区覆盖度高于 10%的荒漠灌丛
50	湿地	位于陆地和水域的交界带，有浅层积水或土壤过湿的土地，多生长有沼生或湿生植物。包括内陆沼泽、湖泊沼泽、河流洪泛湿地、森林/灌木湿地、泥炭沼泽、红树林、盐沼等
60	水体	陆地范围液态水覆盖的区域，包括江河、湖泊、水库、坑塘等
70	苔原	寒带环境下由地衣、苔藓、多年生耐寒草本和灌木植被覆盖的土地，包括灌丛苔原、禾本苔原、湿苔原、裸地苔原等
80	人造地表	由人工建造活动形成的地表，包括城镇等各类居民地、工矿、交通设施等，不包括建设用地内部连片绿地和水体
90	裸地	植被覆盖度低于 10%的自然覆盖土地，包括荒漠、沙地、砾石地、裸岩、盐碱地等
100	冰川和永久积雪	由永久积雪、冰川和冰盖覆盖的土地，包括高山地区永久积雪、冰川，以及极地冰盖等

表 10-7　中国 1∶10 万土地利用数据分类体系

一级类(编码和类型)	二级类(编码和类型)	三级类(编码和类型)
1 耕地	11 水田	
	12 旱地	
2 林地	21 有林地	
	22 灌木林	
	23 疏林地	
	24 其他林地	
3 草地	31 高覆盖度草地	
	32 中覆盖度草地	
	33 低覆盖度草地	
4 水域	41 河渠	411 常年河　412 时令河
	42 湖泊	

续表

一级类(编码和类型)	二级类(编码和类型)	三级类(编码和类型)
4 水域	43 水库坑塘	
	44 永久性冰川雪地	
	45 滩涂	
	46 滩地	
5 城乡、工矿、居民用地	51 城镇用地	511 城市、县以上 512 镇、乡镇
	52 农村居住点	
	53 工矿建设用地	531 工矿用地 532 铁路建设用地 533 公路用地 534 农村道路
6 未利用土地	61 沙地	
	62 戈壁	
	63 盐碱地	
	64 沼泽地	
	65 裸土地	
	66 裸岩石砾地	
	67 其他	

10.2.2 土地利用/土地覆盖分类

土地利用/土地覆盖分类的具体方法可以参见本书第 8 章。

从分类对象的角度来说，主要包括基于像元的分类和面向对象的分类。相比基于像元的分类，面向对象的分类方法充分考虑了地表覆盖类型的形状、结构、纹理、光谱和相关空间特征，将遥感图像分割成各种非空的子区域，这些子区域具有相同或可比较的特征，互不重叠，互相连接，大大减少了椒盐效应。

根据解译人员在分类过程中是否采用先验知识可以将分类方法分为监督分类和非监督分类。监督分类的过程也被称为训练分类，是通过使用训练区内存在的已确认类别的样本像元来识别其他未知类别像元的方法。通过比较未分类的图像像元和训练样本的对应特征，将未分类的图像像元归入最相似的训练样本类别中。主要的监督分类包括最大似然法、支持向量机、随机森林、人工神经网络等。非监督分类假设遥感影像中同物同谱、异物异谱，同类型地物基本具有相同的表面特征结构，然而，遥感影像中往往存在同物异谱、异物同谱以及混合像元。此外，仅依据遥感影像数据而不添加任何先验知识，使得非监督分类的结果并不能反映出研究区的类别属性，在分类之后还需要经过目视解译或者实地调研来确定类别属性。常用的非监督分类方法包括 *K*-均值聚类法和迭代自组织数据分析算法(ISODATA)。

10.2.3 土地利用/土地覆盖变化

1. 土地利用/土地覆盖变化检测含义

土地利用变化是人类对土地进行的经营活动导致土地生态系统类型变化的过程。采用遥感手段对土地利用/土地覆盖变化进行检测，是基于多时相的遥感影像数据，运用多种图像处理和模式识别方法来获得变化信息，并对其进行定量分析、描述特征和确定地表变化的过程。土地利用/土地覆盖变化检测提取的信息包括变化发生的位置、强度、范围和类型，具体的过程应包括检测已经发生的变化、识别变化的性质、判断变化的范围以及评估变化的模式。

2. 土地利用/土地覆盖变化检测基本流程

尽管不同的土地利用/土地覆盖变化检测的步骤不尽相同，但是一般遥感影像的变化检测过程均涉及前后时相遥感数据选择、预处理、多源数据融合、特征选择与提取、变化信息发现比较与判别、变化类型确认、变化图斑的表示以及最后的精度评估等诸多环节。选取合适的遥感数据是变化检测的基础，在选择与目标地物特征相匹配的数据源时需要考虑时间分辨率、空间分辨率、光谱分辨率和辐射分辨率多个维度的匹配，同时还需要注意物候特征、大气状况等变化以增加数据的可比性和检测的可靠性。除此以外，为了使检测顺利进行，还需要增加对数据成本、传感器本身特性、辅助地理信息等外部因素的斟酌。在数据预处理环节，要注意对数据时相和配准精度的检查，以减少伪变化区域带来的误差，从而提高变化检测的精度。

3. 土地利用/土地覆盖变化检测方法

目前变化检测的方法有很多，各国学者也纷纷从不同角度对这些方法进行了总结和分类。概括来说常用的变化检测方法包括：直接比较法、分类比较法、面向对象检测法、时间序列分析法和混合法(Lu et al.，2004; 周启鸣，2011; 眭海刚等，2018)。下面将针对几种主要方法进行介绍。

1) 直接比较法

常用的直接比较法为图像代数法。图像代数法是通过数学运算对两幅遥感影像进行代数操作，得到代数差分图，进而实现变化检测。像元差值或比值法是最简单的图像代数法，通过对两幅遥感影像的对应像元进行相减或相除分别得到差值差分图或比率差分图，根据差分图和设定的阈值来判断是否发生了变化，从而将差值或比值图像转换为简单的变化/无变化图像或正变化/负变化图像。比例差分法由差值和比值法发展而来，先将两幅遥感影像进行比例变换，然后进行像元差分计算，得到比例差分图，进而和阈值比较以判断变化情况。比例差分法能够有效消除光照和偏移影响，且对细微变化敏感，适用于检测区域变化较小的场景。

图像代数法算法简单，易于实现，但往往难以克服由大气条件、传感器噪声和大气辐射的差异性带来的干扰，对遥感影像预处理的要求较高，容易产生误检。

2) 分类比较法

随着分类软件的不断完善，类别信息的获取难度降低，分类比较法逐渐成为一种常见、有效的遥感变化检测方法。分类比较法是将两个(或多个)不同时期的遥感图像分类后，对比不同时间段的分类结果，生成变化图像，再根据变化检测矩阵确定地表覆盖变化类型。除了反映变化的空间范围和大小情况外，该方法还可以确定变化的性质，如由林地变为草地，由耕地变为建筑用地等。然而在分类比较前，需要至少进行两次(或多次)图像分类，而图像分类的可靠性直接影响变化检测的准确性，分类错误可能造成严重误检，从而降低变化分析的精度。

3) 面向对象检测法

区别于像素级方法，面向对象检测法(object-based change detection, OBCD)是将遥感影像中的对象视为检测和分析的基本单元。通过对遥感影像中的对象进行分割、特征提取和分类，比较两幅或多幅影像中相应对象的类别信息，从而检测和分析变化的位置与类型。OBCD受对象提取方法影响很大，选择合适的影像分割方法，加强最优尺度、自适应多尺度分割方法的理论研究仍是核心问题。相对于像元级别的检测方法，OBCD 方法受噪声和预处理影响小，具有更好的精度和鲁棒性，属于高级别处理。同时，OBCD 方法可以将变化信息以对象的形式呈现出来，实现更好的语义解释，对于决策者和使用者来说更加直观和易于理解，特别适用于城市化和土地利用变化等需要考虑地物语义信息的场景。

4) 时间序列分析法

时间序列变化检测方法主要针对某一区域的长时间序列遥感影像，通过提取图像有关特征，分析地表覆盖的变化过程与发展规律。这种方法可以捕捉到植被、水体和建筑等目标的周期性变化，也可以识别出非周期性变化，如灾害和土地利用变化等。时间序列分析法主要包括两个步骤：时间序列的建立和变化检测。时间序列的建立是指将多时相遥感影像进行预处理和拼接，生成一个连续的时间序列。变化检测是指通过分析时间序列中各时相影像的像元值的变化情况，来检测出地表覆盖的变化。

相比于两时相影像的变化检测方法，时间序列分析更聚焦于中低空间分辨率影像，如 AVHRR 和 MODIS。使用这些影像时，空间细节的损失使得自动分类的精度低，因而时间序列分析通常用于植被变化、土地覆盖变化等大面积目标的变化分析。

5) 混合法

混合法(mixed method)是指结合两种或两种以上的检测方法进行变化检测。混合法包括两类。一是基于过程的混合方法，在检测的不同阶段和步骤中使用不同的检测方法进行处理，常见的组合为分类法与面向对象法混合、分类法和代数法混合等。二是基于决策融合的混合方法，通过将多种变化检测算法的结果进行融合(综合分析)来得到最终的变化检测结果，常用的决策融合方式包括加权融合、投票融合、模糊逻辑融合等。

当前的混合方法能够充分利用不同检测方法的优势，弥补各种方法的不足，一般可以提高变化检测的准确度和鲁棒性。不过大部分混合方法只是特征和模型数量上的加减，检测精度的提升效果并不显著。同时存在混合处理环节割裂、融合的权重不易选取等问题，容易造成混合法算法复杂。

4. 土地利用/土地覆盖变化比较分析

1) 土地覆盖转移矩阵

土地覆盖转移矩阵是马尔可夫模型在土地利用变化方面的应用。马尔可夫模型是对具有无后效性的随机过程的研究。该方法应用在土地利用/土地覆盖变化上，可以根据土地的初始类型以及不同土地类型间的转移关系来预测土地利用变化趋势，在定量描述系统状态和状态转移的同时，还解释了不同土地利用类型之间的转移速率。如表 10-8 所示，行表示T_1时点土地利用类型，列表示T_2时点土地利用类型(刘瑞和朱道林，2010)。P_{ij}表示T_1-T_2期间土地覆盖类型 i 转换为土地覆盖类型 j 的面积占土地总面积的百分比；P_{ii}表示T_1-T_2期间土地覆盖类型 i 保持不变的面积百分比。P_{i+}表示T_1时点土地覆盖类型 i 的面积占土地总面积的百分比。P_{+j}表示T_2时点土地覆盖类型 j 的面积占土地总面积的百分比。$P_{i+}-P_{ii}$为T_1-T_2期间土地覆盖类型 i 面积减少的百分比；$P_{+j}-P_{jj}$为T_1-T_2期间土地覆盖类型 j 面积增加的百分比。

2) 土地利用变化幅度

区域土地利用变化幅度反映了不同土地利用类型在总体上的变化。该指数用于描述区域土地利用的结构变化及其总的态势，其数学模型为

表 10-8　土地利用转移矩阵示例

		T_2				P_{i+}	减少
		A_1	A_2	…	A_n		
T_1	A_1	P_{11}	P_{12}	…	P_{1n}	P_{1+}	$P_{1+}-P_{11}$
	A_2	P_{21}	P_{22}	…	P_{2n}	P_{2+}	$P_{2+}-P_{22}$
	⋮	⋮	⋮		⋮	⋮	⋮
	A_n	P_{n1}	P_{n2}	…	P_{nn}	P_{n+}	$P_{n+}-P_{nn}$
P_{+j}		P_{+1}	P_{+2}	…	P_{+n}	1	
新增		$P_{+1}-P_{11}$	$P_{+2}-P_{22}$	…	$P_{+n}-P_{nn}$		

$$R_d=\frac{U_b-U_a}{U_a}\times 100\% \tag{10-1}$$

式中：R_d 为某种土地利用类型的变化幅度；U_a 和 U_b 分别是研究初期和研究末期某种土地利用类型的面积。

3）土地利用动态度

土地利用动态度以定量的方式描述土地利用变化率，揭示区域土地变化的强度。单位时间内某一种土地类型面积的变化强度被称为单一土地利用动态度，其数学模型如式(10-2)所示；综合土地利用动态度表示研究区内所有土地类型面积变化的综合动态度，如式(10-3)所示：

$$R_s=\frac{U_b-U_a}{U_a}\times\frac{1}{T}\times 100\% \tag{10-2}$$

式中：R_s 为某种土地利用类型动态度；U_a 和 U_b 分别为研究期开始和结束时该土地利用类型的面积；T 为研究时间间隔。

$$R_t=\frac{\sum_{i=1}^{n}\Delta L_{U_{i-j}}}{2\sum_{i=1}^{n}L_{U_i}}\times\frac{1}{T}\times 100\% \tag{10-3}$$

式中：R_t 为综合土地利用类型动态度；L_{U_i} 为研究时段开始时第 i 种土地利用类型的面积，$\Delta L_{U_{i-j}}$ 为研究时段内第 i 种土地利用类型转为第 j 种土地利用类型的面积的绝对值；n 为土地总类型数，T 为研究时间间隔。

4）LUCC 趋势与状态指数

土地利用状态指数反映区域 LUCC 整体的趋势和状态，分为单一类型趋势与状态指数，如式(10-4)～式(10-6)所示，以及总趋势与状态指数，如式(10-7)～式(10-9)所示：

$$P_s=\frac{N_c}{T_c}=\frac{\Delta U_{\text{in}}-\Delta U_{\text{out}}}{\Delta U_{\text{in}}+\Delta U_{\text{out}}}\qquad -1\leqslant P_s\leqslant 1 \text{且} \Delta U_{\text{in}}+\Delta U_{\text{out}}\neq 0 \tag{10-4}$$

$$N_c=\frac{U_b-U_a}{U_a}\times 100\%=\frac{\Delta U_{\text{in}}-\Delta U_{\text{out}}}{U_a}\times 100\% \tag{10-5}$$

$$T_c = \frac{\Delta U_{\text{in}} + \Delta U_{\text{out}}}{U_a} \times 100\% \tag{10-6}$$

式中：P_s为某研究期间各土地利用类型变化趋势与状态指数；N_c和T_c分别为各土地利用类型的面积净变化和总变化；U_a和U_b分别为研究期开始和结束时某一土地利用类型的面积；ΔU_{in}为研究期内其他土地利用类型向该土地利用类型变化的面积总和；ΔU_{out}为同一研究期内该土地利用类型向其他土地利用类型变化的面积总和。P_s接近 0 表示该类型的双向转换趋于平衡状态；接近 1 或–1 表示转换趋于不平衡状态，该类型以单向转入(转出)为主，处于面积扩增(缩减)的状态，其中$P_s > 0$表示该类型呈扩张态势，$P_s < 0$表示该类型呈缩减态势。

$$P_t = \frac{S_a}{S_s} = \frac{\sum_{i=1}^{n} \left| \Delta U_{\text{in}-i} - \Delta U_{\text{out}-i} \right|}{\sum_{i=1}^{n} \left| \Delta U_{\text{out}-i} + \Delta U_{\text{in}-i} \right|} \quad 0 \leqslant P_t \leqslant 1 \text{且} S_s \neq 0 \tag{10-7}$$

$$S_a = \frac{\sum_{i=1}^{n} \left| \Delta U_{bi} - \Delta U_{ai} \right|}{2\sum_{i=1}^{n} \Delta U_{ai}} \times 100\% = \frac{\sum_{i=1}^{n} \left| \Delta U_{\text{in}-i} - \Delta U_{\text{out}-i} \right|}{2\sum_{i=1}^{n} \Delta U_{ai}} \times 100\% \tag{10-8}$$

$$S_s = \frac{\sum_{i=1}^{n} (\Delta U_{\text{out}-i} + \Delta U_{\text{in}-i})}{2\sum_{i=1}^{n} \Delta U_{ai}} \times 100\% \tag{10-9}$$

式中：P_t为某研究期内所有土地利用类型变化的总趋势和状态指数；S_a和S_s分别为该区域内所有土地利用类型的面积净变化和总变化；U_{ai}和U_{bi}分别为研究期开始和结束时第i种土地利用类型的面积；$\Delta U_{\text{in}-i}$为研究期内其他土地利用类型向第i种土地利用类型变化的面积之和；$\Delta U_{\text{out}-i}$为同一研究期内第i种土地利用类型向其他土地利用类型变化的面积之和；n为研究区内土地覆盖类型总数。P_t接近 0 表示区域内所有类型的双向转换频繁，且呈现均衡转换的态势；P_t接近 1 表示每种类型的转换方向主要为单向的极端不均衡转换。

为了更好地表述和理解 LUCC 的趋势和状态，可根据P_t对区域 LUCC 的趋势和状态指数进行分级：平衡状态(0～0.25)，准平衡状态(0.25～0.50)，不平衡状态(0.50～0.75)，极端不平衡状态(0.75～1)。

5. 影响变化检测精度的因素

精度评估对于理解变化检测结果和最终决策十分重要。变化检测结果的精度评价需要综合考虑多种因素。从评估检测结果的样本层面来看，由于变化检测结果的精度无法直接测量，需要考虑基于有限样本精度评估的技术方案，并考虑样本的合理性和抽样方法的局限性。从数据源的层面来看，需要考虑影像的质量和定位精度，以及几何校正、辐射校正等预处理过程的误差。从检测变化的过程来看，需要考虑信息提取的精度、后处理(如斑块的去除和合并、栅格图像矢量化)所带来的误差，以及外业调查的变化目标的实测位置和面积精度等。除此之外，研究区地面景观的异质性和复杂性、解译人员的知识经验、变化检测所受到的成本和时间上的限制等也需要被关注(周启鸣，2011)。

10.3 土地退化遥感监测

10.3.1 土地退化种类

1971 年联合国粮食及农业组织（Food and Agriculture Organization，FAO）提出了“土地退化”的概念，并区分了多种土地退化类型；然而，对于土地退化的定义和土地退化前基准的确定却依然存在许多争议（Rauschkolb，1971；赵中秋等，2006）。生物多样性和生态系统服务政府间科学与政策平台（Intergovernmental Platform on Biodiversity and Ecosystem Services，IPBES）提出，土地退化是指导致生物多样性、生态系统功能及服务减少或损失的多种过程，包括所有陆地和相关水生态系统的退化（Scholes et al.，2018）。

土地退化类型可根据土地利用类型进行分类，包括城市土地退化、农田退化、森林退化、草地退化、湿地退化等，不同的类型对应着不同的过程及响应。

城市土地退化主要是指各类城市土地废弃。引起废弃的主要原因包括对于自然资源的开采与商品化，各类工业、生活垃圾的产生以及不恰当的堆置、焚烧和掩埋，土地分配不公所导致的冲突和土地闲置等（World Bank，2002）。对城市土地进行科学规划是减缓城市区域土地退化的有效途径。

农田退化主要是由于人类不合理耕种，包括由于技术和管理水平不高导致土地利用率低下、滥用化肥农药等造成土壤重金属污染和盐碱化从而导致土地生产力下降。休耕轮作集约经营、发展生态农业等都可以有效减缓农田退化。

森林退化是指由于自然（内在）、人为（外部）等因素的综合影响导致森林覆盖率降低或森林质量大幅下降。由于森林具有生态环境价值高、分布范围广等特点，需通过国家政策和具体项目实施来进行森林保护，具体的措施包括森林编码、更新造林、补植补造、清草除灌等，从而促进森林资源与森林质量稳步提升。

草地退化是指由于乱开滥垦、过度放牧、旅游点违建等所引起的草地覆盖率下降和草原生态系统遭到破坏，可通过发展高质量特色畜牧业、探索优化草原地区产业发展结构、加强草原保护规划引导等方式遏制其退化。

湿地退化是指在自然活动和人为因素的干扰下沼泽面积缩小、湿地类型改变、沼泽逆向生态演替的现象，可以通过适当遏制修建环湖公路等旅游开发行为，大力开展海岸带及流域管理来实现湿地保护，改善湿地生态功能，维持湿地生物多样性。

10.3.2 土地退化原因

造成土地退化的原因有自然的也有人为的。研究土地退化原因要从不同土地类型来看。

造成土地退化的自然原因包括：①地貌及其物质的不稳定性。例如，地处我国松嫩平原西部的大庆市具有世界典型的黑土资源，而黑土是一种腐殖质层质地松散的半溶性土壤，在大风干旱期容易流失，地表物质极不稳定（贾利，2005）。②外营力多变。外营力往往受到季风强弱及不稳定降水的影响，表现出不同范围和强度的水力侵蚀，以及水力与其他外力（风力、冻融）叠加产生的更为多变的复合侵蚀。例如，我国西北地区，风蚀造成的荒漠化和沙化形势严峻，其防治工作也一直是生态建设的核心工作之一（王向辉，2012）。而晋陕蒙接壤区作为我国风水复合侵蚀区的侵蚀中心之一，生态环境极其脆弱，土壤侵蚀造成的沙漠化时常达到不可逆转的境地（唐克丽，2000）。③气候演变。全球气候变暖一定程度上改变了局地大气环流，影响了降水的分布区域，导致极端气候事件的发生频率增加，极端高温事件引发的热浪和干旱导致农田、森林生态系统生产力降低，干旱的频率、强度和持续时间超出陆地生态系统恢复力时容易引发土地的荒漠化。同时，气候变暖还会引起土壤蒸发速度加快。

造成土地退化的人为原因包括：①土地利用变更。在农业化进程中，森林草原覆盖被改变为农田，由此改变了地表的反射率和抗蚀性，从而造成了土地的退化，包括森林和草原覆盖率的降低。②不合理利用土地。包括过度开发土地资源、不合理的农业经营模式、不合理的矿业开采方式、工业排放行为等。农田的过度开垦、化肥农药的滥用以及结构单一的粗放型农业生产模式，造成土壤物理性质不断恶化、土壤蓄水能力下降，加快了土地退化(赵其国，1995)。而矿区落后的开采方式使得土壤受到重金属污染，“三废”排放也严重毒化了周围的农地土壤(赵其国，1995)。③危机意识较弱。人们对土地资源面临的退化问题的严重性认识不足，通过搬迁至条件更好的草场或者开发新的土地来临时解决土地生产力下降的问题，加剧了土地的退化。同时，联产承包责任制的实行和市场经济的刺激使得养畜积极性大大提高，也导致了土地的退化。

10.3.3 土地退化监测

土地退化的监测一般包括如下几个步骤：确定所要监测的土地退化类型的内涵，建立退化指标体系、选择退化监测方法、制定退化分级标准、分析土地退化监测结果。下面以草地退化监测为例，叙述土地退化监测的流程和方法。

1. 草地退化的内涵

草地退化是指由于自然因素和人类活动导致草地生态要素结构和功能发生持续性、不可逆性的恶化和损失，包括草地质量衰退、生态服务减少、生物多样性程度降低、土地恢复功能减弱等。从生态学角度来看，草地退化表现为植被退化(草地覆盖度减少、高度降低、群落组成趋于简单等)和土壤退化(土壤有机质含量下降、水分含量减少、地表被风蚀和水蚀等)，这些过程破坏了原有草地生态系统的平衡，导致草地稳定性、抗干扰能力、平衡能力降低。从经营学角度来看，草地退化表现为生产力和质量的下降，从而致使草地的利用价值降低和生境条件逐渐恶劣，是草地生态系统的逆行演替的过程(刘洪来等，2011；朱宁等，2021)。

2. 草地退化指标

根据《天然草地退化、沙化、盐渍化的分级指标》(GB 19377—2003)，草地退化指标由必须监测项目和辅助监测项目两部分组成(苏大学等，2003)。其中，必须监测项目包括植物群落特征、群落植物组成结构、指示植物、地上部产草量和土壤养分；辅助监测项目包括地表特征、土壤理化性质和土壤养分。该标准所定义的监测项目可以通过遥感技术定量监测或实地考察等方式获取相应的指标。其中遥感技术可以监测的指标包括植被覆盖度、植被指数、植被高度、地上生物量、产草量、净初级生产力、土壤有机质指标等。在开展草地退化综合评价时，当获取评价指标条件受限时，可优先选择利用遥感技术监测精度较高的指数。

3. 草地退化遥感监测

1) 目视综合判读法

目视综合判读法指在建立研究区长时序草地生态系统空间数据集后，利用遥感影像的图像特征(色彩、色调等)和空间特征(纹理、形状、阴影等)，结合多种非遥感信息资料(气候资料、人类活动状况等)，运用相关规律建立解译标准，解译人员通过直接目视综合判读影像来提取草地退化的信息。此外，还可以对遥感影像进行相关模糊监督分类得到土地覆盖类型图，辅助解译人员进行目视解译。目视综合判读法需要解译人员拥有丰富的经验，也需要解译人员对研究区有清晰的了解，此方法对于需要大量人工解译的大范围研究区不太适宜。

2）回归模型法

回归模型法是在实地调查和样方测定的基础下，通过相关分析选出最能反映草地退化趋势（对退化指标敏感且对背景不敏感）的单一植被指数和加权综合指数来构建草地退化指标的回归模型，该模型可能是线性的也可能是非线性的，并通过计算确定均方根误差和相对误差对模型精度做出评价。该方法可适用于植被覆盖度、草地高度、产草量、土壤有机质含量、净初级生产力等草地退化指标的反演。

3）亚像元分解法

亚像元分解法又称混合像元分解法，主要用于植被覆盖度反演研究。该方法利用像元二分模型或者线性混合像元分解法，将遥感影像的像元分解为植被和非植被两个组成部分，计算得到每个像元植被覆盖所占百分比，从而得到植被覆盖度。

4）机器学习法

机器学习法主要应用于估算植被覆盖度、生物量、土壤含水量等草地退化指标。同时还有强化学习、深度学习等更为复杂的方式。相较于传统的回归模型，机器学习方法的精度有所提升，合理的训练样本和参数调整是机器学习算法提升可靠性的重难点。

5）基于生理生态过程法

基于生理生态过程法主要用于净初级生产力（net primary productivity, NPP）估算。净初级生产力受到叶片叶绿素含量、叶片含水量、叶面积指数、光合有效辐射等影响。目前研究NPP的模型主要包括气候生产力模型、光能利用率模型（遥感参数模型）、生理生态过程模型以及“生态-遥感”耦合模型。其中，气候生产力模型受限于未考虑到植物生态生理反应，误差较大。生理生态过程法对植物个体生长发育和生态系统内部过程进行仿真，模型较为复杂且存在尺度转换的难点。因此，目前越来越多的估算模型聚焦于将生态生理过程方法与光能利用率模型进行耦合，对两者的优点进行融合，增强NPP估算和草地退化研究的可靠性和操作性（朱文泉等，2005）。

4. 草地退化分级标准

《天然草地退化、沙化、盐渍化的分级指标》（GB 19377—2003）将草地退化程度分为四级，包括未退化、轻度退化、中度退化和重度退化，同时将轻度沙化、盐渍化草地视为中度退化，中度及以上的沙化、盐渍化视为重度退化（苏大学等，2003）。50%以上的必须监测项目指标达到某一退化级（或沙化，或盐渍化）规定值时，则视该草地为退化（或沙化，或盐渍化）草地。但在实际应用中很难通过监测50%以上的指标来评价草地退化。因此，指标体系通常被简化为单个指标或多个指标。例如，参照《天然草地退化、沙化、盐渍化分级指标》（GB 19377—2003）中对于草地退化程度的分级和分级指标，对植被覆盖度进行监测，当植被覆盖度变化小于10%时，认为该区域草地未退化；当植被覆盖度减少10%～20%时，认为该区域草地发生轻度退化；当植被覆盖度减少20%～30%时，认为该区域草地发生中度退化；当植被覆盖度减少量超过30%时，认为该区域草地发生重度退化。除了以覆盖度为主的单指标，净初级生产力和生物量也是较常选用的指标。

5. 草地退化监测结果分析

将计算得到的草地退化遥感指标与草地退化分级标准进行比对，得到各像元的退化等级，统计各退化等级的面积，分析草地退化的空间分布特征。此外，也可以结合其他数据分析草地退化的成因，或者结合其他模型进行草地退化预测等。

思 考 题

1. 简述土地利用、土地覆盖的联系和区别。
2. 常见的土地利用/土地覆盖利用分类体系有哪些?
3. 简述土地利用/土地覆盖变化检测的基本流程。
4. 简述土地利用/土地覆盖变化检测的常用方法。
5. 简述土地利用/土地覆盖变化分析的常用方法。
6. 简述影响土地利用/土地覆盖变化检测精度的因素。

第 11 章　大 气 遥 感

11.1　大气遥感概述

地球大气由气体分子和悬浮于其中的固态和液态颗粒物(称为大气气溶胶)组成。地球表面大气主要包括 N_2 和 O_2，约占空气总量的 99%，其余 1%是 O_3、CO_2、H_2O 及其他气体(如 N_2O、CH_4、NH_3 等)。人类在工农业生产中排放至大气中的温室气体和各种污染物，不断改变着大气成分的组成，对气候变化产生了深远影响。H_2O、CO_2、CH_4、N_2O、CFCs 和 O_3 等温室气体在空气中含量的变化通过温室效应可以导致大气温度发生相应的变化，再通过各种反馈过程，引起整个气候系统的变化(如引发全球气候变暖、冰川消融、海平面上升等)。此外，大量排放的气溶胶(如烟尘、硫化物等)对全球气候也有着一定的影响，气溶胶中的气溶胶粒子会吸收和散射太阳辐射，间接导致辐射强迫，影响地球云层和水循环等。

快速、准确地监测大气物质组成，对分析气候变化趋势，了解环境污染过程具有重要的作用。而遥感技术大范围、高频次观测的优势可以在大气监测中发挥重要作用。大气遥感是利用传感器，在一定距离以外，利用电磁波信息测定特定时空条件下的大气物质组成。当前，卫星遥感技术可以监测大气中的不同粒径颗粒物以及 H_2O、CO_2、CH_4 和 O_3 等多种气体成分。卫星遥感对各种气体的监测主要依据的是各气体成分的固有吸收和散射特性。

11.2　大气与电磁波的相互作用

大气与电磁波的相互作用主要表现为大气对电磁波的反射、吸收和散射，具体可以参见 2.5.2 节。大气反射削弱了太阳辐射强度，其影响取决于云量的多少，而且与电磁波的波长有很大关系。波长不同，大气反射的程度也不同。对于遥感技术而言，在较低、较厚的云层状态下，光学遥感传感器几乎接收不到任何地面实际物体的信息。大气的吸收是大气分子将投射到其上面的辐射能中的一部分转变为物质本身的内能或其他形式的能量，从而减弱了太阳辐射的强度。大气分子对电磁波的吸收是有选择的吸收，某种气体成分通常只对某些特定的波长吸收，且在不同的吸收波长处，吸收强弱也有明显的差异，形成了大气吸收光谱。电磁辐射在遇到大气中的气体分子以及悬浮的尘埃、云滴、雨滴、冰粒和雪花等粒子时，会产生散射现象，使一部分入射波能量改变方向射向四面八方，而原方向的辐射能被削弱。大气散射降低了太阳光直射的强度，改变了太阳辐射的方向，削弱了到达地面或地面向外的辐射，产生的天空散射光(又称为天空光或天空辐射)，增强了地面的辐照和大气层本身的亮度。散射在电磁波谱的各个波长上都会发生，但散射的强弱却与波长及散射质点的相对大小有关。根据大气粒子直径 r 和入射电磁波波长 λ 之间的关系，大气散射可以分为瑞利散射、米氏散射和无选择性散射。大气的反射、吸收和散射作用与大气中的物质组成、粒径大小、温度高低等多种因素有关。对这些过程的清晰理解是实现多类型大气参数高精度信息提取的前提。

11.3 大气气溶胶遥感

大气气溶胶是指悬浮在大气中固态、液态微粒与气态载体共同组成的多相体系，粒子具有一定的稳定性且沉降速度较小，其空气动力学直径范围通常为 0.01～100μm。

大气气溶胶在地球大气辐射收支平衡及全球气候变化中有着重要影响。气溶胶通过直接和间接两种机制对气候产生影响。直接作用是指气溶胶通过散射和吸收太阳辐射及地面长波辐射，直接影响地-气系统辐射能量的收支平衡。间接作用是指气溶胶粒子作为云凝结核，云的微物理特性随其浓度变化而改变，从而使云辐射特性发生变化。此外，气溶胶粒子对大气中发生的各种化学反应也起着关键作用，可通过改变大气气候要素(如臭氧等)的含量而对气候变化产生影响。

随着社会经济的高速发展和人口密度的不断增大，通过燃料燃烧、工业废气及交通尾气排放等途径，气溶胶等大气污染物的排放日益增加，大气污染已经成为全球各国密切关心的环境问题。特别在人类活动频繁、集中的城市地区，大气气溶胶对人体健康的危害巨大。例如，粉尘和烟对人类的危害较大，粉尘中有大量的铬、铅等金属以及许多有机化合物，烟中的烟黑是致癌物质，都会对人体产生一定的危害。大气气溶胶中的可吸入颗粒物 PM_{10}(空气动力学当量直径≤10μm 的粒子)和细颗粒物 $PM_{2.5}$(空气动力学当量直径≤2.5μm 的粒子)两类粒子对人们的身体健康和生产生活有较为显著的影响，特别是 $PM_{2.5}$ 已经成为影响城市空气质量的首要污染物。

卫星遥感器获取的地面信息中会受到气溶胶的散射和吸收影响，会造成图像模糊、对比度下降，使后续的地表反射率、植被指数、光合作用有效辐射、叶绿素浓度等定量化反演结果偏离真值。因此，大气校正是定量提取遥感信息过程中不可或缺的重要环节，而大气校正的效果高度依赖于输入大气参数的精度，其中影响最大的部分就是大气气溶胶，所以气溶胶反演的精度直接决定了大气校正的效果，进而影响相关遥感信息获取的准确度。所以，准确获取气溶胶信息对研究气候变化、空气污染以及提高定量信息遥感提取的精度等方面具有重要意义。

11.3.1 常见的卫星传感器

与气溶胶地基观测相比，卫星遥感技术具有时间序列长、空间范围广、人力物力成本低等特点，使气溶胶的探索和研究实现了由局部离散向连续空间覆盖的转变，更有利于分析气溶胶的空间分布和时间变化，在气溶胶监测中发挥着重要的作用。自 20 世纪 70 年代中期开始，经过几十年的发展，可实现大气气溶胶探测的卫星传感器不断增多，针对气溶胶卫星遥感的需求，传感器的设计得到不断优化。

搭载在 NOAA 卫星上的 AVHRR 传感器是较早实现大范围气溶胶信息探测的卫星遥感载荷。AVHRR 传感器可获取 5 个光谱通道的辐射数据，其光谱范围覆盖可见光、近红外、中红外和热红外波段，空间分辨率为 1.1km。自 1981 年以来，NOAA 系列卫星实现了海洋范围的气溶胶光学厚度遥感反演工作。

另一个较早用于气溶胶信息探测的卫星载荷是 TOMS(total ozone mapping spectrometer)传感器，于 1978 年 10 月首次搭载在 Numbus-7 卫星上发射，后期搭载于 Meteor3(1984～1994 年)和 Earth-Probe(1995 年)卫星上发射，开展辐射探测功能。TOMS 传感器主要应用于测量太阳后向散射辐射来获得全球大气臭氧总量，同时也可应用于平流层气溶胶的探测。

平流层气溶胶和气体实验(stratospheric aerosol and gas experiment，SAGE)系列传感器在1979年至2001年间，先后搭载于不同卫星发射并获取数据，为研究全球范围的气溶胶、水汽等参数提供卫星遥感数据。SAGE Ⅰ传感器搭载在AEM-2卫星上于1979～1981年发射；SAGE Ⅱ传感器搭载在ERBS(earth radiation budget satellite)卫星上于1984年发射；SAGE Ⅲ传感器搭载在Meteor-3M卫星上于2001年发射。

日本于1997年初发射ADEOS(advanced earth observation satellite)对地观测卫星，搭载OCTS(ocean color and temperature scanner)和POLDER-1(polarization and directionality of the earth's reflectance)等共计8个传感器。其中的OCTS和POLDER-1两个传感器的遥感数据被广泛应用于气溶胶探测研究中。

1999年和2002年，NASA分别发射美国地球观测系统计划的EOS(earth observation system)系列卫星中的上午轨道卫星Terra和下午轨道卫星Aqua。Terra和Aqua卫星分别搭载中分辨率成像光谱仪MODIS(moderate resolution imaging spectroradiometer)和多角度成像光谱仪MISR(multi-angle imaging spectral radiometer)传感器。MODIS和MISR两个传感器在数据获取时间上进行互补，被广泛应用于全球陆地和海洋上空气溶胶探测研究，实现了气溶胶产品的业务化生产。

美国NASA的Landsat陆地卫星计划在1972～2021年相继发射了Landsat 1-9系列卫星。目前尚在运行的Landsat 8和Landsat 9卫星分别搭载OLI和TIRS传感器，具有空间分辨率较高、波段覆盖较全的特点，在气溶胶反演和环境监测应用中发挥了重要作用。

2011年，美国发射极轨卫星系统计划的首颗卫星Suomi-NPP(suomi national polar-orbiting partnership)，共搭载VIIRS(visible infrared imaging radiometer suite)等5个载荷。其中，VIIRS传感器是AVHRR与MODIS系列的拓展和改进，主要用于探测全球的陆地、海洋和大气参数，被广泛应用于气溶胶反演的研究工作。

近年来，我国的卫星遥感事业不断发展和突破，相继发射了可应用于气溶胶遥感探测的不同系列卫星传感器。风云系列的极轨气象卫星(FY-1和FY-3)以及静止气象卫星(FY-2和FY-4)，分别搭载了MERSI、AGRI等传感器；中巴地球资源系列卫星CBERS(01星、02星、02B星、02C星和04星)，其搭载的CCD、WFI传感器被应用于不同气溶胶反演工作中；高分系列卫星(GF-1、GF-2、GF-4、GF-5等)具有高空间和高时间分辨率的对地观测能力。此外，用于气溶胶遥感探测的卫星还有资源系列三号卫星(ZY-3、ZY3-02)和环境与灾害监测小卫星(HJ-1 A/B)等不同卫星。国产卫星的发射及其数据应用，在我国大气气溶胶卫星遥感的研究工作中发挥了重要作用。

11.3.2　气溶胶遥感原理

气溶胶反演使用的波段主要是可见光和近红外波段，该波段范围的大气辐射传输过程如图11-1所示。图中①为直射到目标区的太阳总辐射能量；②表示太阳辐射能量经过大气向下传播时，受到大气中大气分子和气溶胶等微粒的散射和吸收作用，直接被散射到传感器的那部分能量，该部分能量被称为程辐射；③表示太阳辐射能量经过大气向下传播时，受到大气中大气分子和气溶胶等微粒的散射，被散射到目标区域的那部分能力；④表示邻近区域辐射、反射和散射到传感器的能量；⑤表示邻近区域散射到目标区域的能量。达到目标区域的能量

(包括①、③和⑤)与地表物质相互作用，被选择性地吸收，剩余能量经反射再次进入大气向上传播，经大气吸收、散射等作用后最终到达传感器。

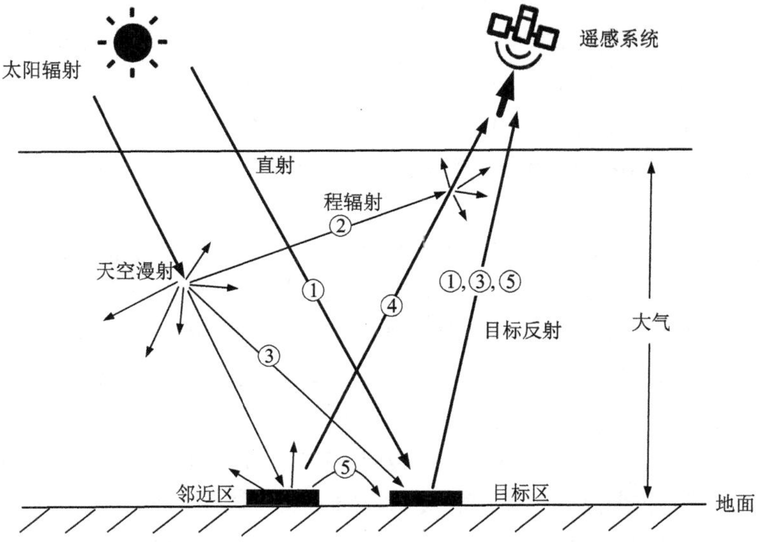

图 11-1　遥感数据获取的辐射传输过程

根据图 11-1，卫星传感器获取的辐射能量 L 可以表示为

$$L(\tau_\lambda,\theta_s,\theta_v,\varphi)=L_0(\tau_\lambda,\theta_s,\theta_v,\varphi)+\frac{\rho}{1-\rho S(\tau_\lambda)}F_0(\tau_\lambda,\theta_s)T^{\downarrow}(\tau_\lambda,\theta_s)T^{\uparrow}(\tau_\lambda,\theta_v) \tag{11-1}$$

式中：L_0 为大气程辐射项；ρ 为地表反射率；S 为大气下界的半球反照率；F_0 为大气顶层的辐射亮度密度；$T^{\downarrow}(\tau_\lambda,\theta_s)$ 和 $T^{\uparrow}(\tau_\lambda,\theta_v)$ 分别表示大气下行透过率和大气上行透过率；τ_λ 为波长 λ 处的光学厚度；θ_s、θ_v、φ 分别为太阳天顶角、传感器天顶角和相对方位角。

若假设地表为均匀朗伯体、大气为无云平行平面介质，则卫星传感器接收到的辐射能量 L 与表观反射率 ρ^* 之间存在如下关系：

$$\rho^*=\frac{\pi LD^2}{E_s\cos\theta} \tag{11-2}$$

式中：E_s 为传感器大气顶层太阳辐射能量；D 为日地间距离；θ 为太阳天顶角。将式(11-2)代入式(11-1)，则可获得表观反射率的表达式为

$$\rho^*(\tau_\lambda,\theta_s,\theta_v,\varphi)=\rho_o(\tau_\lambda,\theta_s,\theta_v,\varphi)+\frac{\rho}{1-\rho S(\tau_\lambda)}T^{\downarrow}(\tau_\lambda,\theta_s)T^{\uparrow}(\tau_\lambda,\theta_v) \tag{11-3}$$

根据式(11-3)可以看出，在地表-大气辐射传输系统中，卫星传感器获取的辐射能量来源于两个部分：一部分是纯粹的大气贡献项，即式(11-3)中的 $\rho_o(\tau_\lambda,\theta_s,\theta_v,\varphi)$，另外一部分是大气与地表的共同作用项，即式(11-3)中的 $\frac{\rho}{1-\rho S(\tau_\lambda)}T^{\downarrow}(\tau_\lambda,\theta_s)T^{\uparrow}(\tau_\lambda,\theta_v)$。气溶胶遥感反演的实质为如何从卫星接收的辐射信号中，将地表反射信息去除，获取大气气溶胶信息的过程。

11.3.3　主要的气溶胶遥感反演方法

从 20 世纪 70 年代发展到现在，气溶胶卫星遥感反演已经形成了一个丰富的研究体系。从最初仅能应用于地表特征简单的海洋上空，逐渐过渡到地表反射率较低的浓密植被区域，而如今已经可以实现高地表反射率、复杂地表类型的城市、沙漠等区域的气溶胶遥感反演。气溶胶卫星遥感反演已经发展了多种算法，应用比较广泛的气溶胶反演算法主要包括暗目标(dark target, DT)法、深蓝(deep blue, DB)算法、多角度大气校正(multi-angle implementation of atmospheric correction，MAIAC)算法和深度学习方法等。

1. 暗目标法

海洋以及陆地上浓密植被地区的地表反射率较低，卫星传感器获得的辐射信息中，大气的贡献较为显著，可以以较高精度实现气溶胶反演，这是暗目标法气溶胶反演的基本思想。海洋上空的暗目标法气溶胶反演相对简单且能达到较高的精度，主要是利用海洋区域在可见光、近红外波段反射率接近于 0 的特点，直接确定地表反射率，实现气溶胶的反演。

为实现陆地上空气溶胶的高精度反演，Kaufman 和 Sendra(1988)在利用 MSS 数据反演气溶胶光学厚度(aerosol optical depth，AOD)时提出了浓密植被法(dense dark vegetation，DDV)，通过 NDVI 选择陆地上的浓密植被区域，然后赋予固定的地表反射率，进而反演 AOD。但由于 NDVI 随 AOD 的增高而降低，当 AOD 达到一定的数值时，很难通过 NDVI 在图像中找到浓密植被像元。此外，浓密植被的反射率随植被类型及覆盖程度的不同而有较大差异，基于经验确定的浓密植被地表反射率会存在较大的误差。为提高 DDV 法地表反射率的确定精度，从而得到更高精度的 AOD，Kaufman 等(1997)提出了基于短波红外波段(2.13μm)确定地表反射率的 DDV 算法。由于 2.13μm 波长较长，通常的大气条件下，散射作用较小，没有大气的显著吸收，该波段的表观反射率与地表反射率非常接近，可以用表观反射率来近似代替地表反射率。通过对航空数据和地表光谱数据的分析发现，绿色植被、黑色土壤等地区，2.13μm 波段与可见光的红光波段和蓝光波段地表反射率之间具有相对固定的关系，从而可以以较高精度确定地表反射率并实现气溶胶高精度反演。该算法被应用于 MODIS 传感器气溶胶反演。具体的红、蓝波段的地表反射率确定方法为

$$\rho_{0.66}=\frac{1}{2}\rho_{2.13} \tag{11-4}$$

$$\rho_{0.47}=\frac{1}{4}\rho_{2.13} \tag{11-5}$$

式中：$\rho_{2.13}$为 2.13μm 波段地表反射率；$\rho_{0.66}$为红光波段地表反射率；$\rho_{0.47}$为蓝光波段地表反射率。

近期研究发现，红光和蓝光波段地表反射率与 2.13μm 波段地表反射率间的线性关系会随着观测几何条件的变化而变化，故提出了改进地表反射率确定方法，通过短波红外波段 NDVI 对暗像元进行筛选，并且考虑散射角的影响，通过减小红蓝波段地表反射率计算误差进一步提高气溶胶反演的精度，并应用于 MODIS 气溶胶反演中。该方法计算地表反射率的公式为

$$\rho_{0.66}=f(\rho_{2.13})=\rho_{2.13}\times \text{slope}_{0.66/2.13}+\text{yint}_{0.66/2.13} \tag{11-6}$$

$$\rho_{0.47}=f(\rho_{0.66})=\rho_{0.66}\times \text{slope}_{0.47/0.66}+\text{yint}_{0.47/0.66} \tag{11-7}$$

$$\text{slope}_{0.66/2.13}=\text{slope}_{0.66/2.13}^{\text{NDVI}_{\text{SWIR}}}+0.002\Theta-0.27 \tag{11-8}$$

$$\text{yint}_{0.66/2.13}=0.00025\Theta+0.003 \tag{11-9}$$

式中：$\rho_{0.47}$、$\rho_{0.66}$、$\rho_{2.13}$ 分别为 0.47μm、0.66μm 和 2.13μm 波段的地表反射率。$\text{slope}_{0.47/0.66}=0.49$，$\text{yint}_{0.47/0.66}=0.005$。

$$\Theta=\arccos(-\cos\theta_0\cos\theta+\sin\theta_0\sin\theta\cos\phi) \tag{11-10}$$

式中：θ 为观测天顶角；θ_0 为太阳天顶角；ϕ 为太阳方位角和卫星方位角的相对方位角。

$\text{NDVI}_{\text{SWIR}}$ 指数可以表示为

$$\text{NDVI}_{\text{SWIR}}=(\rho_{1.2}^{m}-\rho_{2.1}^{m})/(\rho_{1.2}^{m}+\rho_{2.1}^{m}) \tag{11-11}$$

式中：$\rho_{1.2}^{m}$ 和 $\rho_{2.1}^{m}$ 分别为 MODIS 第 5 波段和第 7 波段接收到的辐射值。当 $\text{NDVI}_{\text{SWIR}}$ 大于 0.6 时，表示该地区的植被状况较好；当 $\text{NDVI}_{\text{SWIR}}$ 小于 0.2 时，表示该地区植被稀疏。

$$\text{slope}_{0.66/2.13}^{\text{NDVI}_{\text{SWIR}}}=\begin{cases}0.48 & \text{NDVI}_{\text{SWIR}}<0.25\\ 0.58 & \text{NDVI}_{\text{SWIR}}>0.75\\ 0.48+0.2\times(\text{NDVI}_{\text{SWIR}}-0.25) & 0.25\leqslant\text{NDVI}_{\text{SWIR}}\leqslant0.75\end{cases} \tag{11-12}$$

DDV 算法有效解决了浓密植被地表区域的气溶胶反演问题，被广泛应用于 AVHRR、SeaWiFS、VIIRS、HJ-1 CCD、TM、OLI 等不同传感器的气溶胶反演中。然而，DDV 算法仅能用于浓密植被地区的气溶胶遥感反演，空间上有较大的局限性。

2. 深蓝算法

为实现更多地表类型的气溶胶反演，可应用于高反射率区域的气溶胶反演算法不断发展，其中最具代表性的是深蓝算法。Hsu 等(2004，2006)根据大多数区域的蓝光波段地表反射率较低且对气溶胶具有较高标识性的特点，提出基于先验地表反射率产品支持气溶胶反演的方法。该算法假设大部分地物的地表反射率在短时间内保持不变，利用 SeaWiFS 数据构建地表反射率数据集，采用最小值合成技术构建 0.41μm、0.47μm 和 0.65μm 波段的季节合成地表反射率数据库，用于确定 MODIS 可见光波段的地表反射率并实现气溶胶反演。地表反射率数据产品的支持有效降低了观测几何条件和地表 BRDF 的影响。Hsu 等(2004，2006)应用 DB 算法实现了不同地表类型区域的气溶胶反演，包括撒哈拉沙漠等高亮区域，使用全球自动观测网 AERONET(aerosol robotic network)气溶胶观测数据验证了反演结果的可靠性。

在 DB 算法基础上，Hsu 等(2013)通过对地表反射率估计、气溶胶模式选择和云/雪监测进行完善和改进，如利用 MOD12C1 土地覆盖分类产品和短波红外植被指数将地表类型划分为自然植被、干旱/半干旱区和城市/人工建筑和过渡地区，然后针对不同下垫面应用不同方法分别确定地表反射率。该算法被作为 MODIS 气溶胶反演的核心算法，并联合暗目标法用于 MODIS C6 版本气溶胶产品的业务化生产。

DB 算法以适用高反射率区域的优势，被广泛应用和不断改进，在不同区域较好地实现了 HJ-1 CCD、GF-1 WFV、AVHRR、OLI、VIIRS 等不同传感器的气溶胶反演(Wang et al.，2012；王中挺等，2012，2016；Hsu et al.，2017，2019；Wei et al.，2018；田信鹏等，2018)。但由于先验地表反射率数据和待反演数据之间存在时间、光谱及空间等多种尺度差异，会对待反演图像的地表反射率确定产生误差。此外，先验地表反射率数据生成过程中，大气校正的精度和传感器本身的误差，也会影响气溶胶反演精度。

3. 多角度大气校正算法

多角度大气校正算法(multi-angle implementation of atmospheric correction algorithm，MAIAC)是针对 MODIS 数据开发的一种通用算法(Lyapustin et al.，2012)，基于时间序列分析和图像处理同时进行气溶胶反演和大气校正，并作为 MCD19A2 气溶胶产品的核心算法(Lyapustin et al.，2011)。该算法的基本思想是，假设地表特性在空间上变化迅速，而在时间上变化相当缓慢，气溶胶则相反。基于该思想，MAIAC 通过 25×25 像元固定大小的 16 天连续影像，分离地表贡献并推导出 1km 分辨率下的地表双向反射分布函数(bidirectional reflectance distribution function，BRDF)和光谱回归系数(spectral regression coefficient，SRC)；进而根据各个波段已知的 BRDF 和 SRC，在最新影像中反演 1km 分辨率气溶胶结果。MAIAC 算法包括内部的云掩膜(Lyapustin et al.，2008)、动态陆地-水-雪分类和地表类型覆盖(Lyapustin et al.，2009)。MAIAC 实现了不同地表类型的高分辨率气溶胶反演，满足了城市等中小尺度的空气质量分析等应用需求。相关研究中 MAIAC 反演结果与实测数据的验证说明(Lyapustin et al.，2011; Chudnovsky et al.，2013)，MAIAC 和 MOD04 在黑暗和浓密植被覆盖地表具有相似的精度，而由于 SRC 和 BRDF 的反演，在较亮地表 MAIAC 具有更高精度。

但 MCD19A2 产品受限于算法内部的相关限制，在特殊区域和特定情况下无法执行反演并获取 AOD 结果(Lyapustin and Wang，2018; Lyapustin et al.，2011; Chudnovsky et al.，2013)。例如，算法执行需要队列中至少有 3 天以上的晴空或部分晴空数据，且待反演的区域至少 50% 以上是晴空的；在 B7 波段的双向反射系数(bidirectional reflectance factor，BRF)无法获取的条件下，MAIAC 算法无法正常执行，只能采用精度较低和高反射率地区无法获取结果的 DT 算法进行气溶胶反演。且 MAIAC 算法官方文档指出：在 AOD 极低、地形不平坦且表面普遍明亮的条件下，高海拔地区的气溶胶反演是不可靠的。

4. 深度学习方法

以上方法是基于对辐射传输的分析而发展起来的，主要的差异体现在地表反射率的确定方法以及气溶胶类型的确定方法上。主要的手段是通过假设、近似或者先验数据来确定地表反射率和气溶胶类型，从而解决气溶胶反演的“病态”问题。这些假设、近似或者先验数据的精度，以及时空匹配的误差直接影响待反演图像的反演精度，特别是对地表结构复杂的异质性区域会带来较大的误差。为解决以上基于辐射传输模型方法在异质性区域气溶胶反演的误差问题，深度学习技术被应用到气溶胶反演中来，实现了 MODIS、Landsat 等多种卫星数据源的气溶胶反演。

针对气溶胶的“病态”反演问题以及现有气溶胶反演算法的局限性，贾臣等提出了基于大气辐射传输模拟分析并综合考虑典型地表辐射特性、传感器光谱通道属性等因素，合理选择更多有效波段用于气溶胶反演，并应用深度置信网络(deep belief network，DBN)的数据挖掘能力，对遥感数据中的气溶胶光学信息进行深入挖掘，获取多波段遥感辐射信息中所携带的气溶胶信息(贾臣等，2020; Jia et al.，2021)。基于辐射传输模型模拟真实场景和基于地面实测 AOD 数据联合卫星遥感数据的样本数据集构建方法，并通过深度置信网络算法实现气溶胶光学厚度的遥感反演。与传统的气溶胶反演算法相比，DBN 算法深入挖掘不同波段之间的气溶胶光学信息，基于单一时相的卫星数据即可以较高的精度实现复杂地表区域的气溶胶反演，有效简化了气溶胶反演步骤，具有较好的稳定性和时空适应性，对推动气溶胶定量遥感反演结果在大气污染监测等方面的应用具有重要意义。

11.4 大气水汽遥感

11.4.1 水汽遥感的意义

水汽又称大气可降水量(precipitable water vapor，PWV)，是大气中的重要组成部分，也是大气中时空变化最大的一种成分，是大气中较为活跃，同时也是难以描述的参数之一。水汽作为温室气体作用显著，能够影响辐射平衡，是云和降水形成的催化剂，是天气与气候变化的主要驱动力，是灾害性天气形成和演变过程中的重要因子之一。遥感技术可反演大范围的面状连续分布的可降水量，获得精度较高的水汽监测结果，为气象监测提供技术支持。掌握大气中水汽的分布，对气象预报、气候变化监测、水文监测、资源遥感、大地测量等领域的发展有重要意义。

11.4.2 常见的卫星传感器

许多卫星传感器可观测大气水汽含量，部分常见的传感器如表 11-1 所示。

表 11-1 部分在轨运行的水汽传感器

序号	载荷名称	运行时间	搭载平台	国家
1	MODIS	1999 年 12 月至今	EOS	美国
2	VIRR MERSI MWRI HIRDLS	2008 年 5 月至今	FY-3	中国
3	AIRS	2003 年 5 月至今	Aqua	美国
4	AGRI	2016 年 12 月至今	FY-4	中国
5	VISSR	2004 年 10 月至今	FY-2	中国

11.4.3 水汽遥感原理

大气水汽含量的遥感反演方法按照波段分为近红外方法、微波方法和热红外方法。热红外方法主要使用 6.7μm 附近的水汽强吸收带或 11～13μm 的分裂窗方法来反演水汽，其中 6.7μm 主要适用于探测 600hPa 高度以上的水汽，对低层的水汽难以探测，而大气中的水汽绝大部分位于对流层低层。近红外方法和分裂窗方法可探测到低层水汽，但只能局限于晴空条件。微波方法是一种很好的探测手段，可适用于有云条件下的探测，并同时获得可降水量和云中液态水，但又受到下垫面发射率复杂、空间分辨率低等问题的困扰。

1992 年，Kaufman 和 Gao 提出利用 MODIS 影像进行水汽反演，为水汽反演提供了理论依据(Kaufman and Gao，1992)，2003 年又提出了近红外波段的三通道比值算法反演大气水汽含量(Gao and Kaufman，2003)，反演精度得到很大提高。利用 MODIS 反演水汽的原理为：地球下垫面反射来自太阳的辐射，辐射经反射后会被卫星及传感器接收，在这个过程中会有部分辐射被大气中的水汽吸收，不同波段对于水汽的吸收率不同，通过对不同通道水汽吸收差值的计算，利用辐射传输模型反演水汽。利用反射的太阳辐射检测水汽对辐射的吸收大小是反演方法的基础。在近红外波段的 1μm 附近某个波段，卫星传感器接收到的辐射为

$$L_{\text{sensor}}(\lambda)=L_{\text{sun}}(\lambda)\tau(\lambda)\rho(\lambda)+L_{\text{path}}(\lambda) \tag{11-13}$$

式中：λ 为波长；$L_{\text{sensor}}(\lambda)$ 为探测器接收的辐射；$L_{\text{sun}}(\lambda)$ 为大气层顶的太阳辐射；$\tau(\lambda)$ 为整层大气透过率；$\rho(\lambda)$ 为地表反射率；$L_{\text{path}}(\lambda)$ 为传输路径辐射。

大气光学厚度在近红外光谱区很小，所以大气路径辐射 $L_{\text{path}}(\lambda)$ 非常小，可以忽略，上式简化为

$$L_{\text{sensor}}(\lambda)=L_{\text{sun}}(\lambda)\tau(\lambda)\rho(\lambda) \tag{11-14}$$

定义卫星某通道的星上反射率 $\rho^*_{(\lambda)}$ 为

$$\rho^*_{(\lambda)}=\frac{L_{\text{sensor}}(\lambda)}{L_{\text{sun}}(\lambda)} \tag{11-15}$$

则 MODIS 近红外第 i 通道的大气辐射传输方程可表示为

$$\rho^*_{(\lambda_i)}=\tau(\lambda_i)\rho(\lambda_i) \tag{11-16}$$

11.4.4 主要的水汽遥感反演方法

基于数据的可获取性以及准确性，使用 MODIS 数据近红外波段进行大气水汽总量的反演方法较为常用，主要方法包括二通道比值法和三通道比值法。

1. 二通道比值法

若地表反射率为一恒定值，即 $\rho(\lambda)=\rho$，则水汽透过率就可以通过一个吸收通道和一个窗口通道的比值得到：

$$\frac{\tau(\lambda_1)}{\tau(\lambda_2)}\approx\frac{\rho^*_{(\lambda_1)}}{\rho^*_{(\lambda_2)}} \tag{11-17}$$

若 λ_2 为窗口通道，$\tau(\lambda_2)\approx1$，则有

$$\tau(\lambda_1)\approx\frac{\rho^*_{(\lambda_1)}}{\rho^*_{(\lambda_2)}} \tag{11-18}$$

2. 三通道比值法

若地表反射率与波长线性相关，则两通道比值法不再适用，水汽透过率就可以通过一个吸收通道和两个窗口通道的比值得到。反演误差主要由地表反射光谱的变化引起，用三波段比值法来反演水汽可以减少水汽含量对地表反射率线性变化时的敏感性。

假定 λ_1 为水汽吸收通道，λ_2 和 λ_3 为大气窗口通道，$\tau(\lambda_2)\approx1$，$\tau(\lambda_3)\approx1$，且有：

$$\rho(\lambda_1)=C_1\rho(\lambda_2)+C_2\rho(\lambda_3) \tag{11-19}$$

则由式(11-16)和式(11-19)得到三通道法计算公式为

$$\tau(\lambda_1)\approx\frac{\rho^*_{(\lambda_1)}}{C_1\rho^*_{(\lambda_2)}+C_2\rho^*_{(\lambda_3)}} \tag{11-20}$$

式中：λ_1、λ_2 和 λ_3 可以取 MODIS 的第 19 波段、第 2 波段和第 5 波段，对应 C_1=0.8、C_2=0.2。

国内外目前已经开展了许多有关大气水汽方面的研究，除遥感反演方法外，无线电探空法、地基探测法也是测量大气水汽常用的方法。

11.5 臭 氧 遥 感

11.5.1 臭氧遥感的意义

臭氧(O_3)按照其在大气层中分布的高度划分为平流层臭氧和近地面臭氧。平流层臭氧保护着地球生物，近地面臭氧污染则威胁着人类健康，对臭氧从平流层到对流层的观测、全球尺度到局域尺度的观测，已成为气候变化监测的重要参数之一。卫星遥感经过了几十年的发展，臭氧对地探测技术也在随之一步一步地更新改进。利用遥感技术和其他观测技术协同可以反演臭氧柱浓度，监测近地面臭氧情况，为臭氧污染防控、空气质量提升治理提供技术支持。

11.5.2 常见的卫星传感器

随着国内外遥感臭氧观测技术的提高，越来越多的卫星搭载臭氧参数传感器对臭氧浓度进行观测。各国自 1960 年至今已发射了八十余颗航天器、卫星，均可进行臭氧相关观测。部分在轨运行的臭氧传感器如表 11-2 所示。

表 11-2　部分在轨运行的臭氧传感器

序号	载荷名称	运行时间	搭载平台	国家及地区
1	SAGE-3	2001 年 12 月至今	Meteor-3M	美国、俄罗斯
2	AIRS	2003 年 5 月至今	Aqua	美国
3	OMI MLS TES HIRDLS	2004 年 7 月至今	EOS-AURA	美国、英国
4	GOME-2 LASI HIRS-4	2006 年 10 月至今 2012 年 10 月至今	MetOp-A MetOp-B	欧洲、美国
5	TANSO-FTS	2009 年 1 月至今	GOSAT	日本
6	PREMOS	2010 年 6 月至今	PICARD	法国
7	OMPS	2011 年 10 月至今	NPOESS	美国
8	TOU	2008 年 5 月至今	FY-3	中国
9	SBUS	2008 年 5 月至今	FY-3	中国

11.5.3 臭氧遥感原理

利用遥感监测臭氧需要基于大气辐射传输理论。大气辐射传输理论是遥感应用中用来反演辐射参量的重要理论基础。大气辐射传输主要内容是研究在地表-大气耦合系统中辐射传输的相互作用和基本规律，包括太阳辐射、气体分子、水汽、云、气溶胶和地表对辐射传输的影响。地气系统中的各种成分对不同波长电磁波的散射作用和吸收作用对太阳辐射的影响最大，将直接影响到卫星遥感中的定量分析。臭氧层可以大量吸收紫外线可见光，在紫外光波长 200～300nm 的谱段有强吸收带，在 300～340nm 的谱段有弱吸收带，在 440～740nm 可见光区有吸收带。

光吸收的基本定律比尔-朗伯定律(Beer-Lambert law)具体为波长为λ，强度为$I(\lambda)$的一束光在传播路径上通过某种吸收介质的无限薄层ds之后，介质本身吸收部分光能，减小了透射光的辐射强度，其关系满足

$$\mathrm{d}I(\lambda)=I(\lambda)\times\sigma(\lambda,T)\times\rho(s)\mathrm{d}s \tag{11-21}$$

式中：$\sigma(\lambda,T)$为该介质的吸收截面，其会随波长和温度而变化；$\rho(s)$为该介质密度。对上述特定光路上的吸收作用进行积分，得到

$$I(\lambda,\sigma)=I_0(\lambda)\exp\left[-\sigma(\lambda,T)\int\rho(s)\mathrm{d}s\right] \tag{11-22}$$

式(11-22)即为比尔-朗伯定律。$I_0(\lambda)$表示原始入射的辐射强度，$I(\lambda,\sigma)$表示穿过介质之后出射的辐射强度。将上式转换为$I(\lambda,\sigma)$和$I_0(\lambda)$的比值，并取自然对数，可得到

$$\tau=-\ln\frac{I(\lambda,\sigma)}{I_0(\lambda)}=\sigma(\lambda,T)\int\rho(s)\mathrm{d}s=\sigma(\lambda,T)\times\mathrm{SCD} \tag{11-23}$$

式(11-23)中的τ表示特定观测光路上的光学厚度；SCD为观测光路上吸收介质的浓度。因为该计量单位中有面积单位的倒数，所以又被称为柱浓度或斜柱浓度(依据传播光路而决定)。由上，即可求得臭氧柱浓度。

11.5.4　主要的臭氧遥感反演方法

卫星遥感在臭氧总量反演时通常选用位于紫外波段的吸收带，设置不同数目的探测谱段，也因此发展出了多种臭氧总量反演算法。目前国际上主要的臭氧柱反演算法有两种，一种是多光谱反演算法，通过测量紫外后向散射辐射来反演臭氧总量的TOMS算法。该算法也是我国风云3号卫星上搭载的TOU传感器的算法蓝本；另外一种是高光谱反演算法，对大气分子吸收的差分拟合的DOAS臭氧总量算法，该方法经过十几年来的改进和验证已成为高光谱卫星遥感传感器反演臭氧柱的主要算法。

1. TOMS臭氧总柱反演算法

基于太阳紫外后向散射辐射来得到臭氧总柱的方法由美国科学家Dave于1967年首次提出(Dave and Mateer，1967)，是卫星遥感TOMS紫外后向散射臭氧反演算法的雏形。该方法需要从Hartley-Huggins吸收带中找到两个臭氧吸收存在显著差异的波长作为反演的波长对，还需要找到一个臭氧吸收作用较弱的长波段，用来判断下垫面的反照率。该算法在反演臭氧浓度过程中，除了需要辐射强度的资料，还需要提供很多外部资料，如臭氧在Hartley-Huggins吸收带的吸收系数、温度廓线、大气臭氧廓线、水汽廓线、云顶气压和冰雪覆盖信息等。

TOMS紫外后向散射辐射反演臭氧总柱算法经历三十多年的不断发展，目前最新版本是2004年最新发布的V8算法。V8算法仅选用了一个波段对(317.5nm和331.2nm)用于臭氧总柱反演，其他波段主要用于辅助判断反演结果和修正误差，最终V8算法的臭氧反演结果均方根误差基本控制在约2%以内。

2. DOAS臭氧总量算法

1995年发射的GOME-1卫星在反演臭氧总柱时，首次采用了差分光学吸收光谱技术。DOAS方法最初应用于地基仪器测量痕量气体，后期扩展应用于星载传感器的痕量气体探测方面。DOAS算法的基本过程是根据比尔-朗伯定律对仪器接收到的后向散射辐射，结合各种气体成分的吸收截面，进行差分拟合。首先得到痕量气体在卫星观测倾斜光路上的柱浓度，

随后结合各类有效先验信息(如云、气体廓线、水汽等)计算大气质量因子(air mass factor, AMF)，借助 AMF 将斜柱浓度再转化为垂直柱总量(吕春光，2015)。DOAS 技术的核心思想是对光谱中的快变部分和慢变部分进行分离，然后基于比尔-朗伯定律，利用快变部分的变化特征来反演目标气体浓度。DOAS 算法选用的臭氧拟合窗口是紫外波段的 331.1～336.1nm，在该波段范围内的臭氧吸收截面对大气温度的依赖程度最小。DOAS 算法获得的臭氧斜柱浓度误差小于 2%，臭氧垂直柱总量误差在 2%～3%(吕春光，2015)。DOAS 算法被不断的修正和改进，逐渐成为星载传感器臭氧总量的主流算法，目前国际上的 OMI、GOME 等星载传感器都有比算法反演的臭氧总柱产品。

思 考 题

1. 常见的大气散射形式有哪几种?
2. MODIS 暗目标算法如何判别陆地暗目标?
3. 简述比尔-朗伯定律的概念与原理。
4. 简述利用 MODIS 数据反演大气水汽的常用方法。
5. 简述差分光学吸收光谱法(DOAS)探测臭氧总量的原理。

第 12 章　植 被 遥 感

12.1　植被遥感概述

植被遥感是遥感的重要应用领域之一。通过植被解译可以在遥感影像上有效地确定植被的分布、类型、生长状况和生物量等信息，为农林业有关部门提供直接的信息服务。植被受多种因素控制，与气候、土壤、地形、动物及水状况等自然环境要素密切相关，是土壤、水文、矿产等要素的直接/间接解译标志。研究人员往往可以通过提取遥感影像上植被信息的时空差异来分析位于植被表层以下的其他潜在信息。此外，植被还是陆地生物化学循环中的关键因子。在全球碳循环中，植被通过光合作用吸收 CO_2，将碳存储在植被的叶内或根部，这种固碳能力对“温室效应”的缓解起着至关重要的作用。通过遥感来探究植被的宏观变化，并进一步分析变化背后生态环境因子与植被间的相互作用和整体效应，对生态环境监测和促进人类社会可持续发展具有重要意义。

植被遥感已有较长的发展历史。早期的研究主要服务于植被解译，包括区分植被与其他地表环境和植被本身的不同类型，并以识别和分类为基本手段进行专题制图。而后则集中在植被信息的提取与表达，提出了多种植被指数。植被指数的出现不仅为植被解译提供了更丰富的依据，也开拓了植被宏观长势监测、植被生物量估算等重要研究领域。随着遥感观测技术的不断突破和定量遥感研究的逐步深入，植被遥感研究向更加实用化、定量化的方向发展，不仅在传统的植被物理/生化参数(叶面积指数、叶绿素含量、植被覆盖度、植被生产力等)和地表生态环境参数(温度、降水、蒸散发、相对湿度等)的估算精度方面有所提升，而且将研究延伸到对叶内氮、磷、钾、糖类、淀粉、蛋白质、氨基酸、木质素、纤维素及叶绿素的估测中。

12.1.1　植被光谱特征

1. 叶片光谱特征

植物波谱曲线具有明显的特点，是在遥感影像上区分植物与其他地物的有力依据。健康绿色植物的波谱特征主要取决于叶片(图 12-1)。在可见光波段(0.38～0.76μm)，植物的反射率主要受叶内各类色素影响，色素的强烈吸收(>80%)使得叶片在可见光部分的反射率整体较低。叶绿素在各类色素中发挥着最重要的作用，对紫外线、蓝紫色光和红色光充分吸收以进行光合作用，进而形成了 0.45μm(蓝波段)附近和 0.65μm(红波段)附近两个明显的吸收谷。叶绿素对绿色光部分反射，在 0.55μm 附近(上述两个吸收谷之间)形成反射率为 10%～20%的小反射峰，使得植物叶片呈现绿色。除叶绿素外，植被叶片中还存在叶青素、叶红素、叶黄素等多种其他色素，因此在可见光范围内，不同颜色叶片的反射峰值所对应的波长范围有所差别(图 12-2)。

在近红外波段(0.8～1.3μm)，植物的光谱特征取决于叶片内部的细胞结构。叶为细胞壁和细胞空隙间折射率的不同导致多重反射，使得叶片在该波段的反射较高，大致与透射能相近，各占入射能的 45%～50%，而吸收能量低于 5%。在波谱曲线中的表现为光谱反射率于

0.7～0.8μm 处急剧增高，在 0.8～1.3μm 间维持高反射，形成反射率达 40%以上的强反射峰。

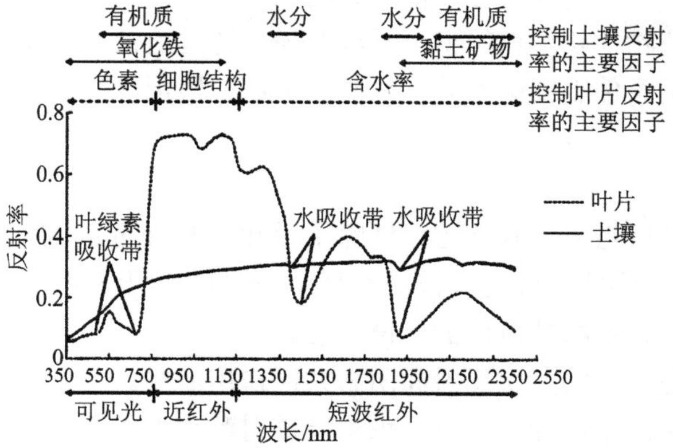

图 12-1 绿色植物光谱响应特征(史舟等，2015)

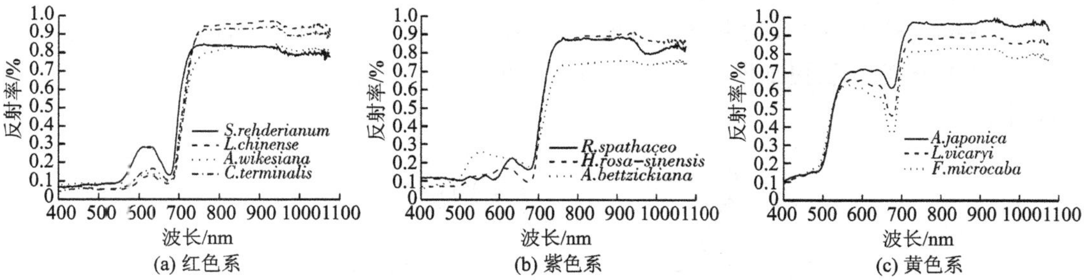

图 12-2 不同色系植物叶片反射光谱(刘东蔚等，2014)

在短波红外波段(>1.3μm)，植物的光谱特征与叶内含水量息息相关。绿色植物的光谱曲线往往形成三个分别以 1.4μm、1.9μm、2.6～2.7μm 为中心的水吸收带，反射率依次衰减。其中 1.4μm 和 1.9μm 处的两个吸收带是影响该波段叶片光谱响应的主要谱带。此外，在 1.6μm 和 2.2μm 处(位于三个吸收带之间)还存在两个反射峰。叶片含水量不仅引起短波红外波段的吸收谷和反射峰，更对整个光谱曲线产生影响。整体来说，反射率与叶内总含水量大致呈负相关关系，随着植物叶片含水量的增加而降低，反射光谱曲线的峰谷、起伏变化则随含水量的增加而愈发明显，特别是位于短波红外波段的几个吸收谷表现最为突出(图 12-3)。

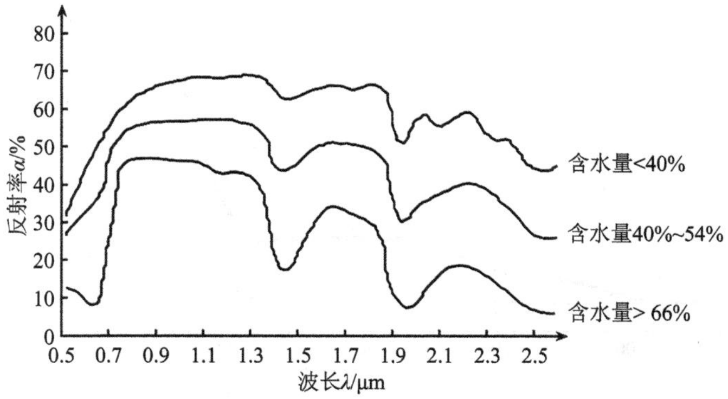

图 12-3 水分含量对玉米叶片反射率的影响(梅安新等，2001)

整体来看，影响植物光谱的主要内在因素有植物叶片颜色、叶内细胞结构和植物水分含量等。除了植物叶片本身的内在特征，植被结构、外界环境等也会对植物光谱产生影响，但该类因素通常依附于植物生长发育的整个过程并最终通过植被整体反映出来。植物生长发育状况、植物种类、灌溉条件、施肥条件、气候、土壤、地形等都会影响植物的光谱特征，使曲线的形态发生变化。

2. 植被冠层反射

植被冠层由若干叶层组成，其波谱特性除了受叶片本身的光学特性控制，还与植物冠层的形态结构(叶片大小、形状、倾角、覆盖度等)、光照角度及观测方向等有关。因此，单叶的光谱行为并不能完全解释植被冠层的光谱反射。

整个冠层的反射是由叶的多次反射和阴影共同作用而成。对于自然状态下的植被冠层，太阳的下行辐射优先照射上层叶，部分光束未能透射叶片形成阴影，进而遮挡下层叶。通常来说，叶层间仅有 50%～60%的近红外辐射能能够穿透，阴影的存在使得下叶层的反射率测量值明显低于上叶层，并且随着层数的增加而逐渐递减。但植物冠层是一个整体，叶片透射的近红外辐射能被下层叶反射并再次透过上叶层，导致冠层在近红外波段的反射率相比于单片的近红外反射峰来说更加明显(图 12-4)，且近红外反射率随叶子层数的增加而增大(图 12-5 和图 12-6)。

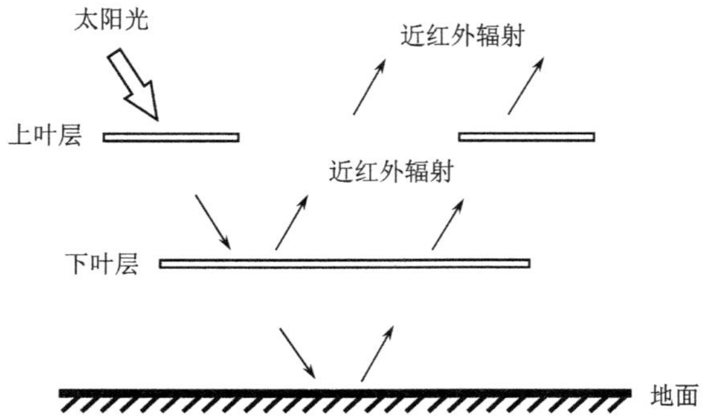

图 12-4　植被冠层的多次反射

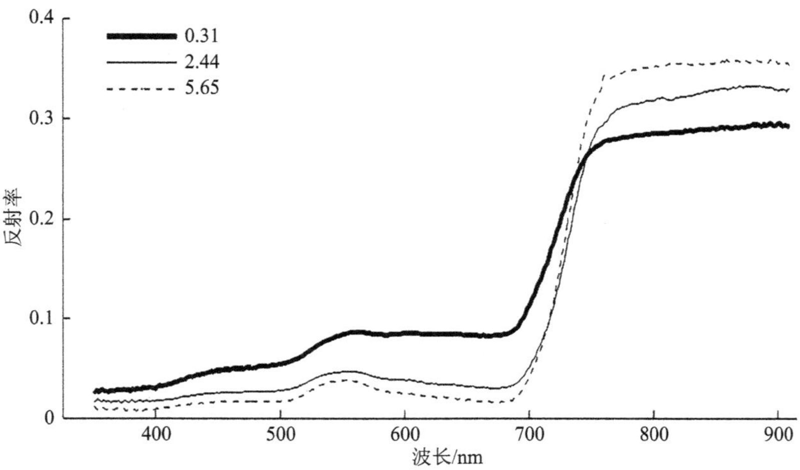

图 12-5　不同叶面积指数下的冬小麦光谱(姚付启，2012)

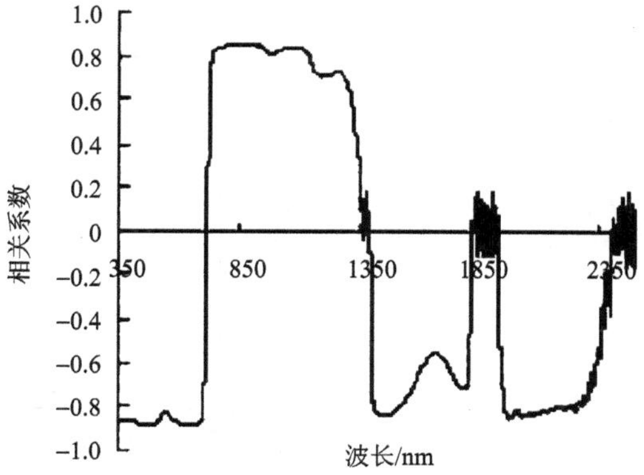

图 12-6 棉花冠层反射率光谱与叶面积指数相关关系(柏军华等，2007)

12.1.2 植物类型区分和植物生长状况解译

一般来说，健康绿色植物均具有图 12-1 所示的基本光谱特性。虽然植被光谱响应曲线整体的“峰-谷”形态变化是相似的，但曲线的细节差异仍是区分不同植被类型、判断植被长势的重要依据。

对于不同的植物，其叶内色素含量、细胞结构、含水量以及植被冠层的外观形状等差异较大，光谱响应曲线存在明显不同。例如，对于乔木类植被与灌木类植被，夏季乔木(香樟、广玉兰)的光谱反射率在全波段普遍高于灌木(石楠、夹竹桃、千头柏、紫叶小檗)，在冬季则表现相反(图 12-7)。而对于竹科植被，其与乔木类植被的叶片均呈绿色，但乔木(香樟)叶片面积大而枝叶稀疏，竹科(孝顺竹)植被叶片狭长而枝叶茂盛，后者植被盖度更大导致叶与叶之间透视光反射，进而在近红外波段的反射增强，因此可依据植被叶片与冠层光谱特征间的差异性进行植被类型的区分。整体来看，香樟的冠层光谱与叶片光谱在 400～740nm 间重合度较高，在 740～1000nm 其叶片光谱明显大于冠层的光谱；孝顺竹的冠层光谱则在全波段大于叶片光谱(图 12-8)。

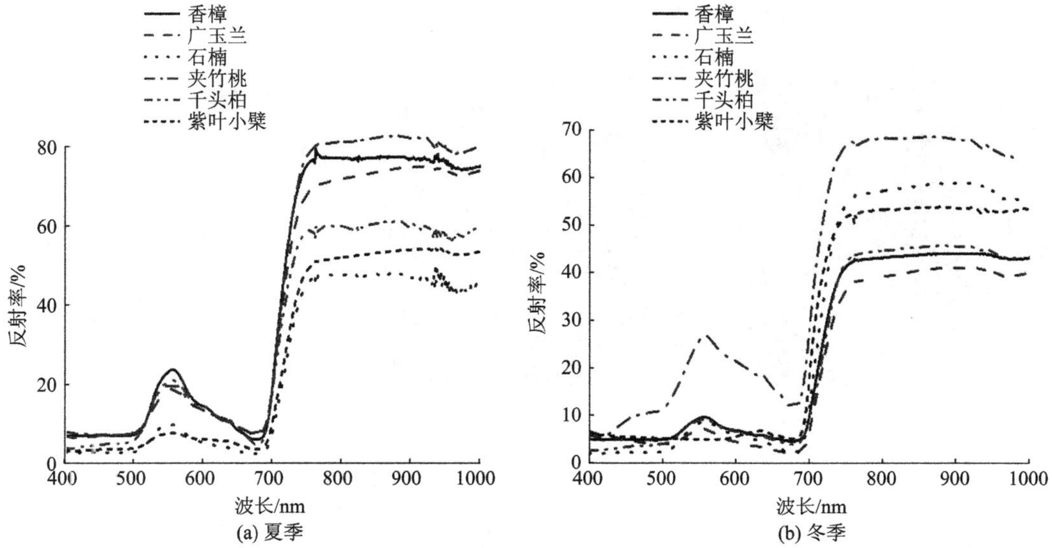

图 12-7 乔木及灌木在夏季(a)和冬季(b)的光谱均值曲线(项巧巧等，2018)

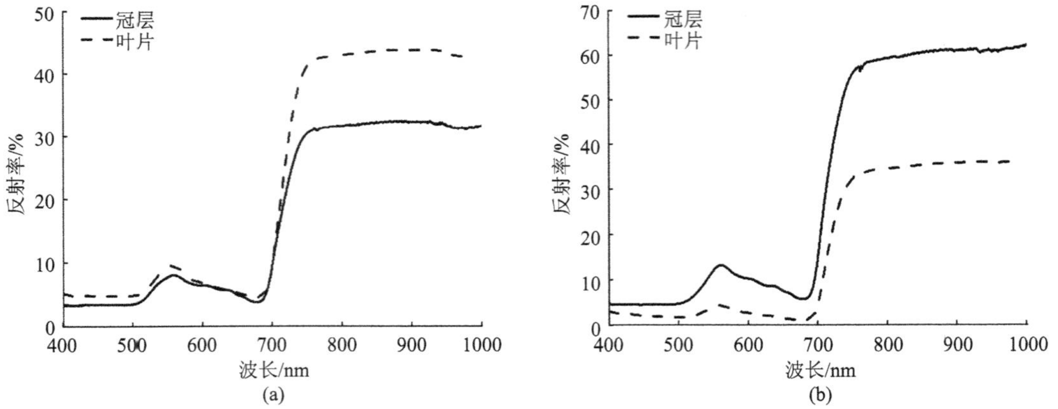

图 12-8　香樟(a)和孝顺竹(b)的冠层和叶片光谱曲线(项巧巧等，2018)

植被的物候差异和生态条件的不同也是区分不同植物类型的有力依据。物候方面，不同植物的生长季不同，导致光谱特征随时间的变化有所差别。例如，冬小麦的出苗期，植被反射光谱特征微弱，越冬期表现出裸地的反射光谱特征，返青期之后，叶面积指数增加，表现出明显的植被反射光谱特征。水稻在泡田期表现出水体的光谱特征，在拔节孕穗期表现出明显的植被反射光谱特征。生态条件主要包括温度、水分、光照、土壤、地形地貌等，各类环境要素的不同组合方式综合地影响着植被的分布，因此可以根据一个地区的生态条件来判断植被类型。例如，不同水分条件下植被个体形态会存在很大差别，沼泽地上的植被叶子柔嫩、硕大，根系不发达，在沙漠区的植被叶子小、常常覆盖着薄薄的蜡层，根系往往比较发达。喜光植物(如马尾松)需要充足的阳光才能生长得好，而喜阴植物(如冷杉)只需要少量的阳光就能生长得好。

此外，随着植被信息提取研究的开展和深入，植被指数、纹理特征等逐渐被开发并用于植被类型的识别和分类。例如，可依据植被指数的大小和纹理粗糙程度来轻松区分草地和林地。有关植被指数的内容会在 12.2 节进一步介绍。通过直接观察高分辨率遥感影像上的结构纹理特征也可区分出不同的植被类型(图 12-9)。

(a)树木　　(b)草地　　(c)农作物

图 12-9　基于纹理特征的植被类型识别

对于同一植物，在健康状态下往往具有典型且相似的光谱特征，而当植物生长状况发生变化时，会导致整个或个别谱段内反射率的变化。例如，在秋冬季，植物生长发育受到温度限制，叶片的色素比例会发生变化，叶绿素含量下降，叶黄素、叶红素在叶片的光谱响应中起主导作用，因而对蓝、红光且尤其是对红光的吸收率减少，反射率增强(图12-10)。植被对光的反射变化使叶片颜色逐渐枯黄(绿色+红色=黄色)。又如，植物因受到病虫害或因缺乏营养和水分使得海绵组织受到破坏时，叶片的色素比例也会发生变化，叶绿素的减少使得叶片对 0.55μm处的绿光的反射率降低。植物损伤对近红外波段反射率的影响更为明显，反射峰值被削弱甚至消失，整个反射光谱曲线被拉平(图12-11)。因此，可以根据植被光谱曲线的异常变化来监测植被的长势和生长状况。

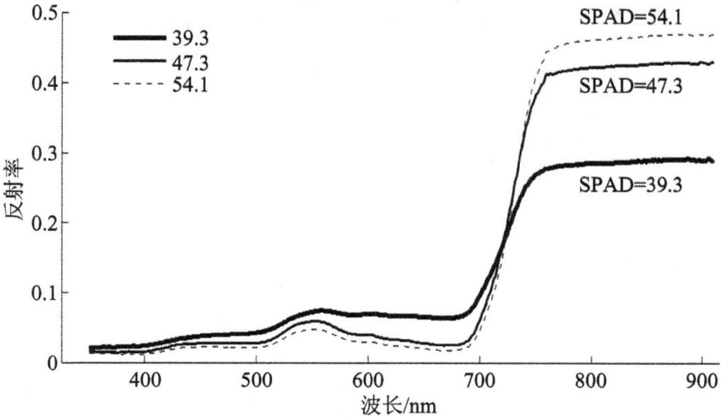

图 12-10　不同叶绿素含量(SPAD)下的冬小麦的光谱曲线(姚付启，2012)

(SPAD 是叶绿素相对含量的单位，为叶片在 650 nm 和 940 nm 两个波长下的透射光的比值)

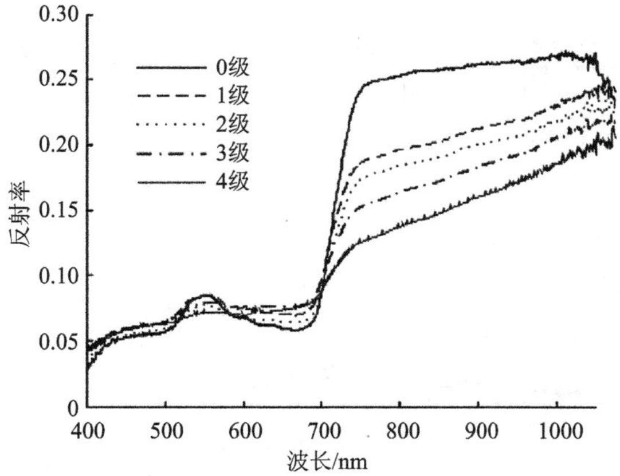

图 12-11　不同虫害程度下水稻叶片的光谱反射率(黄建荣等，2010)

不同植被由于组织结构、物候、生态条件等不同而具有不同的光谱特征。同一植被也存在生长阶段、季节、种植密度、土壤水分及组分含量的差异，或受大气污染、水分胁迫、病虫害等影响，使得光谱曲线发生变化(图 12-12)。虽然上述变化在可见光和近红外区同步出现，但近红外区的反射差异往往更为明显，因此近红外波段在人们鉴别和监测植物的过程中扮演着关键作用。

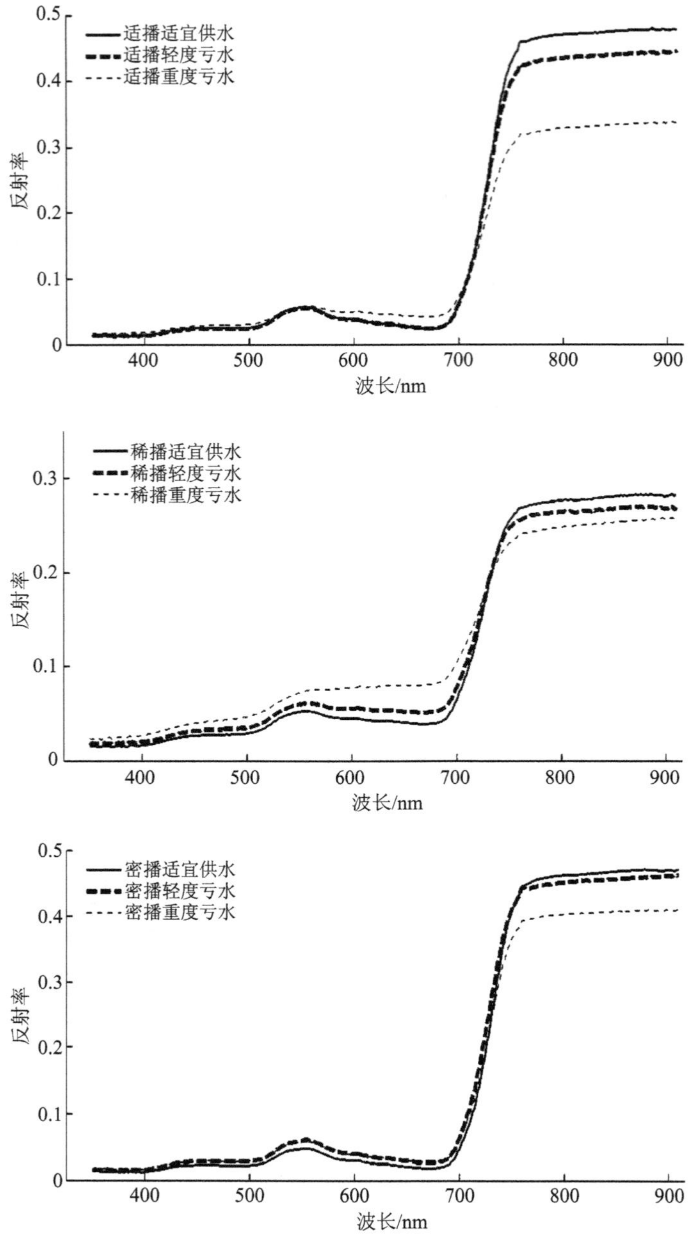

图 12-12　拔节期不同种植密度与灌水定额条件下冬小麦光谱特征(姚付启，2012)

12.1.3　红边位移

在植被光谱响应曲线中，“红边”通常指红色光吸收谷和近红外高反射峰之间光谱反射率陡然增加的狭窄条带，一般位于 0.7μm 左右，是反射率曲线中斜率最大的部分。“红边”的位置并不是固定的，会随着植被生长过程而发生移动，其中“红边”向长波方向移动时被称为“红移”现象，向短波方向移动时被称为“蓝移”。例如，冬小麦从返青期到成熟期，红边位置处在 702nm 到 737nm 之间，冬小麦进入返青期后，生长加快，红光吸收增强，红边出现“红移”，到抽穗期，“红移”停止。抽穗期后，冬小麦进入生殖生长，植株下部叶片开始衰亡，红光吸收降低，红边出现“蓝移”(表 12-1)。

“红移”最早被发现于即将成熟的作物光谱，随后在除了作物外的其他植物上也同样发现了类似现象，且不同植被类型的“红边位移量”有所差异。“红移”现象出现的原因较为复杂，但其中一个重要原因为植物成熟时叶黄素逐渐代替叶绿素。目前，“红移”现象在植被遥感研究中具有广泛应用，研究人员可以通过观察作物的红边移动来分析不同植被间的差异，而“红移”现象本身也常作为某类特定植物成熟期开始或植被生长受到抑制(胁迫)的重要指示标志。

表 12-1 冬小麦不同生育期冠层红边参数的变化(姚付启，2012)

红边参数	返青期	拔节期	抽穗期	灌浆期	成熟期
红边位置/nm	723	735	737	731	702

“红移”的实质是光谱“红边”向长波方向移动，可以反映植被叶绿素含量变化、生长阶段、健康状况和植被类型等多种信息。类似地，光谱“红边”的“蓝移”现象可以反映由元素迁移、富集等生物地球化学效应而引起的植物光谱异常现象。例如，当植物受地球化学元素异常影响时(如受金属毒害作用等)，会诱发植物出现中毒性病变，此时植被光谱具有明显的“蓝移”特征。表 12-2 中记录了不同铜胁迫浓度下玉米叶片反射光谱的红边位置，随着铜胁迫浓度的升高，红边位置向短波方向移动，而且不同胁迫时长对应的红边位置不同。

表 12-2 各级铜胁迫浓度下的平均红边位置(李苑溪等，2018) (单位：nm)

铜胁迫浓度/(mg/L)	铜胁迫 20d	铜胁迫 27d	铜胁迫 34d
空白对照	705.25	706.70	704.60
20	697.65	696.71	699.41
50	695.20	695.85	691.60
80	693.18	692.50	691.15
100	690.48	689.80	689.37

“红移”与“蓝移”的幅度基本相似，为 7～10nm，当植被所受胁迫较为严重时，蓝移最高可达 40nm。传统的宽波段遥感数据一般难以精确检测出植被光谱“红边”的详细信息，对植被“红边”的研究通常需要依靠光谱分辨率在 10nm 左右的高光谱遥感数据。

12.1.4 高光谱遥感在植被中的应用

植被拥有独特的光谱响应曲线，易与其他地物相区分。然而，由于植被品种以及同一植物叶片生长部位或物候季相的不同，其色素含量(主要是叶绿素)及水分含量存在差异，致使植被光谱曲线的线形有着明显区别。这种区别尤其体现在吸收谷、反射峰的峰谷形态和位置。高光谱成像光谱仪对波段的精细划分(10nm左右的细波段)能够记录更为详细的电磁波信息及光谱特征的差异，弥补了传统多光谱技术即宽波段遥感数据可能带来的不足。

高光谱遥感不仅能极大地改善植被的识别与分类精度，还能对植物内部的化学成分做出评估，并从理论和实践上为评价植物长势、估计陆地生物量提供可靠的保障。在高光谱遥感中，人们可以从众多的窄波段中筛选出对植物类型光谱差异反应更为敏感的波段，再结合数据压缩技术将波段重新组合，从而进行植被类型识别与分类。这样不仅达到了充分利用植被光谱信息的目的，更能显著提高植被识别与分类的精度。此外，由于高光谱数据的出现，植被遥感还突破了对生物物理和生物化学参数的提取与估计，使得植物化学成分的遥感估测成为可能。例如，对植物叶内的氮、磷、钾、糖类、淀粉、蛋白质、氨基酸、木质素、纤维素及叶绿素等进行估测。综合来看，高光谱遥感数据在植物生态学研究中的应用范围十分广泛，主要涉及植被分布识别、植被类型分类，冠层结构、状态及水文条件的评价，冠层生物化学成分的估计等。这些研究与一般遥感数据研究相比，无论从深度上和精度上都有了明显的飞跃。

12.2　植被指数计算

在植被光谱曲线中，可以根据不同光谱通道所获得的反射率信息来表征植被的不同要素或特征状态。例如，可见光中绿光波段对植物类别十分敏感，红光波段可以反映植被覆盖度、植物生长状况，短波红外波段受水分含量控制等。然而，植被群体的种类繁多、生长过程复杂多变，难以仅用个别单波段数据来充分实现植被信息的提取。因此，选用多光谱遥感数据，经分析运算(加、减、乘、除等线性或非线性组合方式)而计算得到的“植被指数”应运而生。植被指数形式简单，不存在任何假设，且仅利用光谱信号而不依赖其他辅助资料，是定性和定量地评价植被覆盖状况、长势及生物量的有效指标。

对绿色植物来说，红光波段和近红外波段对同一生物物理现象的光谱响应通常形成明显反差，这是计算植被指数的重要基础。植被指数通常由红光、近红外两个波段通过比值、差分、线性组合等多种组合得到，以此来增强或揭示隐含的植被信息。建立植被指数的关键在于如何有效地综合各光谱信号，并在增强植被信息的同时使非植被信号最小化。

12.2.1　常见的植被指数

1. 比值植被指数

比值植被指数(ratio vegetation index，RVI)的表达式为

$$\mathrm{RVI}=\frac{\rho_{\mathrm{NIR}}}{\rho_{\mathrm{R}}} \tag{12-1}$$

式中：ρ_{NIR} 和 ρ_{R} 分别为近红外和红光波段的地表反射率。对于绿色植物，叶绿素引起的红光吸收和叶肉组织引起的近红外强反射使得 RVI 值偏高；对于裸土、人工不透水层、水体以及受损植被，RVI 值偏低。一般情况下，土壤的 RVI 值接近于 1，植被 RVI 值为 2～8。因此，比值植被指数能够放大植被与土壤背景之间的辐射信号差异，有利于植被的识别与分类。

研究中，RVI 被广泛用于估算和监测绿色植物生物量。当植被覆盖度较高时，RVI 对植被十分敏感，与植被生物量的相关性最好；当植被覆盖度低于 50%时，RVI 对植被的敏感性大幅降低，分辨能力有所减弱。此外，当 RVI 值较高时，大气效应会显著降低其对植被检测的灵敏度，因而在计算前往往需要进行大气校正。

2. 归一化植被指数

当植被较为浓密时，红光波段反射率极低，RVI 值将无限增长。针对此问题，Deering(1978)提出将 RVI 进行非线性归一化处理，得到了“归一化差值植被指数”(normalized difference vegetation index，NDVI)。表达式为

$$\mathrm{NDVI}=\frac{\rho_{\mathrm{NIR}}-\rho_{\mathrm{R}}}{\rho_{\mathrm{NIR}}+\rho_{\mathrm{R}}} \tag{12-2}$$

式中：ρ_{NIR} 和 ρ_{R} 分别为近红外和红光波段的地表反射率。

NDVI 数值范围为[−1, 1]，且在不同地面覆盖类型间差异明显，植被可得到有效突出。其中，负值表示云、水体、雪，在可见光波段的反射大于近红外波段；0 值附近表示岩石、裸土，在两波段有相似的反射作用；正值表示植被覆盖，且随植被覆盖度的增大而增大。NDVI 能较好地检测植被生长状态及植被覆盖度，与许多植被参数有关。例如，与植被光合有效辐射吸收系数(fraction of absorbed photosynthetically active radiation，FAPAR)接近线性关系(李贺丽等，2011)；与叶面积指数(leaf area index, LAI)呈非线性相关(浦瑞良和宫鹏，2000)；与植被总初级生产力(gross primary production, GPP)具有很强的相关性(马永明等，2021)。相关研究还表明全球 NDVI 对气候异常(如厄尔尼诺年)的响应影响着大气 CO_2 浓度的增长速率，被认为是监测地区/全球植被和生态环境变化的有效指标(马永明等，2021)。此外，NDVI 计算过程中的比值处理可以消除部分因太阳高度角、卫星观测角、地形、云/阴影和大气条件等造成的辐射误差。归一化处理将遥感传感器标定衰退(即仪器标定误差)对单波段 10%～30%的影响降到对 NDVI 的 0%～6%，并使地表二向反射和大气效应造成的影响减小。还有研究表明，由 MSS、TM、NOAA/AVHRR、SPOT 等不同遥感源计算出的 NDVI 差异较小，适用于多源遥感植被研究(Gallo and Daughtry，1987)。因此，NDVI 常用于全球或大陆等大尺度的植被动态监测，是植被遥感中应用最为广泛的植被指数。

NDVI 的局限性源于其计算本质，即对近红外波段与红光波段的非线性拉伸。这一过程增强了两通道间的反射率对比度，使得低植被覆盖区存在扩大而在高植被区存在压缩的情况(增强低值部分而抑制高值部分)。例如，当近红外与红光的比值从 5 增至 10/15，NDVI 仅从 0.67 增至 0.82/0.87，也即 NDVI 对高植被区不敏感(刘玉洁和杨忠东，2001)。NDVI 还对土壤背景的影响较为敏感，且实验证明这种影响与植被覆盖度有关(唐怡等，2006)。当植被覆盖度小于 15%，植被可被明显检测出来，但较低的植被覆盖度难以对区域的植物生物量做出估算；当植被覆盖度为 25%～80%，NDVI 呈线性快速增加的趋势；当植被覆盖度大于 80%，NDVI 增加延缓而呈现饱和状态，对植被检测的灵敏度下降。因此，NDVI 更适用于植被发育中期或中等覆盖度的植被检测场景。

3. 差值植被指数

差值植被指数(difference vegetation index，DVI)的表达式为

$$\mathrm{DVI}=\rho_{\mathrm{NIR}}-\rho_{\mathrm{R}} \tag{12-3}$$

式中：ρ_{NIR} 和 ρ_{R} 分别为近红外和红光波段的地表反射率。相较于上两种植被指数，DVI 对土壤背景的变化更为敏感，仅适用于植被发育早–中期或低–中覆盖度的植被检测场景，如使用 DVI 监测退耕还林还草的初期状况。

上述植被指数均受土壤背景的影响较大，而这种影响主要取决于土壤表面的不同反射特性，包括土壤湿度、粗糙度、阴影、有机质含量及植被结构(多次散射)等。研究表明，土壤的红光波段反射率与近红外波段的反射率具有线性关系，即在近红外–红光通道的二维坐标中，土壤光谱特性的变化表现为一条接近由原点出发的射线，称为“土壤线”：

$$\rho_{\mathrm{NIR}}=a\rho_{\mathrm{R}}+b \tag{12-4}$$

式中：ρ_{NIR} 和 ρ_R 分别为近红外和红光波段的地表反射率，a 和 b 分别为土壤线的斜率和截距。各种类型土壤、落叶等非光合作用目标的像元表现在基线上，水体像元位于基线下方底侧，所有的植被像元则分布在基线上方偏近红外波段一侧。植被光合作用越强，像元与“土壤线”的距离越远(图 12-13)。

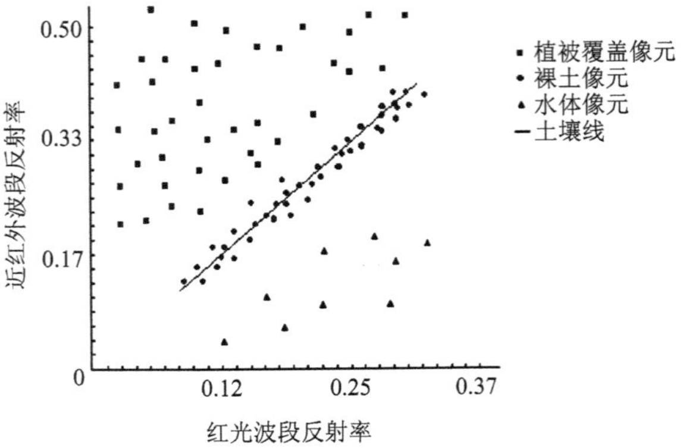

图 12-13　二维土壤光谱线(秦其明等，2012)

为了有效地描述植被信号与背景信号的关系，相关研究引出了植被等值线和植被指数等值线的概念。

1) 植被等值线

植被等值线是指植被参数(如 LAI) 相等但背景条件不同的 ρ_{NIR} 和 ρ_R 的连线。植被等值线既不汇聚于原点，也不与土壤线平行，如图 12-14 所示。

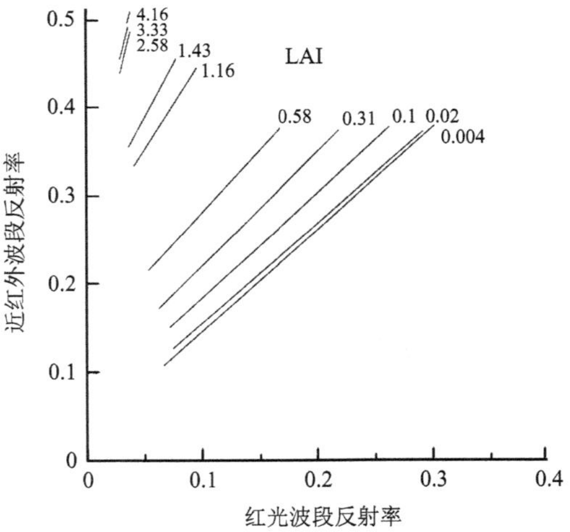

图 12-14　植被等值线(Jiang et al.，2007)

植被等值线的特征一般用斜率和截距来描述。其中，斜率依赖于土壤亮度线的斜率、叶面积指数 LAI 以及红光、近红外光的冠层消光系数 K，可通过简单的反射率模式得到。截距描述的是距离土壤线的位移量，是关于植被密度的函数，与植被类型、叶面积指数 LAI 等有关。随着 LAI 的增加，植被等值线的斜率与截距增加，在 LAI = 2 时达到饱和。当叶面积指数 LAI 成为唯一变量时，斜率和近红外坐标轴的截距是关于 LAI 的函数。LAI 固定后，植被等值线表示两个波段反射率与背景亮度的关系，可以用于建立土壤-植被光谱行为模式，分离叶冠背景信息与植被层信息。

2) 植被指数等值线

植被指数等值线是指植被指数相等但背景条件不同的 ρ_{NIR} 和 ρ_R 的连线，能够反映植被指数随背景条件的变化关系，如图 12-15 所示。植被指数等值线通常不与植被等值线重叠。

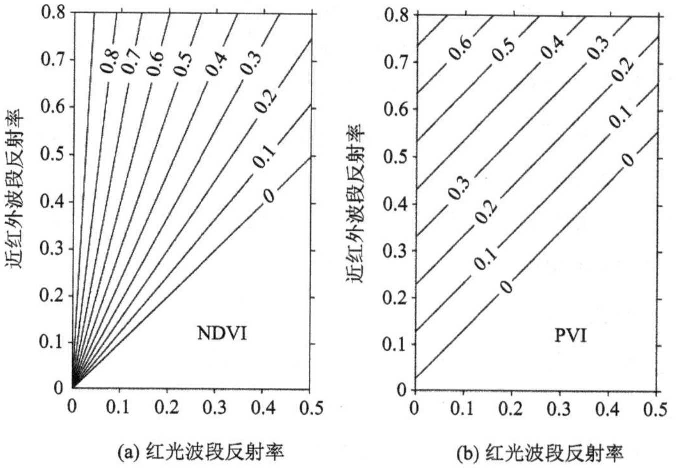

图 12-15　植被指数等值线(Jiang et al., 2007)

植被等值线与植被指数等值线的差异为改进植被指数提供了重要方向。若想减少背景亮度变化对植被指数的影响，就要使植被指数等值线尽可能地与植被等值线保持一致，即通过数学变换将植被指数等值线与植被等值线重合，以便有效地去除土壤背景的影响。

4. 土壤调节植被指数

针对 NDVI 对土壤背景的敏感问题，Huete(1988)提出了可用于描述土壤-植被系统的土壤调节植被指数(soil-adjusted vegetation index，SAVI)。其表达式为

$$\mathrm{SAVI}=\left(\frac{\rho_{NIR}-\rho_R}{\rho_{NIR}+\rho_R+L}\right)(1+L) \tag{12-5}$$

式中：ρ_{NIR} 和 ρ_R 分别为近红外和红光波段的地表反射率；L 为土壤调节系数。

土壤调节植被指数引入了一个有关植被生物量先验知识的常数 L(由实际区域条件所决定)，以此来减小植被指数对不同土壤反射变化的敏感性。L=0 表示植被覆盖度为零，此时 SAVI 等于 NDVI；L=1 表示土壤背景的影响为零，即达到了相当高的植被覆盖度，一般出现于高大树木覆盖的地区。因子(1+L)主要用来限制 SAVI 值介于[−1, 1]。研究证明，SAVI 有效降低了土壤背景的影响，但可能导致植被信号的部分丢失，使植被指数偏低。调节系数 L 的大小与实际区域的植被覆盖度密切相关。对于较低密度植被，L=1 时土壤的影响几乎消失；对于较高密度植被，最佳调节系数 L=0.75。通常来说，调节系数 L 随着植被覆盖度的增加而逐渐降低，而 L=0.5 是应用最为广泛的取值，适用于大多数场景。然而，SAVI 的一大不足在于其仅在土壤线斜率为 1、截距为 0 时适用，这严重限制了 SAVI 的推广和应用。

针对上述问题，研究人员认为植被指数应该基于土壤线特征进行校正，为此提出了转换型土壤调整指数(transformed soil-adjusted vegetation index，TSAVI)和校正转换型土壤调整指数(adjusted transformed soil-adjusted vegetation index，ATSAVI)(Baret and Guyot，1991)，表达式为

$$\text{TSAVI} = \frac{a(\rho_{\text{NIR}} - a\rho_{\text{R}} - b)}{a\rho_{\text{NIR}} + \rho_{\text{R}} - ab} \tag{12-6}$$

$$\text{ATSAVI} = \frac{a(\rho_{\text{NIR}} - a\rho_{\text{R}} - b)}{a\rho_{\text{NIR}} + \rho_{\text{R}} - ab + x(1 + a^2)} \tag{12-7}$$

式中：ρ_{NIR} 和 ρ_{R} 分别为近红外和红光波段的地表反射率；a、b 分别为土壤背景线的斜率和截距；x 为调节系数。实验证明，对低植被覆盖度来说 TSAVI 比 NDVI 有更好的指示意义，适用于半干旱地区的土地利用制图。

为了减少 SAVI 中裸土影响，Qi 等(1994)又进一步发展了修改型土壤调整植被指数(modified soil-adjusted vegetation index，MSAVI)，表达式为

$$\text{MSAVI} = (2\rho_{\text{NIR}} + 1) - \sqrt{(2\rho_{\text{NIR}} + 1)^2 - 8(\rho_{\text{NIR}} - \rho_{\text{R}})} / 2 \tag{12-8}$$

式中：ρ_{NIR} 和 ρ_{R} 分别为近红外和红光波段的地表反射率。

5. 垂直植被指数

在红光、近红外的二维坐标系内，植被像元多位于土壤线的左上方。不同植被与土壤亮度线的距离不同。Richardson 等(1977)首次把植物像元到土壤亮度线的垂直距离定义为垂直植被指数(perpendicolar vegetation index，PVI)，表达式为

$$\text{PVI} = \sqrt{(\rho_{\text{R}}^{\text{S}} - \rho_{\text{R}}^{\text{V}})^2 + (\rho_{\text{NIR}}^{\text{S}} - \rho_{\text{NIR}}^{\text{V}})^2} \tag{12-9}$$

式中：$\rho_{\text{R}}^{\text{S}}$ 和 $\rho_{\text{NIR}}^{\text{S}}$ 分别为红光波段和近红外波段的土壤反射率；$\rho_{\text{R}}^{\text{V}}$ 和 $\rho_{\text{NIR}}^{\text{V}}$ 分别为红光波段和近红外波段的植被反射率。PVI 的另一类定量表达式为

$$\text{PVI} = (\rho_{\text{NIR}} - b)\cos\theta - \rho_{\text{R}}\sin\theta \tag{12-10}$$

式中：ρ_{NIR} 和 ρ_{R} 为近红外和红光波段的地表反射率；b 为土壤基线截距；θ 为土壤基线与红光反射率横轴的夹角。

PVI 可以反映土壤背景上存在的植被生物量大小，植被与土壤亮度线的距离越大，生物量越大。PVI 还能较好地滤除土壤背景的影响，且对大气效应的敏感程度也小于其他植被指数，因而被广泛应用于大面积作物估产。

6. 大气修正的植被指数

大气对植被指数的影响方式是增强了植被的红光辐射(因散射、上行程辐射中大气的贡献)、减弱了近红外辐射(因散射和水汽吸收等衰减作用)，两者对比度下降从而最终导致植被指数的变化。而大气气溶胶对整个过程的影响主要表现在光程辐射(附加效应)和透过率(多重效应)。前者与植被的背景无关，易于修正；后者依赖于地面亮度，修正难度较高。

大气效应对不同植被指数的影响程度不同。其中，差值植被指数 DVI 受大气影响最小，在浑浊和晴朗的天气条件下变化微弱；比值植被指数 RVI 受大气影响最大，其数值可下降 50%左右；其他指数位于两者之间。图 12-16 显示了比值植被指数 RVI 在地面和卫星的连续测算结果。结果表明，RVI 曲线起伏程度随高度升高而递减，其中地面光谱 RVI 变化幅度较大，

于 3000m 处测得的 RVI 变化幅度相比地面有明显减小，而大气顶的 RVI 曲线则变化不明显，仅表现为整体的增加或减少。

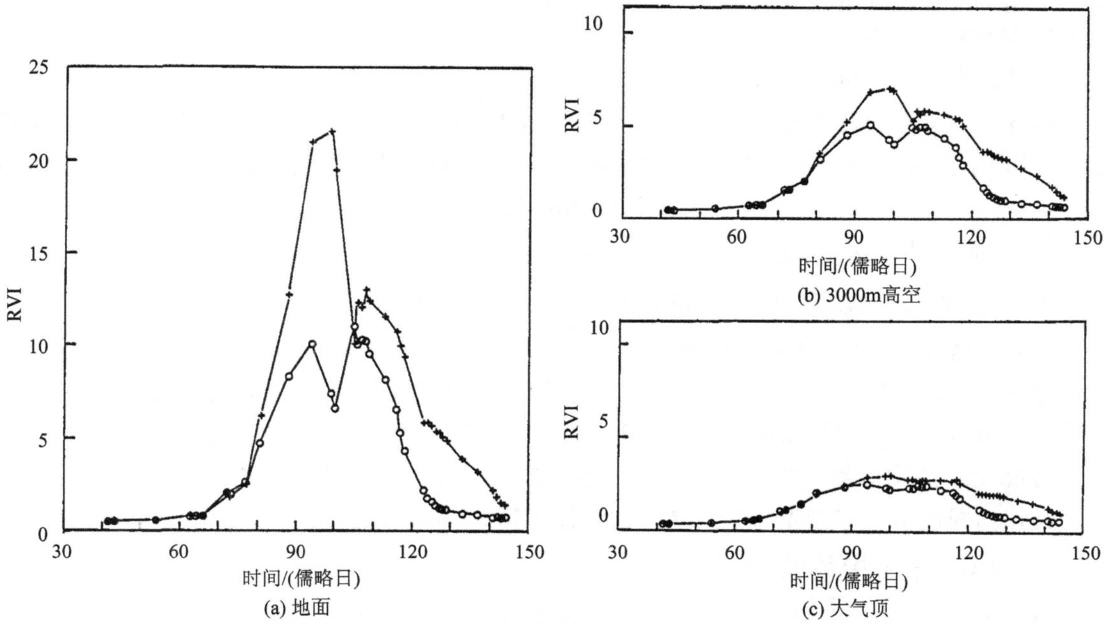

图 12-16　比值植被指数的大气效应(Slater and Jackson，1982)

大气效应严重限制了植被指数的应用，甚至有研究表明，植被冠层光谱受大气影响所产生的不确定变化甚至超过植被自身的变化。为减少植被指数对大气性质的依赖，Kaufman 和 Tanre(1992)利用蓝光与红光对大气响应的差异，将红-蓝波段组合并替代 NDVI 的红波段，提出了大气阻抗植被指数(amospherically resistant vegetation index，ARVI)，表达式为

$$\mathrm{ARVI}=\frac{\rho_{\mathrm{NIR}}-\rho_{\mathrm{RB}}}{\rho_{\mathrm{NIR}}+\rho_{\mathrm{RB}}} \tag{12-11}$$

$$\rho_{\mathrm{RB}}=\rho_{\mathrm{R}}-\gamma(\rho_{\mathrm{B}}-\rho_{\mathrm{R}})$$

式中：ρ_{NIR}、ρ_{R} 和 ρ_{B} 分别为近红外波段、红光波段和蓝光波段的地表反射率；ρ_{RB} 为红—蓝波段地表反射率的组合；γ 为光学路径效应因子。ARVI 具有与 NDVI 同样的动态范围，但对大气的敏感性明显降低。

NDVI 优势明显，是目前应用最为广泛的植被指数，然而易受土壤和大气影响的缺陷使 NDVI 的使用在一定程度上受限。为了改进 NDVI 不足，Liu 和 Huete(1995)将土壤背景调整和大气修正结合起来，进一步发展了增强型土壤大气修正植被指数(enhanced vegetation index, EVI)，表达式为

$$\mathrm{EVI}=G\times\left(\frac{\rho_{\mathrm{NIR}}-\rho_{\mathrm{R}}}{\rho_{\mathrm{NIR}}+C_1\rho_{\mathrm{R}}-C_2\rho_{\mathrm{B}}+C_3}\right) \tag{12-12}$$

式中：ρ_{NIR}、ρ_{R} 和 ρ_{B} 分别为近红外波段、红光波段和蓝光波段的地表反射率；G、C_1、C_2 和 C_3 代表经验常数。MODIS EVI 产品生产中，G、C_1、C_2 和 C_3 分别取 2.5、6、7.5 和 1。EVI 通过加入蓝色波段以增强植被信号，不仅继承了归一化植被指数 NDVI 的多数优点，还

改善了其在高植被区饱和、大气影响校正不彻底和土壤背景影响大等缺陷。EVI 在植被茂密区具有较强的适应能力，对植被的敏感程度大大提高，在大尺度植被变化监测、草地退化监测、草地资源定量分析等研究中体现了其优越性。

7. 其他植被指数

1) 叶绿素吸收比值指数

Kim 等(1994)发现对于叶片而言，其 550nm 和 700nm 的反射率之比不受叶绿素含量的影响。基于此关系和叶绿素在 670nm 的吸收谷，提出了叶绿素吸收比值指数 CARI，表达式为

$$\mathrm{CARI} = \mathrm{CAR}(R_{700} / R_{670}) \tag{12-13}$$

$$\mathrm{CAR} = |(a \times 670 + R_{670} + b)| / (a^2 + 1)^{0.5}，\ a = (R_{700} - R_{550})/150，\ b = R_{550} - (a \times 550)$$

式中：R_{550}、R_{670} 和 R_{700} 分别为 550nm、670nm 和 700nm 的光谱反射率。

2) 高光谱植被指数(窄波段植物指数)

随着高光谱遥感技术的发展，人们对植被指数的研究逐渐向高光谱数据延伸。例如，对植物光谱响应曲线中的红边转折点，光谱反射曲线一阶导数的最大值所在位置，进行参数化来表征高光谱植物指数。叶绿素吸收连续区指数(CACI)也是高光谱植物指数的计算方式之一，具体指绿色植物连续光谱中叶绿素吸收谷(550～730nm)的形状和面积。

12.2.2 影响植被指数的因素

植被指数受到许多因素的影响，除了上述进行主要分析的土壤背景和大气效应外，还有太阳高度角与方位角、地形效应和遥感器等。太阳高度角、方位角对植被指数的影响主要与地表二向性反射率效应有关。二向性反射率分布函数(bidirectional reflectance distribution function，BRDF)用以表达目标物的二向性反射特征，将地表反射辐射描述为太阳高度角、卫星视角以及太阳与卫星遥感器之间夹角的函数。植被表层凹凸不平，其反射辐射的各向异性会对二向反射造成直接影响，因此通过地表反射辐射计算的植被指数存在一定的不确定性。此外，不同时相的植被指数也缺乏可比性。在定量遥感研究中，通常需要通过二向性反射率分布模型对植被指数进行角度订正。地形效应的影响主要来源于地形阴影对植被的掩盖。消除阴影影响最简便的方法是对非阴影区和阴影区的植被指数数值进行比值变换，提高植被信息提取能力的同时消除部分阴影的影响。最后，遥感器对植被指数的影响主要考虑了不同遥感传感器光谱定标(包括遥感传感器各个波段的中心波长、带宽、光谱响应函数等)、空间分辨率、视场角等方面的差异。这些因素最终会对植被指数的植被检测能力和植被指数数值的可比性产生影响。在现代遥感研究中，利用多源遥感数据对地表事物分布及发展状况展开综合分析已成为遥感研究的一种重要手段。因此在计算植被指数前，有必要对遥感数据进行辐射校正，并完成各波段光谱响应函数间的修正处理，从而保证大尺度植被遥感动态监测的可靠性。

12.3 植被参数反演

植被是人类生存和发展的物质基础与能量来源，其长势、覆盖状况及动态变化也是衡量区域生态环境的重要指标。生态系统中包括光合作用、蒸腾作用、呼吸作用等在内的各类物质能量交换过程都与植被的理化参数密切相关。定量反演植被的理化参数对监测植被生长状

况以及研究全球物质和能量循环的过程具有重要意义，同时也可以为人类生存环境的可持续发展提供可靠依据。植被的生物参数包括生理参数和生化参数，其中典型的生理参数有叶面积指数(leaf area index，LAI)、植被覆盖度(fraction of vegetation coverage，FVC)、生物量(biomass，BI)、有效辐射比(fraction of photosynthetically active radiation，FPAR)、总初级生产力(gross primary productivity，GPP)等；典型的生化参数有各种色素(叶绿素、叶黄素、类胡萝卜素等)含量、植被含水量等。

目前利用遥感数据来定量估算植被参数主要基于两种模型：第一种是经验统计模型。植被指数与植被生物参数之间存在一定的相关关系，因而可将植被指数作为获取植被参数的“中间变量”，建立植被指数与植被生物参数的经验关系或回归方程，最后根据方程进行解算。经验统计模型的优点在于方法简便、应用广泛。而缺点在于该方法需要一定的先验知识，在特定区域上构建的经验关系或回归方程不便迁移应用，区域普适性差，且缺乏对物理机理的足够理解和认识。第二种是物理模型。物理模型是指通过分析植被光谱特征与植被结构、生化组成、外界环境条件等因素的关系而建立起的植物光谱模型。若已知模型的各种输入参数，就可以直接模拟植被的光谱响应曲线；相反，若已知植被的光谱特征，就可选择最优化的数据算法来反演植物的相关参数。物理模型主要包括几何光学模型、辐射传输模型、浑浊介质模型、计算机模拟模型等。物理模型法物理意义明确，可较为精确地反演各种类型的植被参数。然而物理模型的反演过程繁杂，难度较高，需要较多参数，一定程度上限制了它的应用。除了上述两类方法，研究者还提出了半经验模型。半经验模型综合了统计模型和物理模型的优点，使模型参数为经验参数的同时还具备一定的物理意义。本节选择具有代表性的植被参数和相应的常用反演方法进行介绍。

12.3.1　叶面积指数

叶面积指数(LAI)指单位土地面积上植物叶片总面积占土地面积的倍数，与植被的密度、结构(单层或复层)和环境条件(光照、水分、土壤营养状况)等息息相关，是十分重要的生态学变量。绿色植物主要依靠叶片来进行光合作用。在植被生长发育过程中，其叶内的叶绿素在光照条件下发生反应，生成干物质并慢慢积累，使得叶片逐步生长变大。叶面积增大伴随着叶绿素含量升高和植被有效光合面积增大，光合作用增强，进一步有利于植被干物质的积累。此外，植物冠层的叶面积越大，其反射辐射就越强。因此，叶面积指数 LAI 是表示植被光能利用状况、冠层结构变化和植物群落生命活力及其环境效应的一个综合指标，对描述植被光合作用和能量传输具有十分重要的意义。

基于数据统计的反演方法是反演叶面积指数的主要方法，大量的理论和实验研究建立了各种相关的经验统计模型。例如，冯伟等(2009)基于不同小麦品种连续 3 年的田间试验观测数据，结合小麦不同生育期内利用冠层高光谱数据测定的叶面积指数结果，综合分析了小麦不同生育期内叶面积指数 LAI 与对应冠层高光谱参数的定量关系，建立了多个小麦作物叶面积指数的定量反演模型，如表 12-3 所示。

从表 12-3 可以看出，利用不同冠层高光谱参数所构建的回归模型均表现为线性关系，采用其他形式函数并不能有效改善方程的拟合效果。在所有模型中，RVI(810, 560)和 FD755 的拟合效果最佳(R^2 越高、SE 越小表明拟合效果越好)，其代表性回归模型如图 12-17 所示。

表 12-3　小麦 LAI 与高光谱参数的定量关系（冯伟等，2009）

光谱参数	叶面积指数 LAI		
	回归方程	拟合精度 R^2	标准误差 SE
RVI（810,560）	$y = 0.5613x + 0.1833$	0.767	0.846
FD755	$y = 13.957x + 1.212$	0.788	0.820
GMI	$y = 0.7032x - 0.1044$	0.751	0.872
SARVI（MSS）	$y = 0.2787x + 0.9672$	0.736	0.896
TC3	$y = 1.0655x - 0.5902$	0.751	0.877
RVI（900,680）	$y = 0.1925x + 1.2004$	0.719	0.923
MSR（800,670）	$y = 1.1921x + 0.8265$	0.724	0.923
SDr/SDb	$y = 0.2597x + 0.4647$	0.746	0.874
PSSRb	$y = 0.2593x + 1.089$	0.724	0.913
（R750-800/R695-740）-1	$y = 2.4222x + 0.6981$	0.744	0.884
VOG2	$y = -12.231x + 1.1279$	0.741	0.885
MSR705	$y = 1.2656x + 0.3649$	0.727	0.910
Dr/Db	$y = 0.5307x + 0.2966$	0.717	0.913
R870	$y = 0.1458x - 1.6893$	0.629	1.022

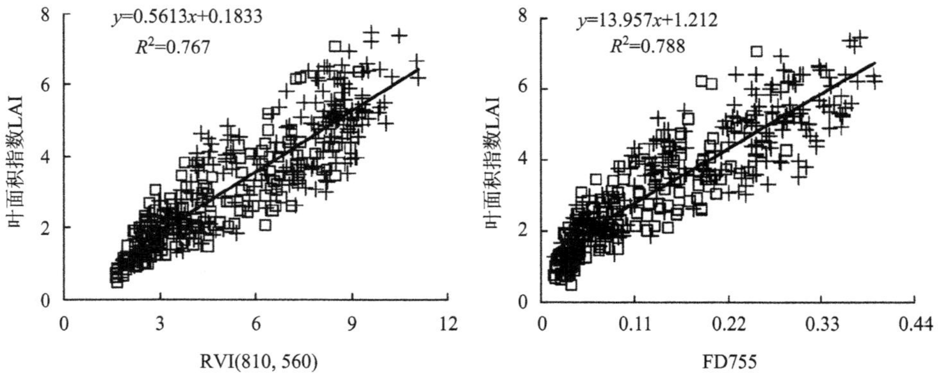

图 12-17　LAI 代表性反演模型（冯伟等，2009）

叶片重量（叶干重）也是植被冠层最基本的生物物理参数之一，其变化与 LAI 具有高度的同质性。该研究利用统一的光谱指数同样对叶干重进行了定量反演，并且拟合效果要优于 LAI。这表明对于同一植被群落，即使群体叶面积相同，其叶夹角及叶片结构均可能存在差异，同时叶片空间分布的不均衡性随生育进程也有较大差别，这些因素将直接影响叶面积指数的反演效果。近红外波段对冠层结构反应敏感，利用近红外波段与绿（红）光波段的比值可以对构建的植被指数进行标准化，尽量消除叶片结构、叶片方向及辐射角度等冠层结构的影响，同时有效突出绿（红）光等敏感波段的信息。

除了常用的数学统计方法（如最小二乘回归法、偏最小二乘法等），机器学习算法也逐渐发展并应用到了植被的物理参数反演中，如 BP 神经网络模型和深度神经网络等。物理模型方法在叶面积指数的反演中也占据着重要地位。基于物理模型的方法大多基于辐射传输理论，通过构建植被冠层的反射率模型来实现植被参数反演，有效实现了模型的迁移应用，具有更强的普适性。常见的物理模型有 PROSPECT 模型和 PROSAIL 模型。半经验模型结合多类方法，在叶面积指数反演中也具备一定优势。徐卫星等(2019)将 PROSAIL 辐射传输模型和遗传算法结合反演了 500m 和 250m 尺度下的 LAI；Kimm 等(2020)使用反演辐射传输模型和植被指数的经验模型耦合反演叶面积指数。此外，模型耦合也可以适当减少输入参数的数量，从而减少了反演的不确定误差。

12.3.2 植被覆盖度

植被覆盖度(FVC)指植被冠层在地面的垂直投影面积占统计区土壤总面积的百分比，即植土比。植被覆盖度常根据经验统计模型进行反演。

最经典的反演模型为像元二分模型，假设遥感器所测得的反射辐射 R 由两部分组成：

$$R = \mathrm{FVC} \cdot R_{\mathrm{v}} + (1 - \mathrm{FVC}) \cdot R_{\mathrm{s}} \tag{12-14}$$

式中：R_{v}、R_{s} 分别为植被、土壤的总反射辐射。则植被覆盖度 FVC 的第一种表达为

$$\mathrm{FVC}_1 = (\rho - \rho_{\mathrm{s}}) / (\rho_{\mathrm{v}} - \rho_{\mathrm{s}}) \tag{12-15}$$

式中：ρ 为所求地块或像元的总光谱反射率；ρ_{v}、ρ_{s} 分别为纯植被与纯土壤的地表反射率。

也可利用植被指数代替光谱反射率来计算植被覆盖度，适用于植被群落的叶面积指数较为均一的场景。植被覆盖度 FVC 的第二种表达为

$$\mathrm{FVC}_2 = (\mathrm{NDVI} - \mathrm{NDVI}_{\mathrm{s}}) / (\mathrm{NDVI}_{\mathrm{v}} - \mathrm{NDVI}_{\mathrm{s}}) \tag{12-16}$$

式中：NDVI 为所求地块或像元的 NDVI；$\mathrm{NDVI}_{\mathrm{v}}$、$\mathrm{NDVI}_{\mathrm{s}}$ 分别为纯植被与纯土壤的 NDVI。

类似地，计算植被覆盖度 FVC 也可利用 NDVI 的最大、最小值来代替纯植被与纯土壤的 NDVI。第三种表达为

$$\mathrm{FVC}_3 = (\mathrm{NDVI} - \mathrm{NDVI}_{\min}) / (\mathrm{NDVI}_{\max} - \mathrm{NDVI}_{\min}) \tag{12-17}$$

式中：NDVI 为所求地块或像元的植被指数；$\mathrm{NDVI}_{\max}$、$\mathrm{NDVI}_{\min}$ 分别为研究区内 NDVI 的最大、最小值。

在实际应用中，植被覆盖度(FVC)和叶面积指数(LAI)同时随时间、空间而变化，LAI 的大小会对植被覆盖度的反演精度产生影响。例如，RVI、NDVI 与植被覆盖度分别呈指数函数($y = a^x$)和幂函数($y = x^a$)关系(赵英时，2013)，而当叶面积指数较小时，两类植被指数都对 FVC 的变化不敏感。垂直植被指数 PVI 虽然与植被覆盖度呈直线相关，但其对 FVC 的感应能力同样随 LAI 的减小而降低。因此，利用统计模型反演植被覆盖度 FVC 时还需综合考虑地表反射率/植被指数与 LAI 的关系。

反演植被覆盖度 FVC 的关键问题在于对反演的区域尺度的选择。利用实测数据构建经验关系/回归模型，一般仅适用于中、小区域内的植被覆盖度反演，而基于植被指数的回归模型和机器学习方法往往可适用于更大的区域。另一关键问题在于研究区内的植被情况会直接影响植被覆盖度的反演精度和差异。例如，植被群落的分布均匀与否、植被生长的程度和状况等均会影响反演出的植被覆盖度的大小。基于像元尺度的分解法(像元二分模型)可以将像元分为植被覆盖区域和非植被覆盖区域，以图像分割、分类或混合像元分解的方式获得植被在该像元中所占的比例，进而获得植被覆盖度的具体大小，实现大尺度区域内的植被覆盖度反演。

12.3.3 植被生物量

植被生物量(biomass，BI)是指某一时刻单位面积内实存的有机物质(干重)的总量。植物组织的重量一般来源于植物光合作用所产生的干物质积累。一般说来，叶面积指数越大，植被光合作用越强，植被生物量就越高。因此对植被生物量的估测往往与叶面积指数 LAI 和植被覆盖度 FVC 相挂钩。研究表明，一个区域内的平均叶面积指数($\overline{LAI}$)和植被覆盖度(FVC)可以作为该地区植被总生物量(BI)的线性相关因子。

通过回归模型拟合植被指数与生物量的定量关系是植被生物量反演的重要研究方法之一。研究结果显示，大多数植被指数能够被用于区分大范围空间内位于 0.3～1.5m 的枝叶层生物量。其中，最常用的植被指数 NDVI 与低枝叶层有较好的相关关系，而对中高层植被生物量的敏感性稍弱。基于短波红外的暗化植被指数(darkening indexes)适用于干旱半干旱地区的植被生物量估算。暗化植被指数的本质是短波红外波段之间的数学变换，以 TM 影像数据为例，TM5/TM7、TM5+TM7、TM5−TM7 等都是常用的暗化植被指数。暗化植被指数与所有枝叶层中单个层的生物量均有较高的相关性，对草层、低枝叶层的植被生物量估算较为准确。随着 MODIS 短波红外数据的不断发展，越来越多研究开始使用暗化植被指数来估算植被总生物量，在估算精度方面也有所突破。

地面样点数据能够反映地表的真实状况，是植被参数反演过程中的重要支撑。然而，遥感像元与地面样点具有不同的空间尺度，两种信息源之间该如何关联也是植被参数反演的关键问题。Anderson 等(1993)在估算半干旱区牧草地的绿色生物量时发现，遥感影像中由数个像元组成的取样区，其内部的植被指数平均值与地面样点的匹配性较差，即相关性较弱，这直接降低了对生物量的估算精度。绿度分层法是连接遥感像元与地面样点的有效方法，该方法通过设定多个阈值将植被指数(绿度)分割为不同绿度层，每一层对应多个地面观测结果的平均值，使植被指数与植被生物量之间具有强相关关系，从而准确地估算出生物量 BI。

应该指出的是，植被指数与植被生物物理参数之间的关系是复杂的，在通过植被指数定量反演植被参数时应考虑到植被指数与生物物理参数间关系受到多种因素的影响，并最终根据目标植被参数来选择一个或多个“最优”植被指数进行反演。例如，NDVI 对土壤背景敏感，适用于评估植被生物量 BI 的变化，但难以对 FAPAR 进行推算；SAVI、EVI 等虽与植被物理参数之间的关系较为可靠，但对植被群落的冠层结构十分敏感，因此在建模前应注意引入地表土地覆盖类型等先验知识(Gao et al.，2000)。

12.3.4 叶绿素含量

叶绿素是植物进行光合作用的主要色素，在光合作用的光吸收过程中发挥着核心作用。当植被处在生长阶段初期，叶片生长增大，叶片内叶绿素含量持续增多，植被对蓝红光的吸收作用不断增强，在近红外波段的反射率逐渐升高，因此植被指数随着叶绿素含量的增多而增大，两者几乎呈直线相关。当叶绿素含量增加到一定程度后，叶片辐射能吸收率接近饱和，反射率变化减弱，此时叶绿素含量变化对植被指数的影响较小，因而植物的叶绿素含量在生长旺季较难区分。

由于植被覆盖度(植土比)的差异，不同植被的叶绿素含量拟合曲线存在不同。常用的叶绿素含量表达模型为

$$G_1 = \rho_{NIR} / \rho_R = RVI \tag{12-18}$$

$$G_2 = \sqrt{\rho_{NIR} / \rho_R} = \sqrt{RVI} \tag{12-19}$$

$$G_3 = \sqrt{(\rho_{NIR} - \rho_R) - (\rho_{NIR} + \rho_R)} = \sqrt{NDVI} \tag{12-20}$$

$$G_4 = \sqrt{\frac{\rho_{NIR} - \rho_R}{\rho_{NIR} + \rho_R} + 0.5} = \sqrt{NDVI + 0.5} \tag{12-21}$$

$$G_5 = \rho_{NIR} / \rho_R^{\ 2} \tag{12-22}$$

式中：ρ_{NIR} 和 ρ_R 为近红外和红光波段的地表反射率。

图 12-18 显示了上述 5 种叶绿素含量表达模型和小麦真实叶绿素含量的时间剖面曲线。可以看出，G_5 模型与小麦叶绿素含量十分贴合。大豆相较于小麦，其叶片封垄较早，叶内叶绿素含量几乎不受土壤的影响，可以选择利用 NDVI 来建立叶绿素的估算模型。实验证明：G_3 反映大豆叶绿素含量的效果最佳。而对于植被冠层，其叶绿素含量通常与“红边”拐点对应的反射光谱值有关。此外，叶绿素含量还受叶面积指数 LAI、观测方向、下垫面反射和冠层结构等因素的影响。因此，在推算森林植被冠层叶绿素含量时，需要通过 BRDF 模型求解冠层反射，充分考虑多种因素。

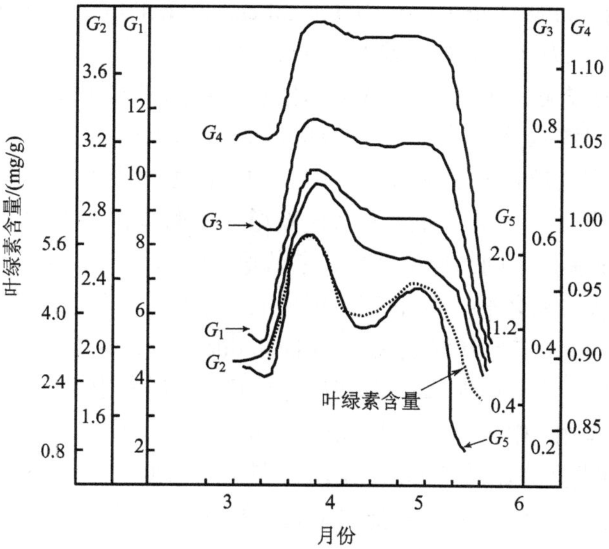

图 12-18 小麦光谱组合模型和叶绿素含量的时间剖面曲线(张仁华，1996)

PROSPECT 模型是经典的叶片辐射传输模型，属于物理模型反演方法。PROSPECT 模型以叶片内部结构变量、叶片叶绿素含量、叶片干物质含量和叶片水分厚度作为主要参数，模拟了叶片的内部结构和叶片表面，在叶片叶绿素含量反演中起到了重要作用。SAIL 模型则是最早的冠层模型之一，可用于植被冠层叶绿素含量的反演。Baret 等(1992)首次将 SAIL 模型与 PROSPECT 模型结合，提出 PROSAIL 叶片-冠层模型。Le 等(2008)以 PROSPECT 模型和 PROSAIL 模型为基础，反演了叶片和冠层的叶绿素含量。在近些年的研究中，多模型集合的方法也在叶绿素含量反演中得到了广泛的应用。例如，Lunagaria 和 Patel(2019)发现反射率数据与 PROSAIL 模型耦合检索可以更精确地估算叶绿素含量。

12.3.5 植被总初级生产力

植被总初级生产力(GPP)表示植被在单位时间内通过光合作用固定的光合产物总量或有机碳总量，又称总第一性生产力或总生态系统生产力。GPP 的定量估计方法主要有经验统计模型和物理模型。

经验统计模型主要分为统计模型和遥感数据驱动的经验参数模型。最初的统计模型借助时空连续的植被指数资料，直接建立其与植被生产力间的相关关系，从而进行 GPP 估算。随着植被指数的饱和性、背景复杂性等问题的凸显，综合使用遥感数据(植被指数或叶面积指数)、涡度相关信息和其他环境因子(温度、降水等)，利用相对复杂的统计方法(如模型树或神经网络)或半经验回归模型构建回归参数向量，成为植被生产力估算和模拟的重要手段。统计模型所建立的经验方程受限于建模的时间和研究区，对完全不同的环境条件进行外推的能力较低。

遥感数据驱动的经验参数模型又可以分为两类。一种是利用遥感叶面积指数将 Farquhar 光合作用模型从叶片水平扩大到冠层，然后扩大到区域或全球尺度。另一种是利用时间序列遥感信息，借助气象驱动数据以及光能利用率进行空间连续的植被生长模拟。基于光能利用率的植被生产力估算模型有 CASA(carnegie-ames-stanford approach)、MODIS-GPP(moderate-resolution imaging spectroradiometer-gross primary production)、EC-LUE(eddy correlation-light utilization efficiency)和 VPM(vegetation photosynthesis model)等，不同模型遵循的原理相同但采用不同的公式和参数化方案，如最重要的潜在光能利用率在几个代表模型中存在较大差异。

物理模型主要指生态过程模型，是从植物生长过程的机理出发，利用二氧化碳同化过程与气温、太阳辐射、土壤水分、叶片养分等环境因子之间的生理关系模拟植物光合作用和呼吸作用，建立相关模型反演植被总初级生产力。如今，生理生态过程模型已经被广泛用于模拟整个生态系统的生产力，对于研究生态系统碳循环平衡过程有着重要意义。然而，GPP 对 CO_2 和气候变化十分敏感，不同的模型结构、参数值、胁迫输入(如温度、水分胁迫)以及生物量和土壤碳库的初始状态都会干扰 GPP 模型模拟的时空模式，导致结果存在较多的不确定性。

此外，近些年基于日光诱导叶绿素荧光(solar-induced chlorophyll fluorescence, SIF)的 GPP 估算模型逐渐兴起。SIF 是植物内部叶绿素吸收太阳能量后发出的一种长波信号，可以快速、无损地反映植物光合作用，相关研究表明 SIF 与 GPP 存在显著的相关关系(Gao et al., 2021)。基于 SIF 的 GPP 经验模型相比其他 GPP 反演模型更加简便、直接，模型过程清晰；基于 SIF 的 SCOPE 过程模型已广泛应用于耦合全球生态植被的动态模型，目前作为 FLUXNET 团队利用通量站点观测数据估测辐射传输过程的主要模型工具之一。

12.4 植被物候提取

植被物候就是指植物与环境要素在相互作用过程中所形成的具有规律性周期的自然现象。当植被处于生长发育的不同阶段(发芽—生长—衰老)，从其生理、外形、结构到化学、物理、生物性质均会发生一系列周期性的变化，其光谱特征也会随之改变。由于这种变化是以季节为循环周期的，故又将植被物候称为植物季相节律。不同植被类型的季相变化特征有着较大差异。例如，温带落叶阔叶林的外观随季节变化十分明显，春季叶片开始生长，在夏天枝叶繁茂，达到生物量的峰值，于秋冬季节又全部脱落。亚热带常绿阔叶林的叶片虽无整体脱落的情况，群落表面常年维持绿色，但内部却有着更加精细的循环特征，其叶片会先后衰老、脱落，而整体外观保持常绿。对于农作物植被，物候期常常又被称为农事历，具体包括耕作、播种、发芽、生长、成熟、收获、休耕等。作物的农事历受其本身生长特点、气候类型、耕作方式、农作习惯等因素的综合影响，全球不同地区、不同作物均有其自身的农事周期。表 12-4 总结了我国各大区的农耕期和主要作物(冬小麦、玉米、棉花)的农事历情况。

表 12-4 中国各大区的农耕期和主要作物农事历(萧鈢和寇有观，1987)

(a)中国各地的生长期(日/月)

地区	始日	终日
东北西北部：内蒙古锡林郭勒盟	1/5 以后	1/10 以前
东北其他部分，华北北部，内蒙古，北疆	1/4～1/5	1/10～1/11
大连、北京、陕北一线以南，杭州、武汉、汉中一线以北，南疆	1/3～1/4	1/11～1/12
江南其他部分	1/2～1/3	1/12～1/1
福州、桂林、昆明一线以南	全年	—

(b)各地农耕起止日期(日/月)

地区	始日	终日
东北北部：内蒙古东部，新疆北部，青藏高原大部	1/4 以后	1/11 以前
华北北部：东北南部，晋陕高原，南疆，甘，宁，藏南河谷	1/3～1/4	1/11～1/12
华北平原、江淮平原，泾渭谷地	1/2～1/3	1/12～1/1
长江汉水以南，浙江、闽北、皖南、赣北、湘北、黔、川	1/1～1/2	1/12～1/1
南岭以南	全年	—

(c)棉花物候期(旬/月)

地区	出苗—现蕾	现蕾—开花	开花—吐絮	吐絮以后
西北	中/5～中、下/6	下/6～中/7	下/7～上/9	中/9～上/11
华北	上/5～上、中/6	中/6～上/7	中/7～下/8	上/9～中/11
华中、华东	下/4～中/6	下/6～上/7	中/7～下/8	上/9～下/11

(d)冬小麦物候期(旬/月)

地区	播种—分蘖	分蘖—越冬	返青—拔节	拔节—抽穗	抽穗—成熟
华北南部、关中盆地	上/10～上/11	中/11～12	上/3～下/3	上/4～下/4	上/5～下/6
华北北部	下/9～下/10	上/11	上/4	中/4～上/5	中/5～中/6
西北	中、下/9～中、下/10	上/11	上/5	中/5～上/6	中/6～上/7
长江沿岸	下/10～上/12	中/12	中/3	下/3～中/4	下/4～下/5
长江以南	中/11～中/12	下/12	下/2	上/3～上/4	中/4～中/5

(e)玉米物候期(旬/月)

作物	地区	播种—出苗	拔节—抽穗	抽穗—灌浆	腊熟—收获	全生长季
春玉米	东北	上/5～中/5	下/7	中/8	上/9	上/5～上/9
	华北	下/4～上/5	中/7	上/8	上/9	下/4～上/9
	西北内陆、南疆	中/4～下/4	中/7		上、中/9	中/4～上、中/9
	北疆	上/5～中/5	下/7		上、中/9	中/5～上、中/9
	西南高原	下/4			下/9	下/4～下/9
夏玉米	华北	中/6～下/6	下/7		中/9	中/6～中/9
	长江流域	下/6	中/8		中/9	下/6～中/9
	西南高原	下/5～上/6	上/8		上/10	下/5～上/10

植物物候信息就是依据植物生长节律的季节性和年际变化所提取出的物候关键特征，而植被光谱随物候所发生的相应变化成为遥感物候监测的重要基础。基于遥感的植被物候监测主要以时间序列植被指数作为植被生长状况的特征指示器，在常用的植被指数中以归一化植被指数(NDVI)和增强型植被指数(EVI)应用最为广泛。

12.4.1 时序植被指数重构技术

植被物候参数的提取基于时间序列的遥感植被指数数据。由于时间序列中遥感影像的获取时间不同，云和气溶胶等天气状况、传感器性能、卫星观测条件等多方面的差异都会对数据的获取造成干扰，使得植被指数时间序列中掺杂有明显的噪声，曲线呈现不规则的异常波动，导致无法直接进行信息提取。因此，在提取植被物候参数前有必要对时间序列植被指数数据进行去噪和平滑，又称植被指数序列重构。

植被指数序列重构方法根据技术原理可主要分为滤波法和函数拟合法。其中，滤波方法包括时域滤波和频域滤波。时域滤波又称经验平滑法，是一种局部处理的重构方法。具体指基于先验知识或假设，在给定大小的局部时间窗口内对时序数据中的噪声进行处理。选择的时间窗口大小通常会对最终的滤波效果有较大影响。频域滤波又称数据变换法，是一种全局处理的方法。具体指通过数学运算将时间序列数据分解为周期性、趋势性成分和不规则成分(噪声)，又或者将数据从时间域转换到频率域，从而区分出低频部分和高频部分(噪声)，最终利用低通滤波器去除噪声。函数拟合方法则要借助植被本身的生长曲线，在植被发芽、展叶、开花、成熟、落叶的过程中，植被生产力、叶面积指数等植被生物物理参数和植被指数均先后呈现 S 形生长曲线和倒 S 形生长曲线(图 12-19)。函数拟合就是采用某种形式的数学函数对植被指数序列进行拟合，结合最小二乘法等不断逼近植被生长的时间序列轨迹，从而实现数据的平滑和去噪。同样，函数拟合方法存在局部拟合和全局拟合之分，其中经过局部拟合的曲线需要一个整体函数将它们连接起来以构成最终的拟合曲线。常用的具体序列重构方法见表 12-5。

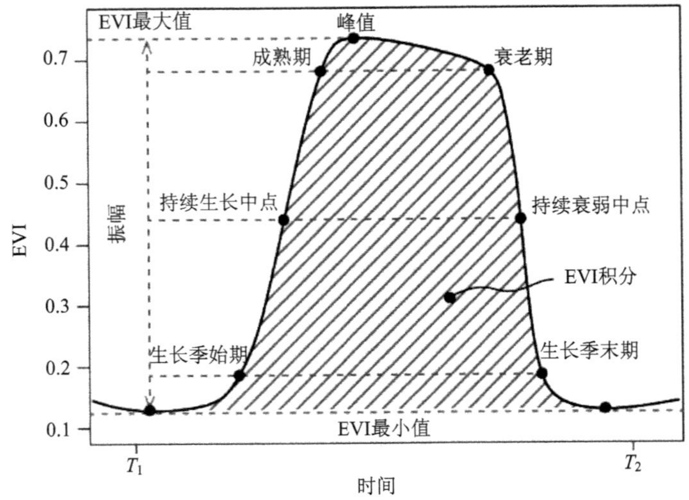

图 12-19　EVI 随时间的变化过程

表 12-5　常用的时间序列植被指数重构方法

方法分类		常用方法
滤波法	经验平滑法	Savitzky-Golay (S-G) 滤波法、滑动中值/均值滤波法、时间窗口、线性内插法、迭代插值数据重构法、最佳指数斜率提取法
	数据变换法	基于傅里叶/小波变换的频域低通滤波法、经验模态分解法、时间序列谐波分析法
函数拟合法		非对称高斯函数、双 Logistic 函数、分段 Logistic 函数、多项式拟合、局部调整三次样条法

12.4.2　植被物候参数提取方法

在重构后的时序植被指数曲线基础上，可以利用数学算法提取描述植被生长关键物候期的特征节点，实现植被物候指标的获取，包括植被生长季开始(start of growth season，SOS)、生长季结束(end of growth season，EOS)和生长季长度(growth season length，GSL)等。下面来介绍常用的植被物候参数提取方法。

1. 阈值法

阈值法是出现最早、应用最为广泛的一种方法，其利用植被指数达到某一阈值时所对应的日期确定植被物候期。根据阈值的设定类型不同，可分为固定阈值法、动态阈值法、多参量阈值法和累积频率法。

固定阈值法顾名思义，即选用唯一的恒定数值来确定植被物候参数。例如，Justice 等(1985)首先将 NDVI=0.099 作为所有植被类型生长季开始的阈值，成为诸多研究工作的理论基础。然而不同的植被类型和多变的生态环境条件，固定阈值逐渐局限于小尺度的区域研究，其迁移性与普适性较差。因此，为了克服固定阈值法的缺陷，人们逐渐发展了动态阈值法和多参量阈值法。动态阈值法又称相对阈值法，例如，将 NDVI 最大值和最小值间差值的 10%作为阈值。季节中点法(seasonal medial nodes，SMN)是另一类动态阈值设定思路，常将植被冠层叶片生长及衰败的最快阶段或逻辑斯谛(Logistic)生长曲线在春季上升和秋季下降最快时期对应的点值作为每年生长季开始和结束的阈值。动态阈值法使阈值能够根据研究对象的具体情况发生变化，在不同像元(不同区域)和不同年份之间具有更加稳定的物理意义和更强的阶段针对性。多参量阈值法则是通过在多个参数上构建约束条件来减小单参数波动造成的误差。累积频率法是一种特殊的阈值方法。首先基于地面物候观测数据，通过物候累计频率分布来确定样区内植物群落生长季节的起止日期，此时与日期相对应的植被指数数值即为该区阈值；随后再将阈值外推至相似植物群落的所在区域。累积频率法的本质是遥感技术方法与观测数据的有机结合，但该过程需要大量的地面物候观测数据支撑，因此无法在缺少地面物候观测数据时使用。

2. 拟合法

拟合法在植被物候参数提取中的应用与在序列重构阶段类似，是近几年发展较快的物候提取方法，广泛应用于全球范围的植被遥感物候产品生产。MODIS 物候产品(MODIS global land cover dynamics product)是覆盖全球的遥感物候产品，主要使用了 Logistic 函数法。分段式 Logistic 拟合法将植被生长周期分为生长阶段和衰老阶段，并在两个阶段内分别进行 Logistic 拟合，根据拟合曲线的曲率来确定植被物候期，包括变绿期、成熟期、衰落期和休眠期。北美碳计划(North American Carbon Program，NACP)物候产品是覆盖美国本土的遥感物候产品，主要使用了非对称高斯函数法。非对称高斯函数的拟合曲线与原始 NDVI 数据的上包络线最为接近，与原始曲线的整体特征也更为吻合。TIMESAT（Time-Series of Satellite Sensor Data Tool）是目前应用最为广泛的时间序列卫星数据分析软件，其内部提取算法也采用了非对称高斯函数法。综合来看，拟合法不需要经验性的限制条件，且能够有效去除噪声干扰，是目前主流的遥感物候提取方法。拟合法的缺点在于要对平滑模型函数进行筛选，模型函数的拟合精度将直接影响物候特征的提取精度。

3. 曲线特征法

延迟滑动平均法（delayed moving average，DMA）和最大斜率法是曲线特征法的典型代表。最大斜率法认为植物于返青期起点开始迅速生长，植被指数急剧升高；叶片在休眠期起点开始脱落，植被指数迅速减小。只要找出拟合曲线中斜率最大和最小的点即可确定返青起始期和休眠起始期。该方法对时序植被指数数据质量的要求较高，易受到噪声或由植被受灾等引起的异常点的影响。美国地质调查局（USGS）物候产品是覆盖美国本土的遥感物候产品，主要使用了延迟滑动平均法进行反演。该方法基于自回归滑动平均模型，通过对比植被指数序列曲线与滑动平均曲线来反映植被实际生长状况偏离既定趋势的程度。与最大斜率法类似，延迟滑动平均法同样认为植被指数时间序列数据的突增点代表植被开始进行显著的光合作用，即植被生长季的起点。滑动平均时间间隔是延迟滑动平均法的关键参数，不同植被类型需要结合各自的生长季长度来确定间隔大小。

4. 数学分析法

数学分析法是利用数学模型或数学变换手段提取植被物候信息，代表方法有主成分分析法，包括奇异值分解法（singular value decomposition）和经验正交函数分析法（empirical orthogonal function）。主成分分析法基于贡献率最大的第一分量的变化特征来估测植被物候，而当第一分量的方差贡献率偏小时，该方法的应用会受到限制。此外，数学分析法还包括傅里叶谐波分析法（包括时间序列谐波分析法、季节趋势叠加分解法）和经验公式法等。

12.4.3　植被物候指标提取精度的影响因素

植被物候指标提取精度的影响因素主要在于遥感数据源和物候提取方法两个方面。

1. 遥感数据源

1）时间间隔

植被物候遥感监测数据源的时间间隔通常指遥感影像的时间分辨率，对植被物候参数的精度有较大影响。以基于 MODIS EVI 数据的 Logistic 算法为例，当遥感影像的缺失数据出现在植被生长季起点附近时会大幅降低植被物候监测的精度。有研究指出当生长起点日期附近存在一个缺失数据时，相对误差达到 4%；当生长起点日期附近存在两个缺失数据时，相对误差高达 20%（Zhang et al.，2009）。对于多数植被类型，时间间隔越短越有利于植被物候的提取；而对于季节变化较弱的常绿阔叶林、开放灌丛等，可适当放低对时间间隔的要求（Li et al.，2021）。MODIS、AVHRR 等传感器虽然可提供时间分辨率为 1d 的数据，但受云、气溶胶、传感器物理器件故障等因素影响，无法得到 1d 时间分辨率的全覆盖数据源。因此，遥感物候监测通常采用多天合成影像作为监测数据源，如 MODIS 8d（MOD09A1）、16d（MOD13Q1）、30d（MOD13A3）的合成影像和 SPOT VGT S10 的 10d 合成数据等，通过时间插值算法将多天合成数据插值到日尺度再提取物候指标。另一种缩短遥感数据源时间间隔的有效方法是基于多源遥感数据，利用各种算法合成高时间分辨率的遥感观测数据源。由不同的时间插值方法或不同合成算法得到的高时间分辨率数据源都会对植被物候遥感监测的结果造成直接影响，在使用时有必要对算法和数据的选择进行谨慎评估。

2）空间分辨率

空间分辨率对植被物候指标提取精度的影响主要体现在验证阶段，即卫星遥感物候提取结果在与地面物候站或通量站观测结果进行对比时会受到观测空间尺度的影响。当卫星数据的空间分辨率较低时，一个像元可能包含了多种类型的植被，像元的植被指数数值代表了其内部所有植物的平均生长状况。此时从低空间分辨率卫星图像中提取的物候参数指标可以代表该像元内植被物候的整体情况，但不能简单地等于同一区域内不同植被的物候指标平均值，这是由植被物候事件的度量标准所导致的。在多数情况下，由于空间覆盖范围和物候事件定义的差异，传统的野外物候观测结果不能直接作为遥感物候监测数据的校验数据，仅可以在像元内部均一时使用（如农田）。

空间升尺度（up-scaling）技术可以在一定程度上解决空间观测和地面观测之间的空间尺度差异问题。空间升尺度技术可以有多种方式，例如，将植被物候指标转换为可比的景观物候指数，以便于验证中低分辨率遥感物候产品的有效性。例如，Zhang 等（2017）提出了百分位聚集法，具体指低空间分辨率像元中生长季起点的提取结果主要由高分辨率遥感数据中生长季起点较早的像元决定，当高分辨率影像中植被生长像元达到一定比例时，低分辨率影像便开始展现类似性质，从而使不同分辨率物候监测结果的对比成为可能。

一般来说，对局部地区的小尺度植被物候监测应尽可能选择空间分辨率较高的卫星图像，对大陆或全球尺度的研究可适当放宽对遥感监测数据源空间分辨率的要求。相对光学遥感影像，微波影像能够实施全天候监测，可穿透植物冠层获取下层植被物候信息。然而，微波辐射计数据的空间分辨率普遍偏低，一般多用于大区域或全球尺度的植被物候监测。

2. 物候提取方法

除遥感数据的时间和空间分辨率外，植被物候提取技术方法也对结果具有重要影响。不同监测方法的原理不同，计算得到的物候参数值会有一定差异。Zhu 等（2019）基于 MOD09A1 和 MOD13A 两个常用的 MODIS NDVI 数据集，利用非对称高斯函数阈值法、双 Logistic 函数法和分段 Logistic 函数法对青藏高原草地进行了不同时间分辨率的物候提取。结果表明，双 Logistic 函数法可以最大限度地减少 SOS 和 EOS 在两个时间分辨率数据集之间的提取差异，非对称高斯法则是减小 GSL 差异的更好选择。Zhang 等（2020）将 2 种拟合方法（Savitzky-Golay 滤波和双 Logistic 函数）与 3 种物候参数测定方法（季节振幅、绝对值和季节趋势分解）结合，利用不同阈值划分了 18 种方法组合对中国植被 SOS、EOS 和 GSL3 个关键物候参数进行提取。结果表明，不同方法组合在不同物候参数提取中的适用性不同，其在 SOS、EOS 和 GSL 提取中的表现差异可分别达到 44.73d、35.79d 和 37.38d。

当前，植被物候遥感提取方法的精度和表现不尽相同，很难从现有方法中挑选出对所有数据源和植被类型等均具有普适性的统一算法。综上分析，未来的植被物候遥感监测方法研究应考虑采用差异化反演策略，针对不同植被类型、不同数据源选用不同算法，或者采用多种算法进行对比反演，从而构建出适应性更强、整体精度更高的算法。

12.4.4　植被物候信息提取软件

植被物候信息提取往往离不开对高分辨率遥感影像和长时间序列的编程处理。为了满足研究人员多样的现实需求，更便捷地为研究应用领域提供数据和信息服务，TIMESAT、SPIRITS 和 DATimeS 等植被物候信息提取软件包逐渐得到发展。由瑞典隆德大学开发的 TIMESAT 是目前用户认可度最高、应用最为广泛的物候信息提取软件。

TIMESAT 最初用于专门处理 AVHRR NDVI 时间序列，并从数据中提取物候信息。发展至今已经能够处理不同类型的遥感时间序列，如不同时间分辨率的 MODIS 数据。在经历多次数据类型扩充和功能优化后，TIMESAT 不仅提高了对 MODIS 和 AVHRR 卫星产品的物候信息提取精度，还能应用于处理气象数据、火灾数据和涡动协方差碳通量数据等。TIMESAT 对植被物候信息的提取通过函数拟合来实现，主要包括数据准备、数据处理和后处理 3 个模块(图 12-20)。

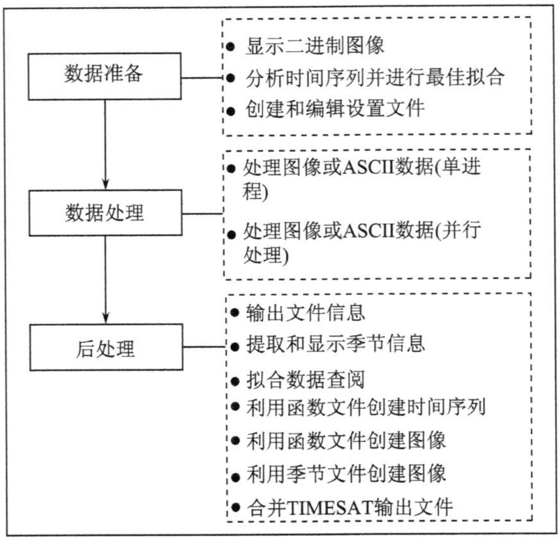

图 12-20　TIMESAT 处理流程(钞振华等，2021)

具体来说，第一步首先定义季节的数量及其大致的时间范围；第二步进行数据重构和拟合，其中数据重构通过自适应 S-G 滤波实现，函数拟合则主要采用非对称高斯拟合法和双 Logistics 拟合法，整个拟合过程又包括区间提取、局部拟合和整体连接 3 个步骤；第三步提取出物候参数并将其写入输出文件。TIMESAT 可提供的物候参数如图 12-21 所示。其中，“生长季开始/结束”代表植被开始/结束生长的时间，在拟合函数中一般为植被数值增加或下降一定数值所对应的时间点位；“生长季长度”为植被开始生长到结束生长之间的时间间隔；“基值”为生长季曲线两侧两个最低数值间的平均值；“生长季中点”代表生长季中期所对应的时间点位；“生长季峰值”为生长季内植被曲线的最大值；“振幅”为生长季峰值与基值间的差值；“小积分值”为拟合函数与基值间的区域面积，可代表植被的季节性变化，对于常绿植被区一般较小；“大积分值”为拟合函数与零值间的区域面积，可代表植被总量(Jönsson and Eklundh，2004)。

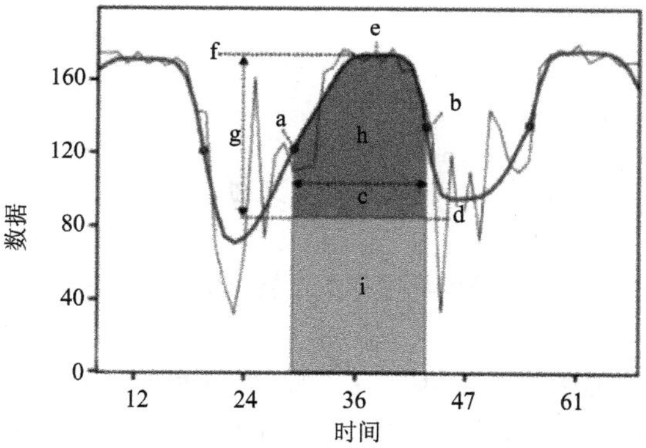

图 12-21　TIMESAT 生成的物候参数

a. 生长季开始，b. 生长季结束，c. 生长季长度，d. 基值，e. 生长季中点，f. 生长季峰值，g. 振幅，h. 小积分值，h+i. 大积分值

思 考 题

1. 简述植被叶片的光谱特征和冠层的光谱特征及其各自的影响因素。
2. 解释植被的红边位移现象和用处。
3. 列举出不少于三种植被指数，解释其构建的原理和用途。
4. 什么是植被的参数反演，反演的基本方法有哪些？
5. 时间序列植被指数重构的目的是什么？常用的方法有哪些？
6. 常用的植被物候参数提取方法有哪些？影响植被物候参数提取的因素有哪些？

主要参考文献

柏军华, 李少昆, 王克如, 等. 2007. 棉花叶面积指数冠层反射率光谱响应及其反演. 中国农业科学, (1): 63-69.

曹飞, 穆宝慧, 徐丹, 等. 2020. 遥感技术在环境变化监测中的应用进展. 环境与可持续发展, 45(2): 96-99.

钞振华, 车明亮, 侯胜芳. 2021. 基于时间序列遥感数据植被物候信息提取软件发展现状. 自然资源遥感, 33(4): 19-25.

陈齐, 李新通. 2015. Landsat 8 OLI 影像新增特征对土地覆盖遥感分类的影响分析. 亚热带资源与环境学报, 10(3): 79-86.

陈述彭. 1990. 遥感大辞典. 北京: 科学出版社.

陈仲新, 任建强, 唐华俊, 等. 2016. 农业遥感研究应用进展与展望. 遥感学报, 20(5): 748-767.

杜培军. 2006. 遥感原理与应用. 北京: 中国矿业大学出版社.

范一大, 吴玮, 王薇, 等. 2016. 中国灾害遥感研究进展. 遥感学报, 20(5): 1170-1184.

方臣, 胡飞, 陈曦, 等. 2019. 自然资源遥感应用研究进展. 资源环境与工程, 33(4): 563-569.

封志明, 刘玉杰. 2004. 土地资源学研究的回顾与前瞻. 资源科学, (4): 2-10.

冯伟, 朱艳, 姚霞, 等. 2009. 基于高光谱遥感的小麦叶干重和叶面积指数监测. 植物生态学报, 33(1): 34-44.

冯学智, 肖鹏峰, 赵书河, 等. 2011. 遥感数字图像处理与应用. 北京: 商务印书馆.

傅伯杰, 刘焱序. 2019. 系统认知土地资源的理论与方法. 科学通报, 64(21): 2172-2179.

高海亮, 顾行发, 余涛, 等. 2010. 星载光学遥感器可见近红外通道辐射定标研究进展. 遥感信息, (4): 117-128.

高志强, 刘纪远. 2000. 基于遥感和 GIS 的中国土地潜力资源的研究. 遥感学报, (2): 136-140.

郝小鹏, 宋健, 孙建平, 等. 2015. 风云卫星的红外遥感亮度温度国家计量标准装置. 光学精密工程, 23(7): 1845-1851.

何春阳, 张金茜, 刘志锋, 等. 2021. 1990—2018 年土地利用/覆盖变化研究的特征和进展. 地理学报, 76(11): 2730-2748.

胡如忠, 刘雪萍, 楚良才, 等. 2015. 国产遥感卫星进展与应用实例. 北京: 电子工业出版社.

黄春林, 李新. 2001. HDF-EOS 数据格式在处理空间数据中的应用. 遥感技术与应用, (4): 252-259.

黄建荣, 孙启花, 刘向东. 2010. 稻纵卷叶螟危害后水稻叶片的光谱特征. 中国农业科学, 43(13): 2679-2687.

贾臣, 孙林, 陈允芳, 等. 2020. 深度置信网络算法反演 Landsat 8 OLI 气溶胶光学厚度. 遥感学报, 24(10): 1180-1192.

贾海峰, 刘雪华, 等. 2006. 环境遥感原理与应用. 北京: 清华大学出版社.

贾利. 2005. 东北黑土带土地资源可持续发展问题与对策研究. 中国农学通报, (4): 352-354.

蒋兴伟, 何贤强, 林明森, 等. 2019. 中国海洋卫星遥感应用进展. 海洋学报, 41(10): 113-124.

景毅刚, 李登科, 张树誉. 2005. HDF-EOS 数据格式及其数据导入. 气象科技, (3): 278-282, 288.

黎夏. 1992. 悬浮泥沙遥感定量的统一模式及其在珠江口中的应用. 环境遥感, (2): 106-114, 166.

李丹, 吴保生, 陈博伟, 等. 2020. 基于卫星遥感的水体信息提取研究进展与展望. 清华大学学报(自然科学版), 60(2): 147-161.

李德仁, 沈欣. 2005. 论智能化对地观测系统. 测绘科学, (4): 9-11, 3.
李德仁, 沈欣, 李迪龙, 等. 2017. 论军民融合的卫星通信、遥感、导航一体天基信息实时服务系统. 武汉大学学报(信息科学版), 42(11): 1501-1505.
李贺丽, 罗毅, 薛晓萍, 等. 2011. 冬小麦冠层对入射光合有效辐射吸收比例的估算方法评价. 农业工程学报, 27(4): 201-206.
李万彪. 2014. 大气遥感. 北京: 北京大学出版社.
李小文. 2008. 遥感原理与应用. 北京: 科学出版社.
李苑溪, 陈锡云, 罗达, 等. 2018. 铜胁迫下玉米叶片反射光谱的红边位置变化及其与叶绿素的关系. 光谱学与光谱分析, 38(2): 546-551.
林明森, 何贤强, 贾永君, 等. 2019. 中国海洋卫星遥感技术进展. 海洋学报, 41(10): 99-112.
刘丹丹, 张玉娟. 2016. 遥感数字图像处理. 哈尔滨: 哈尔滨工程大学出版社.
刘东蔚, 孙冰, 陈勇, 等. 2014. 深圳市 10 种彩叶植物高光谱特征分析. 南京林业大学学报(自然科学版), 38(2): 111-116.
刘洪来, 鲁为华, 陈超. 2011. 草地退化演替过程及诊断研究进展. 草地学报, 19(5): 865-871.
刘琼梅, 曾敏, 龙巧云. 2011. 遥感图像格式的分析与应用. 湖南工业大学学报, 25(2): 72-76.
刘瑞, 朱道林. 2010. 基于转移矩阵的土地利用变化信息挖掘方法探讨. 资源科学, 32(8): 1544-1550.
刘玉洁, 杨忠东, 等. 2001. MODIS 遥感信息处理原理与算法. 北京: 科学出版社.
娄全胜, 张纯超, 邓伟, 等. 2021. 基于半分析算法的海岸带和内陆水体悬浮物浓度遥感估算. 光学学报, 41(19): 33-42.
吕春光. 2015. 卫星紫外遥感的大气对流层臭氧浓度反演方法研究. 南京: 南京大学博士学位论文.
吕达仁, 王普才, 邱金桓, 等. 2003. 大气遥感与卫星气象学研究的进展与回顾. 大气科学, (4): 552-566.
马永明, 张利华, 翟宏宇, 等. 2021. 基于 MODIS 数据的堵河流域生态指数变化及与气候因子的相关性分析. 长江流域资源与环境, 30(8): 1890-1900.
梅安新, 彭望琭, 秦其明, 等. 2001. 遥感导论. 北京: 高等教育出版社.
潘红播, 张过, 唐新明, 等. 2013. 资源三号测绘卫星传感器校正产品几何模型. 测绘学报, 42(4): 516-522.
浦瑞良, 宫鹏. 2000. 高光谱遥感及其应用. 北京: 高等教育出版社.
秦其明, 游林, 赵越, 等. 2012. 基于二维光谱特征空间的土壤线自动提取算法. 农业工程学报, 28(3): 167-171.
邱金桓, 陈洪滨, 王普才, 等. 2005. 大气遥感研究展望. 大气科学, (1): 131-136.
石希, 孙健, 史立地. 2021. 基于 Landsat 卫星遥感资料的河流水温反演研究. 水力发电学报, 40(2): 121-130.
史培军. 2000. 土地利用/覆盖变化研究的方法与实践. 北京: 科学出版社.
史舟, 梁宗正, 杨媛媛, 等. 2015. 农业遥感研究现状与展望. 农业机械学报, 46(2): 247-260.
苏大学, 张自和, 陈佐忠, 等. 2003. 中国天然草地退化、沙化、盐渍化分级指标的商榷: GB 19377—2003. 北京: 中国标准出版社.
眭海刚, 冯文卿, 李文卓, 等. 2018. 多时相遥感影像变化检测方法综述. 武汉大学学报(信息科学版), 43(12): 1885-1898.
孙家抦. 2003. 遥感原理与应用. 武汉: 武汉大学出版社.
谈小生, 葛成辉. 1995. 太阳角的计算方法及其在遥感中的应用. 国土资源遥感, (2): 48-57.
汤国安, 刘学军, 闾国年. 2005. 数字高程模型及地学分析的原理与方法. 北京: 科学出版社.
汤国安, 张友顺, 刘咏梅, 等. 2004. 遥感数字图像处理. 北京: 科学出版社.
唐军武, 田国良. 1997. 水色光谱分析与多成分反演算法. 遥感学报, (4): 252-256.

唐克丽. 2000. 黄土高原水蚀风蚀交错区治理的重要性与紧迫性. 中国水土保持, (11): 13-14, 19, 44.
唐怡, 刘良云, 黄文江, 等. 2006. 土壤背景对冠层NDVI的影响分析. 遥感技术与应用, (2): 142-148.
田淑芳, 詹骞. 2013. 遥感地质学. 2版. 北京: 地质出版社.
田信鹏, 孙林, 刘强, 等. 2018. 北京地区Landsat 8 OLI高空间分辨率气溶胶光学厚度反演. 遥感学报, 22(1): 51-63.
王建, 潘竟虎, 王丽红. 2002. 基于遥感卫星图像的 ATCOR2 快速大气纠正模型及应用. 遥感技术与应用, 17(4): 193-197.
王密, 杨芳. 2019. 智能遥感卫星与遥感影像实时服务. 测绘学报, 48(12): 1586-1594.
王桥. 2022. 地表异常遥感探测与即时诊断方法研究框架. 测绘学报, 51(7): 1141-1152.
王桥, 杨一鹏, 黄家柱, 等. 2005. 环境遥感. 北京: 科学出版社.
王韶飞. 2021. 空间无缝被动微波地表温度生成方法研究. 成都: 电子科技大学硕士学位论文.
王向辉. 2012. 西北地区环境变迁与农业可持续发展研究. 杨凌: 西北农林科技大学博士学位论文.
王学平. 2008. 遥感图像几何校正原理及效果分析. 计算机应用与软件, (9): 102-105.
王中挺, 李小英, 李莘莘, 等. 2016. GF-1星WFV相机的快速大气校正. 遥感学报, 20(3): 353-360.
王中挺, 厉青, 王桥, 等. 2012. 利用深蓝算法从HJ-1数据反演陆地气溶胶. 遥感学报, 16(3): 596-610.
韦修喜, 周永权. 2010. 基于ROC曲线的两类分类问题性能评估方法. 计算机技术与发展, 20(11): 47-50.
吴北婴, 李卫, 陈洪滨, 等. 1998. 大气辐射传输实用算法. 北京: 气象出版社.
项巧巧, 申广荣, 吴裕, 等. 2018. 上海典型植被夏季与冬季的光谱特征分析. 上海交通大学学报(农业科学版), 36(5): 14-21.
萧鉥, 寇有观. 1987. 物候与遥感解译. 遥感信息, (3): 14-17.
徐涵秋. 2005. 利用改进的归一化差异水体指数(MNDWI)提取水体信息的研究. 遥感学报, (5): 589-595.
徐青. 2007. 遥感影像融合与分辨率增强技术. 北京: 科学出版社.
徐瑞松, 马跃良, 陈彧. 2012. 资源环境遥感探测. 合肥: 中国科学技术大学出版社.
徐卫星, 薛华柱, 靳华安, 等. 2019. 融合遥感先验信息的叶面积指数反演. 遥感技术与应用, 34(6): 1235-1244.
闫霈, 张友静, 张元. 2007. 利用增强型水体指数(EWI)和 GIS 去噪音技术提取半干旱地区水系信息的研究. 遥感信息, (6): 62-67.
阎福礼, 吴亮, 王世新, 等. 2015. 水体表面温度反演研究综述. 地球信息科学学报, 17(8): 969-978.
杨可明. 2016. 遥感原理与应用. 徐州: 中国矿业大学出版社.
姚付启. 2012. 冬小麦高光谱特征及其生理生态参数估算模型研究. 杨凌: 西北农林科技大学博士学位论文.
张安定. 2016. 遥感原理与应用题解. 北京: 科学出版社.
张继超. 2018. 遥感原理与应用. 北京: 测绘出版社.
张静, 郭玉芳. 2012. 地理国情监测中地表覆盖分类体系研究. 测绘标准化, 28(3): 8-10.
张良培, 张立福. 2011. 高光谱遥感. 武汉: 武汉大学出版社.
张民伟, 唐军武, 丁静. 2008. 水色大气校正算法综述. 海洋技术, (3): 110-114, 126.
张仁华. 1996. 实验遥感模型及地面基础. 北京: 科学出版社.
张增祥, 汪潇, 温庆可, 等. 2016. 土地资源遥感应用研究进展. 遥感学报, 20(5): 1243-1258.
赵春江. 2014. 农业遥感研究与应用进展. 农业机械学报, 45(12): 277-293.
赵其国. 1995. 我国红壤的退化问题. 土壤, (6): 281-285.
赵英时, 等. 2003. 遥感应用分析原理与方法. 北京: 科学出版社.
赵英时, 等. 2013. 遥感应用分析原理与方法. 2版 . 北京: 科学出版社.

赵中秋，后立胜，蔡运龙. 2006. 西南喀斯特地区土壤退化过程与机理探讨. 地学前缘，(3)：185-189.

郑淑娴，黄彬彬，戴明. 2020. 水体悬浮物增加对浮游植物种群增长的影响研究. 海洋湖沼通报，(1)：143-150.

周启鸣. 2011. 多时相遥感影像变化检测综述. 地理信息世界，9(2)：28-33.

周涛，仪垂祥，Bakwin P S. 2008. 大气 CO_2 浓度变化与生物群系气候异常之间的关联分析. 中国科学(D 辑：地球科学)，38(2)：224-231.

周廷刚. 2015. 遥感原理与应用. 北京：科学出版社.

周艺，周伟奇，王世新，等. 2004. 遥感技术在内陆水体水质监测中的应用. 水科学进展，(3)：312-317.

朱宁，王浩，宁晓刚，等. 2021. 草地退化遥感监测研究进展. 测绘科学，46(5)：66-76.

朱文泉，陈云浩，徐丹，等. 2005. 陆地植被净初级生产力计算模型研究进展. 生态学杂志，(3)：296-300.

朱文泉，林文鹏. 2015. 遥感数字图像处理：原理与方法. 北京：高等教育出版社.

朱政，刘仁义，刘南. 2003. Img 图像数据格式分析及超大数据量快速读取方法. 计算机应用研究，(8)：60-61, 87.

Anderson G L, Hanson J D, Haas R H. 1993. Evaluating Landsat Thematic Mapper derived vegetation indices for estimating above-ground biomass on semiarid rangelands. Remote Sensing of Environment, 45(2): 165-175.

Baldi P, Brunak S, Chauvin Y, et al. 2000. Assessing the accuracy of prediction algorithms for classification: an overview. Bioinformatics, 16(5): 412-424.

Baret F, Guyot G. 1991. Potentials and limits of vegetation indices for LAI and APAR assessment. Remote Sensing of Environment, 35(2-3): 161-173.

Baret F, Jacquemoud S, Guyot G, et al. 1992. Modeled analysis of the biophysical nature of spectral shifts and comparison with information content of broad bands. Remote Sensing of Environment, 41(2-3): 133-142.

Bartholome E, Belward A S. 2005. GLC2000: a new approach to global land cover mapping from Earth observation data. International Journal of Remote Sensing, 26(9): 1959-1977.

Berk A, Bernstein L S, Anderson G P, et al. 1998. MODTRAN cloud and multiple scattering upgrades with application to AVIRIS. Remote Sensing of Environment, 65(3): 367-375.

Bicheron P, Defourny P, Brockmann C, et al. 2008. GlobCover: Products description and validation report. European Space Agency.Toulouse, France.

Carder K L, Steward R G, Harvey G R, et al. 1989. Marine humic and fulvic acids: Their effects on remote sensing of ocean chlorophyll. Limnology and Oceanography, 34(1): 68-81.

Carpenter G A, Gjaja M N, Gopal S, et al. 1997. ART neural networks for remote sensing: vegetation classification from Landsat TM and terrain data. IEEE Transactions on Geoscience and Remote Sensing, 35(2): 308-325.

Castleman K R. 2002. 数字图像处理. 北京：电子工业出版社.

Chen J, Chen J, Liao A, et al. 2015. Global land cover mapping at 30m resolution: A POK-based operational approach. ISPRS Journal of Photogrammetry and Remote Sensing, 103(5): 7-27.

Chen S, Cowan C F N, Grant P M. 1991. Orthogonal least squares learning algorithm for radial basis function networks. IEEE Transactions on Neural Networks, 2(2): 302-309.

Chudnovsky A, Tang C, Lyapustin A, et al. 2013. A critical assessment of high-resolution aerosol optical depth retrievals for fine particulate matter predictions. Atmospheric Chemistry and Physics, 13(21): 10907-10917.

Cohen W. 1991. Response of vegetation indices to changes in three measures of leaf water stress. Photogrammetric Engineering and Remote Sensing, 57(2): 195-202.

Crist E P, Cicone R C. 1984. Application of the tasseled cap concept to simulated thematic mapper data. Photogrammetric Engineering and Remote Sensing, 50(3): 343-352.

Dall'Olmo G, Gitelson A A. 2006. Effect of bio-optical parameter variability and uncertainties in reflectance measurements on the remote estimation of chlorophyll-a concentration in turbid productive waters: Modeling results. Applied Optics, 45(15): 3577-3592.

Dave J V, Mateer C L. 1967. A preliminary study on the possibility of estimating total atmospheric ozone from satellite measurements. Journal of the Atmospheric Sciences, 24(4): 414-427.

Deering D W. 1978. Rangeland reflectance characteristics measured by aircraft and spacecraft sensor. College Station: Texas A & M University.

Demars B O L, Manson J R. 2013. Temperature dependence of stream aeration coefficients and the effect of water turbulence: A critical review. Water Research, 47(1): 1-15.

Dinguirard M, Slater P N. 1999. Calibration of space-multispectral imaging sensors: A review. Remote Sensing of Environment, 68(3): 194-205.

Embury O, Merchant C J, Corlett G K. 2012. A reprocessing for climate of sea surface temperature from the along-track scanning radiometers: Initial validation, accounting for skin and diurnal variability effects. Remote Sensing of Environment, 116: 62-78.

Fawcett T. 2006. An introduction to ROC analysis. Pattern Recognition Letters, 27(8): 861-874.

Friedl M A, Sulla-Menashe D, Tan B, et al. 2010. MODIS Collection 5 global land cover: Algorithm refinements and characterization of new datasets. Remote Sensing of Environment, 114(1): 168-182.

Gallant S I. 1993. Neural Network Learning and Expert Systems. Cambridge: MIT Press.

Gallo K P, Daughtry C S T. 1987. Differences in vegetation indices for simulated Landsat-5 MSS and TM, NOAA-9 AVHRR, and SPOT-1 sensor systems. Remote Sensing of Environment, 23(3): 439-452.

Gao B C, Kaufman Y J. 2003. Water vapor retrievals using Moderate Resolution Imaging Spectroradiometer (MODIS) near-infrared channels. Journal of Geophysical Research: Atmospheres, 108(D13): 4389.

Gao H, Liu S, Lu W, et al. 2021. Global analysis of the relationship between reconstructed solar-induced chlorophyll fluorescence (SIF) and gross primary production (GPP). Remote Sensing, 13(14): 2824.

Gao X, Huete A R, Ni W, et al. 2000. Optical–biophysical relationships of vegetation spectra without background contamination. Remote Sensing of Environment, 74(3): 609-620.

Gillespie A R. 1992. Enhancement of multispectral thermal infrared images: Decorrelation contrast stretching. Remote Sensing of Environment, 42(2): 147-155.

Gitelson A A, Dall'Olmo G, Moses W, et al. 2008. A simple semi-analytical model for remote estimation of chlorophyll-a in turbid waters: Validation. Remote Sensing of Environment, 112(9): 3582-3593.

Gordon H R, Brown O B, Evans R H, et al. 1988. A semianalytic radiance model of ocean color. Journal of Geophysical Research: Atmospheres, 93(D9): 10909-10924.

Gordon H R, Wang M H. 1994. Retrieval of water-leaving radiance and aerosol optical thickness over the oceans with SeaWiFS: A preliminary algorithm. Applied Optics, 33(3): 443-452.

Grekousis G, Mountrakis G, Kavouras M. 2015. An overview of 21 global and 43 regional land-cover mapping products. International Journal of Remote Sensing, 36(21-22): 5309-5335.

Hansen M C, Reed B. 2000. A comparison of the IGBP DISCover and University of Maryland 1km global land cover products. International Journal of Remote Sensing, 21(6-7): 1365-1373.

Hosoda K. 2010. A review of satellite-based microwave observations of sea surface temperatures. Journal of Oceanography, 66(4): 439-473.

Hsu N C, Jeong M J, Bettenhausen C, et al. 2013. Enhanced Deep Blue aerosol retrieval algorithm: The second generation. Journal of Geophysical Research: Atmospheres, 118(16): 9296-9315.

Hsu N C, Lee J, Sayer A M, et al. 2017. Retrieving near - global aerosol loading over land and ocean from AVHRR. Journal of Geophysical Research: Atmospheres, 122(18): 9968-9989.

Hsu N C, Lee J, Sayer A M, et al. 2019. VIIRS Deep Blue aerosol products over land: Extending the EOS long - term aerosol data records. Journal of Geophysical Research: Atmospheres, 124(7): 4026-4053.

Hsu N C, Tsay S C, King M D, et al. 2004. Aerosol properties over bright-reflecting source regions. IEEE Transactions on Geoscience and Remote Sensing, 42(3): 557-569.

Hsu N C, Tsay S C, King M D, et al. 2006. Deep blue retrievals of Asian aerosol properties during ACE-Asia. IEEE Transactions on Geoscience and Remote Sensing, 44(11): 3180-3195.

Huete A R. 1988. A soil-adjusted vegetation index(SAVI). Remote Sensing of Environment, 25(3): 295-309.

Jensen J R. 2007. 遥感数字影像处理导论. 陈晓玲, 等译. 北京: 机械工业出版社.

Jia C, Sun L, Chen Y, et al. 2021. Satellite aerosol retrieval using scene simulation and deep belief network. IEEE Transactions on Geoscience and Remote Sensing, 60: 1-16.

Jiang Z Y, Huete A R, Li J, et al. 2007. Interpretation of the modified soil-adjusted vegetation index isolines in red-NIR reflectance space. Journal of Applied Remote Sensing, 1(1): 013503.

Jiménez-Muñoz J C, Sobrino J A. 2003. A generalized single - channel method for retrieving land surface temperature from remote sensing data. Journal of Geophysical Research: Atmospheres, 108(D22).

Jiménez-Muñoz J C, Sobrino J A, Skoković D, et al. 2014. Land surface temperature retrieval methods from Landsat-8 thermal infrared sensor data. IEEE Geoscience and Remote Sensing Letters, 11(10): 1840-1843.

Jönsson P, Eklundh L. 2004. TIMESAT—a program for analyzing time-series of satellite sensor data. Computers & Geosciences, 30(8): 833-845.

Justice C O, Townshend J R G, Holben B N, et al. 1985. Analysis of the phenology of global vegetation using meteorological satellite data. International Journal of Remote Sensing, 6(8): 1271-1318.

Kaufman Y J, Gao B C. 1992. Remote sensing of water vapor in the near IR from EOS/MODIS. IEEE Transactions on Geoscience and Remote Sensing, 30(5): 871-884.

Kaufman Y J, Sendra C. 1988. Algorithm for automatic atmospheric corrections to visible and near-IR satellite imagery. International Journal of Remote Sensing, 9(8): 1357-1381.

Kaufman Y J, Tanre D. 1992. Atmospherically resistant vegetation index(ARVI) for EOS-MODIS. IEEE Transactions on Geoscience and Remote Sensing, 30(2): 261-270.

Kaufman Y J, Tanre D, Remer L A, et al. 1997. Operational remote sensing of tropospheric aerosol over land from EOS moderate resolution imaging spectroradiometer. Journal of Geophysical Research: Atmospheres, 102(D14): 17051-17067.

Kim M S, Daughtry C S T, Chappelle E W, et al. The use of high spectral resolution bands for estimating absorbed photosynthetically active radiation(A par)//CNES, Proceedings of 6th International Symposium On Physical Measurements and Signatures In Remote Sensing. Val d'Lsère, France.

Kimm H, Guan K, Jiang C, et al. 2020. Deriving high-spatiotemporal-resolution leaf area index for agroecosystems in the US Corn Belt using Planet Labs CubeSat and STAIR fusion data. Remote Sensing of Environment, 239: 111615.

Kohonen T. 1988. An introduction to neural computing. Neural Networks, 1(1): 3-16.

Kruse F A, Lefkoff A B, Boardman J W, et al. 1993. The spectral image processing system(SIPS): Interactive visualization and analysis of imaging spectrometer data. Remote Sensing of Environment, 44(2-3): 145-163.

Labed J, Stoll M P. 1991. Angular variation of land surface spectral emissivity in the thermal infrared: Laboratory investigations on bare soils. International Journal of Remote Sensing, 12(11): 2299-2310.

Le Maire G, François C, Soudani K, et al. 2008. Calibration and validation of hyperspectral indices for the estimation of broadleaved forest leaf chlorophyll content, leaf mass per area, leaf area index and leaf canopy biomass. Remote Sensing of Environment, 112(10): 3846-3864.

Li X, Zhu W, Xie Z, et al. 2021. Assessing the effects of time interpolation of NDVI composites on phenology trend estimation. Remote Sensing, 13(24): 5018.

Li Y, Peng J X. 2003. Remote sensing texture analysis using multi-parameter and multi-scale features. Photogrammetric Engineering and Remote Sensing, 69(4): 351-356.

Li Z L, Tang B H, Wu H, et al. 2013. Satellite-derived land surface temperature: Current status and perspectives. Remote Sensing of Environment, 131: 14-37.

Liu H Q, Huete A. 1995. A feedback based modification of the NDVI to minimize canopy background and atmospheric noise. IEEE Transactions on Geoscience and Remote Sensing, 33(2): 457-465.

Loveland T R, Reed B C, Brown J F, et al. 2000. Development of a global land cover characteristics database and IGBP DISCover from 1km AVHRR data. International Journal of Remote Sensing, 21(6-7): 1303-1330.

Lu D, Mausel P, Brondizio E, et al. 2004. Change detection techniques. International Journal of Remote Sensing, 25(12): 2365-2401.

Lunagaria M M, Patel H R. 2019. Evaluation of PROSAIL inversion for retrieval of chlorophyll, leaf dry matter, leaf angle, and leaf area index of wheat using spectrodirectional measurements. International Journal of Remote Sensing, 40(21-22): 8125-8145.

Lyapustin A I, Tedesco M, Wang Y, et al. 2009. Retrieval of snow grain size over Greenland from MODIS. Remote Sensing of Environment, 113(9): 1976-1987.

Lyapustin A I, Wang Y. 2018. MODIS Multi-Angle Implementation of Atmospheric Correction (MAIAC) data user's guide. NASA: Greenbelt, MD, USA, 6(6): 1-19.

Lyapustin A I, Wang Y, Frey R. 2008. An automatic cloud mask algorithm based on time series of MODIS measurements. Journal of Geophysical Research: Atmospheres, 113(D16): D16207-1-D16207-15.

Lyapustin A I, Wang Y, Laszlo I, et al. 2011. Multiangle implementation of atmospheric correction (MAIAC): 2. Aerosol algorithm. Journal of Geophysical Research: Atmospheres, 116(D3): D03211.

Lyapustin A I, Wang Y, Laszlo I, et al. 2012. Multi-angle implementation of atmospheric correction for MODIS (MAIAC): 3. Atmospheric correction. Remote Sensing of Environment, 127: 385-393.

Mallat S. 1991. Zero-crossings of a wavelet transform. IEEE Transactions on Information Theory, 37(4): 1019-1033.

Masuda K. 2006. Infrared sea surface emissivity including multiple reflection effect for isotropic Gaussian slope distribution model. Remote Sensing of Environment, 103(4): 488-496.

Maturilli A, Helbert J, Ferrari S, et al. 2016. On the effect of emergence angle on emissivity spectra: application to small bodies. Earth, Planets and Space, 68: 1-9.

May C L, Koseff J R, Lucas L V, et al. 2003. Effects of spatial and temporal variability of turbidity on phytoplankton blooms. Marine Ecology Progress Series, 2003, 254(Jun): 111-128.

McClain E P, Pichel W G, Walton C C. 1985. Comparative performance of AVHRR - based multichannel sea surface temperatures. Journal of Geophysical Research: Oceans, 90(C6): 11587-11601.

McFeeters S K. 1996. The use of the Normalized Difference Water Index (NDWI) in the delineation of open water features. International Journal of Remote Sensing, 17(7): 1425-1432.

Miller R L, Cruise J F. 1995. Effects of suspended sediments on coral growth: evidence from remote sensing and hydrologic modeling. Remote Sensing of Environment, 53(3): 177-187.

Pope R M, Fry E S. 1997. Absorption spectrum(380–700nm) of pure water. Ⅱ. Integrating cavity measurements. Applied Optics, 36(31-33): 8710-8723.

Prabhakara C, Dalu G, Kunde V G. 1974. Estimation of sea surface temperature from remote sensing in the 11-to 13-μm window region. Journal of Geophysical Research, 79(33): 5039-5044.

Qi J, Chehbouni A, Huete A R, et al. 1994. A modified soil adjusted vegetation index. Remote Sensing of Environment, 48(2): 119-126.

Qin Z, Karnieli A, Berliner P. 2001. A mono-window algorithm for retrieving land surface temperature from Landsat TM data and its application to the Israel-Egypt border region. International Journal of Remote Sensing, 22(18): 3719-3746.

Rauschkolb R S. 1971. Land Degradation. Boston: Bernan Press.

Richardson A J, Wiegand C L. 1977. Distinguishing vegetation from soil background information. Photogrammetric Engineering and Remote Sensing, 43(12): 1541-1552.

Scholes R, Montanarella L, Brainich A, et al. 2018. IPBES(2018): Summary for policymakers of the assessment report on land degradation and restoration of the Intergovernmental Science-Policy Platform on Biodiversity and Ecosystem Services. Bonn, Germany.

Shen F, Suhyb Salama M H D, Zhou Y X, et al. 2010. Remote-sensing reflectance characteristics of highly turbid estuarine waters–a comparative experiment of the Yangtze River and the Yellow River. International Journal of Remote Sensing, 31(9-10): 2639-2654.

Slater P N, Biggar S F, Holm R G, et al. 1987. Reflectance-and radiance-based methods for the in-flight absolute calibration of multispectral sensors. Remote Sensing of Environment, 22(1): 11-37.

Slater P N, Jackson R D. 1982. Atmospheric effects on radiation reflected from soil and vegetation as measured by orbital sensors using various scanning directions. Applied Optics, 21(21): 3923-3931.

Sobrino J A, Li Z L, Stoll M P, et al. 1996. Multi-channel and multi-angle algorithms for estimating sea and land surface temperature with ATSR data. International Journal of Remote Sensing, 17(11): 2089-2114.

Vermote E F, Tanre D, Deuze J L, et al. 1997. Second simulation of the satellite signal in the solar spectrum, 6S: An overview. IEEE Transactions on Geoscience and Remote Sensing, 35(3): 675-686.

Walton C C. 1988. Nonlinear multichannel algorithms for estimating sea surface temperature with AVHRR satellite data. Journal of Applied Meteorology and Climatology, 27(2): 115-124.

Wang Z, Li Q, Wang Q, et al. 2012. HJ-1 terrestrial aerosol data retrieval using deep blue algorithm. Journal of Remote Sensing, 16(3): 596-610.

Wei J, Sun L, Peng Y, et al. 2018. An improved high - spatial - resolution aerosol retrieval algorithm for MODIS images over land. Journal of Geophysical Research: Atmospheres, 123(21): 12291-12307.

World Bank. 2002. World development report 2003: Sustainable development in a dynamic world: Transforming institutions, growth, and quality of life. Washington: The World Bank.

Wu X, Smith W L. 1997. Emissivity of rough sea surface for 8–13 μm: Modeling and verification. Applied Optics, 36(12): 2609-2619.

Zhang X, Cui Y, Qin Y, et al. 2020. Evaluating the accuracy of and evaluating the potential errors in extracting vegetation phenology through remote sensing in China. International Journal of Remote Sensing, 41(9-10): 3592-3613.

Zhang X Y, Friedl M A, Schaaf C B. 2009. Sensitivity of vegetation phenology detection to the temporal resolution of satellite data. International Journal of Remote Sensing, 30(8): 2061-2074.

Zhang X Y, Wang J M, Gao F, et al. 2017. Exploration of scaling effects on coarse resolution land surface phenology. Remote Sensing of Environment, 190: 318-330.

Zheng G, Yang J, Li X, et al. 2019. Using artificial neural network ensembles with Crogging resampling technique to retrieve sea surface temperature from HY-2A scanning microwave radiometer data. IEEE Transactions on Geoscience and Remote Sensing, 57(2): 985-1000.

Zhu Y X, Zhang Y J, Zu J X, et al. 2019. Effects of data temporal resolution on phenology extractions from the alpine grasslands of the Tibetan Plateau. Ecological Indicators, 104: 365-377.